JN158413

1880年頃に描かれた、エドワード・リア作『黄色い鳥』

世界の美しい鳥の神話と伝説

レイチェル・ワォーレン・チャド
メリアン・テイラー

BIRDS: MYTH,LORE & LEGEND by Rachel Warren Chad & Marianne Taylor

This translation of BIRDS: MYTH,LORE & LEGEND First edition is published
by X-Knowledge Co.,Ltd. by arrangement with Bloomsbury Publishing Plc
through Tuttle-Mori Agency,Inc.,Tokyo

Printed and bound in China

1羽は悲しみ、2羽は喜び、
3羽は良縁、4羽は子宝、
5羽は銀、6羽は黄金、
7羽は誰にも言えない秘密……

目　次

さまざまな民族の神話 164

羽を身につける 182

神話の鳥と鳥人 224

時には愛され、時には嫌われ 230

詩と鳥たち 248

空へのあこがれ 298

鳥の不思議

鳥にまつわる伝説はさまざまです。コウノトリは赤ちゃんを運んできてくれるといわれていますし、ハトは神聖でカラスは邪悪、ハゲタカ（ハゲワシ）は欲が深いとされ、ワシは世界的に権力の象徴と見なされています。太古の昔から鳥たちが人々を魅了し、鳥にまつわる独自の神話や伝説を次々に生み出し、さらには身近な鳥たちを擬人化したり、人間を超えた存在と見なすようになったりしたのは、一体どうしてなのでしょう？

姿と声

たとえばアメリカヘビウ（*Anhinga anhinga*）は「スネークバード（ヘビ鳥）」というあだ名をつけられ、いわれもないのに邪悪なイメージを持たれています。これは首がヘビに似ているのに加え、飛んでいる姿がドラゴンに似ているからでしょう。同様にハゲワシ属の鳥に対するイメージが、そのしわの寄ったはげ頭から来ていることは間違いありません。

またクジャクなどの鳥の美しさは誰もが認めるところですが、人間はすぐ擬人化したがる傾向があるため、美しい鳥は自尊心が強いとされがちです。若いメスの白鳥が登場する伝説や民話は、アイスランドからインドネシアまで各地に存在しますし、みにくいヒナが美しい白鳥に姿を変える『みにくいアヒルの子』の話は多くの人々に愛されています。求愛ダンスをする真っ白なツルや、熱帯の暑さの中でフェニックスのように輝いて見えるフラミンゴの姿が、人々の想像をかき立てたのは当然でしょう。

声についても同様です。旧約聖書の中で「荒廃」と結びつけられているサンカノゴイ（*Botaurus stellaris*）の悲しげで怒ったような鳴き声をはじめ、英国の詩人ロバート・ブラウニングが『異国より故国を思う』（『対訳　ブラウニング詩集』ブラウニング著、富士川義之編、岩波書店、2005年）で「さりげなくうたう最初の美妙なしらべ」と歌ったウタツグミ（*Turdus philomelos*）の歌声、「ナイチンゲール」の別名で知られるサヨナキドリ（*Luscinia megarhynchos*）の流れるような旋律の美しさまで、鳴き声も大いに影響を及ぼしました。

鳥たちは、鳴管（めいかん）と呼ばれる複雑な器官を使って、人間とは違った方法で声を出しています。この方法は効率的で、ミソサザイ（*Troglodytes troglodytes*）はその小さい体とは対照的によく響く声を出すことができますし、ヒバリ（*Alauda arvensis*）は何分間も鳴き続けることができます。また、中には2つの音を同時に出すことができる鳥もいて、人間にはとうていまねのできない複雑な音楽を奏でます。

神聖なる力

こうした神秘的で美しく、バラエティーに富む鳥たちは、さまざまな文化において神からの啓示と解釈されました。ですが、鳥を天国と結びつけ、さらには神聖なる生き物と見なすようになったのは、なんといっても空を飛ぶ能力があったからでしょう。一方で、翼が短くなり、飛行に必要な筋肉を支えることができないエミュー（*Dromaius novaehollandiae*）などは、過去に何らかの策略の犠牲になったために飛べなくなったのだと見なされました。

飛行は人間にはない能力であり、昔の人々はただ憧れることしかできませんでした。イカロスの神話は、天に到達しようとする愚かな行為が、神を冒涜するものとして罰せられる典型的な物語といえるでしょう。一方、鳥たちは空高く舞い上がることもできれば、洞窟や岩の割れ目など、人間には入れない場所にも入っていけることから、霊的な使者と見なされていました。

中国ではツルが死者の魂を不老長寿の地に運ぶとされていますが、ほかの文化にも同様の言い伝えが残っています。死の前触れと見なされる鳥もいれば、よみがえった魂と見なされる鳥もいますが、いずれの場合も鳥たちにそのような役割を与えたのは、人間が死を恐れていたからでしょう。ローマ帝国では皇帝が亡くなると、ワシを放って皇帝の魂を空高く運ばせました。アメリカ先住民の伝説の中では、コンドルが同じ役割を果たしていたようです。

英国やそのほかの国の民話の中には、聖書の話を引用して鳥の特徴を説明しているものも少なくありません。たとえばヨーロッパコマドリ（*Erithacus rubecula*）など体の一部が赤い鳥は、キリストが磔になったときにかぶせられたイバラの冠からとげを懸命に抜こうとして血がついてしまったからだといわれています。一方、カササギ（*Pica pica*）はノアの方舟に入らず、世界が水に沈むのを見ながらおしゃべりしていたことと、その後、キリストが亡くなったときも黒と白の羽のままだったためきちんと喪に服さなかったと見なされ、「のろいにかけられ」たといわれています。

言葉と詩

鳥の特徴は言語にも深く根づいています。シギ（snipe）は追われるとジグザグに飛んで逃げることから、狙撃者（sniper）という言葉が生まれました。また、カツオドリは渡りに必要な体脂肪をつけるためにひたすらガツガツ食べつづける様子から、どん欲な人のたとえに使われるようになりました。こうした例はほかにもまだまだ存在します。

そして、何より悲しみから喜びまであらゆる感情を体現する鳥たちは、詩の格好の題材となりました。鳥たち自身の感情とはまったく関係ないものの、このように文化的に注目されてきたことからも、人々が鳥たちに対して畏敬の念を抱いていたことがわかります。

本書で説明するように、鳥にまつわる神話や民話は誤解に基づいていたり、脚色されていたりすることもしばしばです。ですが、世界中に数々の物語や言い伝えが残っているという事実そのものが、何千年にもわたり人々を驚嘆させてきた鳥たちへの何よりの賛辞であることが、おわかりいただけるでしょう。

鳥と人間

美しいメロディーを奏でるツグミや耳障りな鳴き声のミヤマガラスなど、
いくつかの種は庭先にもよく飛来します。木の枝や建物に止まっている様子を目にしたり、
雑音の合間にさえずりが聞こえてきたりすることもあります。
ツバメやカッコウなどは、夏の訪れを告げます。
ツルやコウノトリなどは長距離を飛行できることで知られ、
毎年決まった季節になるとはるかかなたから渡ってきます。
こうしたあらゆる鳥が、私たち人間が生み出した
さまざまな物語や言い伝えの中に登場しますが、
中には鳥たちの生態や容姿、歌声に影響を受けて
生まれた物語も少なくありません。

カモ

カモ科（別名：ガンカモ科）（Anatidae）

ドナルドダックやダフィー・ダックなどカモ科の鳥たちにはどこかひょうきんなイメージがあります。世界中の多くの人々がこの意見に同意することでしょう。というのも、人間はどんなことで笑うのかについて、21世紀初頭に英国の研究者が70カ国を対象に行った大がかりな調査からも、最も面白い動物はカモであることがわかったのです。「動物が登場するジョークを言うなら、カモがお勧めです」。1年に及ぶ笑いの実験を行ったハートフォードシャー大学ラフラブ（笑い研究室）の心理学者リチャード・ワイズマンはこう言っています。

カモたちがひょうきんに見えるのは、特に陸上における動き方のせいかもしれません。マガモ（*Anas platyrhynchos*）やマガモの子孫で人間に飼い慣らされて生まれたアヒルは、舟のオールのような大きな足が体の後ろのほうについているため、1歩1歩体を左右に揺らしながらよたよた歩きます。また、メスのマガモの「クワックワッ」という特徴的な鳴き方は、漫画でもおなじみでしょう。マガモは浅瀬で水面近くにある餌を食べるのですが、このときに見せる、尾を跳ね上げて水中の泥に頭を突っ込み、植物や虫をあさる姿はさらに滑稽です。この様子から、英語ではものごとをちょっとだけかじってみる人のことを「浅瀬のカモ」と言ったりします。

人類は数千年にわたりカモと共に暮らしてきました。野生種のいくつかは古代エジプトでもよく見られたようです。いまから約5000年前、第一王朝時代につくられた墓には、冬に訪れる渡り鳥のオナガガモ（*A. acuta*）（写真上）などの猟鳥（カモやガンなどの水鳥）が網に捕らえられた様子が描かれています。また、祝宴の様子を描いた絵からも、ロースト・ダックやカモのシチューといった料理が好まれていたことが伺えます。

もっとも、古代エジプトの人々にとってカモは食料以上の意味を持っていました。それは言語にも表れています。オナガガモを表す象形文字は、鳥としてのオナガガモそのもののほかに、2つの子音を表すのにも用いられているのです。また、カモの姿はさまざまな古代の工芸品にも描かれ、その多くは人々の美容に関連したものでした。このことからも、カモが子孫繁栄のシンボルであり、性の象徴であったことがわかります。

カモをかたどった上品な形の化粧用スプーンや器など、カモのモチーフは女性の使う道具によく用いられましたが、オスのカモの強い生殖能力も認識されていたようです。アリストテレスは著書『動物誌』の中のガンに関する記述において、鳥類にしては珍しく、外部生殖器があると指摘しています。実際、カモの一種のコバシオタテガモ（*Oxyura vittata*）（写真下）は、現存する鳥類の中で最大の外部生殖器（ペニス）を持つことで『ギネス世界記録』に認定されました。普段はらせん状に巻いて体内に収納されている性器を外に出して延ばすと、42.5センチメートルにも及ぶそうです。

カモは古代エジプトでも飼育されていましたが、アジア東部ではさらに早い時期から家禽化されていたようです。中国南部の福建省で見つかった焼き物から、少なくとも4000年以上前から食用にカモが飼われていたことが分かっています。これらのカモの原種はマガモですが、穀物をふんだんに与えられた結果、徐々に体が大きくなり、色が落ち、現在アヒルの特徴となっている白い羽が生えるようになりました。飼育されているアヒルは生後わずか7週間で3.2キログラムにまで成長しますが、野生のマガモは成鳥でも1.4キログラム以上になることはめったにありません。

忠誠心の象徴

中国では昔から鴨料理が好まれ、アヒルは有益な鳥と見なされてきましたが、決して崇拝されることはありませんでした。中国の人々が賛美したのは、野生のオシドリ（*Aix galericulata*）です。オシドリは木の枝に止まるカラフルなカモで、オシドリのつがいは一生添い遂げると信じられてい

さまざまな象徴

北米先住民のオジブワ族にとって、大型で、カモ類にしては細長い体をしたカワアイサ（下図）は、回復力と精神力の象徴でした。カワアイサは、オスは白い体に光沢のある緑色の頭、メスは体が灰色で、頭は赤褐色の鳥です。伝説では、カワアイサが北米大陸北部の厳しい冬を乗り越えられるのは、並はずれた回復力と精神力のおかげとされています。一方、米国南部に住むズーニー族の間では、死者の魂はカモの姿を借りて家に帰ってくるといわれており、さらにカモは子孫繁栄の象徴とも見なされています。

るため、伝統的に幸せな結婚の象徴とされています(実際のところオシドリが相手に忠誠を尽くすのは交尾期の間だけなのですが)。チベットやインド、モンゴルでは、僧侶が身にまとう僧衣に似た橙褐色の羽を持つアカツクシガモ(*Tadorna ferruginea*)も忠誠の象徴とされ、仏教徒の間で神聖な鳥と見なされています。

また、カモの水中での巧みな動きに関連した伝説や言い伝えが残っている土地もあります。たとえば英語では「企業で成功するには『カモが水になじむように』自然に会社に溶け込むことだ」、「『カモの背中が水を弾くように』侮辱や批判をはねのける」などと言ったりします。カモは尾のつけ根にある腺から分泌する油分や「粉綿羽(ふんめんう)」という特殊な羽の先が崩れて生じるほこりのようなものをくちばしで羽につけて、水を弾くようにできるのです。

アメリカ先住民の言い伝え

カモの幅が広く平らなくちばしは、水中の小さい植物や動物をより分けるのに適した形をしています。アメリカ先住民もこのことに気づいていたのでしょう。彼らの創世神話では太古の昔、カモが海に潜り、底からすくい上げてきた泥から地球がつくられたとされています。また、ヨクツ族の言い伝えによれば、カリフォルニアの山々もカモがつくったのだとか。昔々、大洪水で陸地が水に沈み、ワシとカラスが折れた木の幹のそばでせっせと魚を捕まえていると、そこへカモが泳いできました。カモも魚を捕っていたのですが、もぐるたびに泥もすくい上げています。

そこでワシとカラスは一緒に知恵を絞って考えました。カモならたくさん泥をすくい上げて島をつくり、陸をよみがえらせることができるかもしれない。2羽はそれぞれカモに魚を差し出しながら、木の幹の両側に1つずつ泥の山をつくってくれるように頼みました。それから長い間(何匹もの魚を捕まえながら)カモは水が引くまで毎日潜りつづけました。こうして木の幹のワシ側とカラス側にできた大きな泥の山は、大山脈になりました。ワシのためにつくった東側の山は雄大なシエラネバダ山脈、カラスのためにつくった西側の山はカリフォルニア海岸山脈になったのです。

このように有史以来、カモはほぼ世界的に無害なイメージが持たれています。ところが、1つだけ明らかな例外があります。13世紀のこと。現在のオランダ・ドイツ北海沿岸に位置するフリースラントでは、ステディンゲン人が周囲のゲルマン勢力による支配に抵抗していました。これを受けてローマ教皇グレゴリウス9世が書簡をしたため、抵抗勢力を「アスモデウスという悪魔の崇拝者だ」と非難したのです。このアスモデウスは「時としてガンやカモに姿を変える」といわれていました。ステディンゲン人は虐殺されましたが、彼らが受けた非難は明らかに不合理なものでした。そもそもカモの悪魔などいそうにありませんが。

左:ロレンツォ・ロレンツィ、ヴィオランテ・ヴァンニによるカワアイサのカラーエッチング。『Natural History of Birds』サヴェリオ・マネッティ(1723〜1784年)著、フィレンツェ、1767〜1776年

サンカノゴイ

サギ科(Ardeidae)

声は耳にしてもなかなか姿を見せないヨシゴイの仲間は、サギ科の中でも特に恥ずかしがり屋です。大型でがっちりした茶色い鳥、サンカノゴイ(*Botaurus stellaris*)(写真右)はまさにその典型で、ヨーロッパ各地のアシが茂った湿地帯にすみ、特徴的な声で知られています。春になるとオスのサンカノゴイは「ブーンブーン」と鳴きながら自分のなわばりを主張します。何キロメートルも先まで届くその単調で低い声は、半分液体の入ったビンの口に息を吹きかけたときに出る音のようにうつろでかすれた音色です。

この悲しげな声のせいか、そのたたずまいのせいか、サンカノゴイは旧約聖書の中で荒廃と結びつけられています。また、鳴き声は怒った雄牛のうなり声にも似ているとされ、恐らくそのために「Botaurus」(ラテン語のbos(牛)とtaurus(去勢されていない雄牛)から)という属名がつけられたのかもしれません。同じようにフランス語では「水牛」の愛称で呼ばれています。

中世には、サンカノゴイ亜科の鳥は湿った地面にくちばしを突っ込んで鳴くことで、とどろくような声を出し、水をつたって遠くまで声が届くようにしていると思われていました。イングランドの詩人チョーサーの著書『バースの女房の話』の中の記載からも、このことが伺えます。

ごいさぎが沼地で鳴くように、
しゃがんで、沼地の水に口をつけながら、こう言ったんですね。
(『世界文学全集 古典篇第7巻 チョーサー篇 カンタベリ物語』チョーサー編、西脇順三郎訳、河出書房、1951年)

魚やカエル、そのほかの餌を探して浅瀬を歩きまわるサンカノゴイは、保護色のしま模様をした羽のおかげで、うまく身を隠しています。そして、驚くとくちばしを空に向けて突き上げ、ピンと体を伸ばすという印象的な姿勢を取ります。こうすることで体のしま模様がまわりのアシと重なり、見つかりにくくなるのです。また、サンカノゴイは半夜行性で、明け方と夕暮れ時に最も活動的になります。

空を見上げる

北米大陸にはアメリカサンカノゴイ(*B. lentiginosus*)という大型の在来種がいます。サンカノゴイ同様、くちばしを空に向ける習性があり、アメリカ先住民からは「太陽を見る」という意味の「サクキリク」(ポーニー語)という名前で呼ばれています。また、夜間に活動することから、夜になると胸から光を放って水面を照らせるという興味深い伝説も残っています。

サギ

サギ科(Ardeidae)

さながら忍耐強い漁師のように、獲物がその長いくちばしの届くところまでやって来るのをじっと待っているサギは、上品で堂々としていて、どこか不思議な魅力があります。漁師としての優れた腕前が伝説となる一方、特にチュウダイサギ(*Ardea modesta*)は純潔のシンボルとされています。

紀元前16世紀の古代エジプトでは、霊鳥ベンヌを2本の冠羽を持つサギの姿で描いていました。ベンヌはエジプトの神で、原初の創造主アトゥムや太陽神ラーと関係が深く、さらに冥界と復活、豊穣を象徴するオシリス神のシンボルともされています。ベンヌのモデルになったのは、1年を通じてナイル川流域の沼地や湿地に生息しているアオサギ(*A. cinerea*)(左写真)または暗灰色の羽を持ち、首から頭、冠羽にかけては濃い栗色をした体長1.5メートルに及ぶ印象的な鳥、オニアオサギ(A. goliath)だったのかもしれません。もしくは「ベンヌヘロン」(*A. bennuides*)と呼ばれる、すでに絶滅した鳥だった可能性もあります。この鳥はアオサギやオニアオサギほど頻繁にエジプトに飛来することはありませんでしたが、1990年代にアブダビ市近郊の島で発見されたウム・アル・ナール時代の集団墓地から出土した鳥の骨によって存在が確認されました。

創造の鳥

エジプトの創世神話では、ベンヌは混沌の海「ヌン」を渡りベンベンという丘に舞い降りると、けたたましい鳴き声を上げ、その声が原初の沈黙を破り、世界が誕生したといわれています。さらにベンヌは自らの力で誕生したとされていることから、毎年氾濫するナイル川がもたらす再生と新しい生命、豊穣に結びつけられています。また、太陽の町ヘリオポリスに立つ常緑の小さいアボカド属の木の枝やベンベンの丘、オシリスの神木とされるヤナギの枝に止まっている姿も描かれています。その後、古代ギリシャ時代になるとベンヌはフェニックスの伝説とも結びつけられました。

右:1800年頃に描かれたもの。世界一背の高いサギ、オニアオサギに対する好意的な印象が伝わってくる

世界の裏側、カリブ海のタイノ族も、サギとほかの水鳥を世界の誕生と結びつけていました。コロンブス来航以前につくられた岩面彫刻に、オオアオサギ（*A. herodias*）と思われる鳥が1羽、原始の空の領域にいる様子が描かれているのです。魚を補食するこうした鳥たちは、天空と地上の両方に関連づけられており、タイノ族の伝説によると、海と魚がつくられたすぐ後に神であるヤヤによってつくられたとされています。

釣りの名手

フロリダのアメリカ先住民ヒチティ族には、ハチドリとサギにまつわる言い伝えが残っています。数千年前、ハチドリの王とサギの王はいずれ十分な魚が捕れなくなると危惧していました。そこでハチドリの王は、ある老木のてっぺんまでどちらが先にたどり着けるか競争して、勝者が魚を所有することにしようと提案しました。ところがハチドリの王は負けてしまいます。必死に努力したのですが、競争の途中できれいな花を見つけるたびに止まってその蜜を吸わずにはいられなかったからです。花の蜜は虫と並ぶハチドリの主食なのです。一方、サギの王は一目散にゴールを目指し、老木のてっぺんに先に降り立ちました。その日から、川や湖の魚はすべてサギの家族が食べられることになったのです。

サギは非常に賢い釣りの名手でもあります。米国や日本、アフリカでは、ササゴイ（*Butorides striata*）が餌を使って獲物を捕まえているところが目撃されています。ササゴイは虫や色鮮やかな羽、ポップコーンやパンなど、自分は食べない人間の食べものを水の中にはじき飛ばして魚を引き寄せます。アメリカ先住民の間では、昔からこのササゴイの技術が称賛され、たとえばイロコイ族はサギ、特に大型のオオアオサギを目にするだけで狩りが成功すると信じていました。また、1羽で川や湖、池のほとりにたたずみ、じっと目を光らせながら獲物がくるのを待って捕らえるという習性から、サギは知恵と忍耐力の象徴とされています。

同様にアイルランドでもアオサギは沈思黙考と平静な心を表すとされ、アオサギを殺すと不幸が訪れると信じられていました。ところが、不作の時期にはサギを食べることもあり、サギをゆでた汁に釣りの餌を浸すと、その餌の効果が高まり、よく釣れるようになるともいわれています。

捕らえられたサギ

中世から19世紀にいたるまで、英国ではサギを捕らえて食べる習慣があり、16世紀には皇室の狩猟鳥に定められました。また、タカと戦わされることもあったようです。英語でサギは「heronshaw」とも呼ばれていますが、この言葉を文字って、「タカ（hawk）と手のこぎり（handsaw）の見分けもつかない（ものごとの違いがわからない）」という表現が生まれました。シェイクスピアの悲劇『ハムレット』第2幕でも、主人公が「おれの気が狂うのは北々西の風が吹くときだけだ、南風になれば、追う鷹と追われる鷺（さぎ）の見分けはつく」と言っています（『シェイクスピア全集3』ウィリアム・シェ

羽を求める人々と犠牲になったサギ

2種の白く美しいサギ、チュウダイサギ（*A. modesta*）とダイサギ（*A.alba*）は、その羽が取引されるようになったことで大きな痛手を被りました。19世紀、西洋の女性たちの帽子を飾る美しい羽の需要を満たすために、何万羽ものシラサギがほかの多くの鳥たちと共に殺されたのです。さらに悲劇的なことに、サギの羽が最も美しくなるのは繁殖期だったため、これらの鳥たちは狩猟により絶滅寸前まで減ってしまいました。最終的には、この虐殺への反発から新しい環境保護運動が始まり、やがて羽の取引を禁止する法律がつくられます。またダイサギは、1905年に米国で発足し、野鳥の保護に取り組んでいる全米オーデュボン協会のシンボルとなりました。

イクスピア著、小田島雄志訳、白水社、1986年）。こうしたタカとの戦いの際、野生のサギは訓練された敵から逃れるために、タカよりも高く飛ばざるをえませんでした。そのため臆病という不本意な批判を受けることになります。

一方、アジア東部でその美しさを称賛されているのはチュウダイサギです。体高1メートルほどの真っ白な鳥で、翼幅は1.65メートルに及びます。シベリアに伝わるある神話によると、チュウダイサギは美しい少女に姿を変えられるのだとか。一方、朝鮮半島では俗世を超越した優雅さの象徴とされています。また、日本の浅草寺では年に1度、1000年以上前に京都で始まった伝統行事を受け継ぎ、白鷺の舞が行われます。もともとシラサギの華やかな求愛行動をまねたこの踊りは、シラサギがこの世を去るときに厄をはらい、魂を清められるように奉納されたものでした。

コウノトリ

コウノトリ科(Ciconiidae)

赤い脚と黒い縁取りのある翼を持つコウノトリ科のシュバシコウ(*Ciconia ciconia*)は、ヨーロッパの民話において長年にわたり生命の真実を覆い隠すための片棒を担いできました。コウノトリ(シュバシコウ)が赤ちゃんを運んでくるという伝説は大昔からありましたが、19世紀にハンス・クリスチャン・アンデルセンが童話『コウノトリ』を発表すると、生まれてくる子供たちの魂は湿地や池、泉に住んでいて、そこからコウノトリが赤ちゃんを引き上げているというイメージが生まれ、あらためて注目されるようになりました。コウノトリの大きさやきちょうめんな子育ての様子、家の屋根に巣をつくる習性も、赤ちゃんを運んでくるという役割を与えられる要因になったのでしょう。この発想は深く根づいているため、いまでも生まれたばかりの赤ちゃんの首や額についた小さなあざのことを「コウノトリのあざ」と呼んでいます。

ドイツなどヨーロッパ各地で、シュバシコウが家の上を飛ぶと間もなくその一家は新しい命を授かるといわれていました。歴史的に見ると、この予想はあながち外れてもいないことが証明されたといえるかもしれません。というのもヨーロッパでは春にシュバシコウが渡ってきて巣をつくるのですが、これは伝統的に豊穣を祝う祭りが開かれ、若い恋人たちが魔法に掛かったようにロマンティックな時間を過ごす夏至から約9カ月後にあたるからです。

幸運の前触れ

ヨーロッパ本土では昔からコウノトリは良いことの前触れと考えられ、保護の対象となることもしばしばでした。シュバシコウはリトアニアの国鳥であり、スペインとウクライナのことわざでは幸運をもたらすとされています。古代ギリシャでは、シュバシコウを助けた女性は、いつの日かお礼として宝石をもらえるといわれていました。また、ヘビから人々を守ってくれるとも考えられており、シュバシコウを殺すと死刑になったそうです。

オランダ、ドイツ、東欧諸国では、シュバシコウが家の屋根に巣をつくることを奨励していました。そうすれば、下に住む家族に幸運と調和がもたらされるといわれていたからです。シュバシコウは木のほかに煙突のてっぺんや塔、電信柱、壁、教会などの尖塔(せんとう)に巣をつくり、毎年戻ってきては巣

の材料を足していくので、巣は直径2メートル以上、深さは約3メートルにも達します。こうした巣は目につきやすいので、人々は昔からシュバシコウの子育ての様子をよく目にしていました。シュバシコウはオスもメスも卵を温めて、生後8〜9週間までヒナに餌を与えるのですが、ヒナたちは巣立った後もしばらく餌を求めて巣に戻ってきます。また、昔からシュバシコウはほかの鳥も助けると誤解されていました。親切なことに、渡りの間ウズラクイナ(*Crex crex*)など自分たちより体の小さい鳥を背中に乗せて運んであげると信じられていたのです。この話は、かつてシベリアからエジプト、ギリシャのクレタ島、北米まで広まっていました。

数千年にわたり、人々はシュバシコウが遠隔地への季節移動の前に大きな群れをつくるのを目にしてきました。旧約聖書のエレミア書には「空のこうのとりも、自分の季節を知っており」と記されています(『聖書 新改訳』新改訳聖書刊行会訳、いのちのことば社、1981年)。

実際のところシュバシコウはくちばしをカタカタいわせるだけで鳴き声を上げることはありませんが、スカンジナビア半島に残る言い伝えによると、十字架にかけられたキリストに向かって、「シュティルケット、シュティルケット(しっかり、しっかり)」と鳴いたといわれています。

「汚れた鳥」のイメージ

コウノトリには聖者のようなイメージが与えられていますが、コウノトリ科の鳥たちの多くは、体温を下げるためにうろこに覆われた脚にかかるように排便するなど、それほど魅力的とはいえない容姿や習性を持っています。たとえばアフリカハゲコウ(*Leptoptilos crumenifer*)は、頭がはげていて背中と翼が黒いマントのように見え、死肉を食べる習性があるため「葬儀屋」とも呼ばれ、世界で最も醜い鳥の1種に数えられているのです。また、1970年代にテキサス州南部のリオ・グランデ渓谷一帯で、恐ろしい「怪鳥」が出現したといううわさが広まったとき、この怪鳥の正体は背が高く頭がはげていて、首の赤いズグロハゲコウ(*Jabiru mycteria*)だと考える鳥類学者もいました。

オーストラリア北部の先住民ヒンビンガ族は、既婚者は男性も女性もセイタカコウ（*Ephippiorhynchus asiaticus*）（英語ではズグロハゲコウと同じく「jabiru」と呼ばれることもあります）を食べることを禁じていました。そうしないと胎児が子宮の壁をひっかいて、母親を殺してしまうと恐れられていたからです。旧約聖書のレビ記では、シュバシコウも「汚れた」鳥の仲間に数えられています。というのもシュバシコウはヘビやトカゲ、ヒキガエルに加え、齧歯動物を補食するのですが、いずれも「汚れた」動物とされていたため、それを食べるシュバシコウも「汚れたもの」と見なされるようになったのです。

コウノトリ科のほかの鳥たちの中には死体やごみ、腐ったものを食べるものもいます。インドでは大型の鳥オオハゲコウ（*Leptoptilos dubius*）が雑食で知られています。いまでは絶滅危惧種ですが、ハゲワシやトビに混じって動物の死骸や捨てられたごみをついばみ、生きたニワトリから、ある記録によれば靴にいたるまで何でも食べるそうです。

癒やしの力

オオハゲコウは「汚れたもの」と見られ、めったに狩られることはありませんでしたが、その肉はハンセン病の民間療法に使われることもありました。また、ヘビの毒に対する解毒剤になるとも考えられていたのですが、これは恐らくオオハゲコウがヘビを殺すからでしょう。コウノトリの低く垂れ下がったのど袋の中にはヘビの牙が入っていて、それをかまれたところにこすりつけると毒が全身に回らないようにできると信じられていたのです。インドではオオハゲコウの頭には有名な「ヘビの石」が入っていて、それをヘビにかまれていたところにつけるとすべての毒を取り除くことができるとされていました。こうした石は貴重でした。というのも、くちばしが地面につかないように殺さなければ石が溶けてしまうとされていたからです。

コウノトリの保護

アジアでオオハゲコウが、アフリカでほかの種が個体数を減らしている原因は、衛生状態が改善し、新しい害虫駆除法が導入され、食べるものを奪われたためと考えられています。ヨーロッパと米国でも、こうした鳥たちが食べるものをあさるごみ捨て場に殺虫剤が使われるようになり、繁殖習性に影響が及びました。

一方コウノトリについては、とてもよいイメージを持たれているおかげで、保護運動が実を結びつつあります。スペインでは、建設工事で破壊された巣の代わりに新しい人工的な巣を設置したところ、シュバシコウの生息数は目を見張るほど増加しました。スイスは過去40年にわたりシュバシコウの繁殖計画を助成。米国では「絶滅危惧種」に数えられていたアメリカトキコウ（*Mycteria americana*）の個体数が増え、いまでは「近い将来絶滅危惧種になる可能性のある種」に回復しています。一方レバノンでは、渡り鳥の密猟禁止を訴える活動が盛んになってきました。レバノン環境保護運動代表のポール・アビ・ラーシドは、レバノンにおいて「渡り鳥のシュバシコウは最も美しいエコツーリズム」の目玉になると考えています。「シュバシコウのこのような姿はほかでは見られません。渡り鳥がもたらす奇跡といってもいいでしょう」。

左:コウノトリが新生児を運んでくるというよく知られた古い神話が描かれた20世紀前半のカラーの絵

寓話の中の賢い鳥、愚かな鳥

自然観察を始めて以来、人類は数々の寓話を生み出してきました。話をしたり、人間のように振る舞ったりする動物が登場するこうした道徳的な物語は、どうすれば最も賢明に人生を送れるかを同胞に説くためのものでした。

現在も鳥の寓話は世界の主要な宗教や思考体系、非宗教的作品に登場します。最も古くから残っている寓話は中東に起源を持つセム人に由来し、いくつかの異なる形で伝わっていることも少なくありません。一方、現存する寓話集の中で最大のものは、古代ギリシャの奴隷、アイソポス（英語名イソップ）が紀元前600年頃に著した『イソップ寓話』と紀元前3世紀にサンスクリット語で記された『パンチャタントラ（五巻の書）』です。

寓話に最もよく登場するのは、生まれながらにして美しさを備えているとはいいがたいものの、知能の高さで知られるワタリガラス（*Corvus corax*）やニシコクマルガラス（*Corvus monedula*）などのカラス科の鳥たちで、いつも物語の中で何か問題を起こします。ほかの多くの鳥同様、ニシコクマルガラスはほかの鳥が落とした羽を集めて巣に敷き詰める習性があり、これがイソップ寓話『とりの王さまえらび』のもとになったことは間違いないでしょう。

ギリシャ神話の全知全能の神ゼウスは、最も美しい鳥を王様にすることにしました。そこでニシコクマルガラスはゼウスが自分のことを誰よりも美しい鳥だと思うようにほかの鳥の羽で飾り立て、王様に選ばれます。ところが、ほかの鳥たちがカラスの体からそれぞれ自分の羽を引き抜き、カラスはもとの姿になってしまいました。イソップの教訓は、盗んだ装飾品で身を包んでいると恥をかくことになる、というものです。

この話をもとにさまざまな寓話が生まれ、その内容と教訓も変化していきます。古代ローマの寓話作家パイドロスの作品では、ニシコクマルガラスがインドクジャク（*Pavo cristatus*）の羽を使うという内容で、その教訓は「身の程をわきまえないのは愚かである」というものでした。一方、古代ローマの詩人ホラティウスと17世紀フランスの哲学者ジャン・ド・ラ・フォンテーヌはこの寓話を使って盗作者を批判しました。また、19世紀前半にロシアのイヴァン・クルィロフが記した寓話は、インドクジャクの羽をまとってもカラスは決して「インドクジャクの仲間」にはなれないと結んでいます。

ニシコクマルガラスはゼウスが自分のことを誰よりも美しい鳥だと思うようにほかの鳥の羽で飾り立て……

肉食のワシと、耳障りな声で鳴く若いオンドリからは、イソップ寓話の『2羽のオンドリとワシ』が生まれました。メンドリをめぐるけんかに負けたオンドリはやぶの中に隠れていましたが、勝ったオンドリは塀の上で勝利を宣言し、高らかに鳴いていたため、ワシに見つかって食べられてしまいます。この話の教訓は、謙虚でいるほうが賢明だ、ということでしょう。このようにうぬぼれが失敗を招くストーリーは、イソップ寓話の『キツネとカラス』にも通じるものがあります。間抜けなカラスは、ずる賢いキツネに「その美しい声を聞いてみたい」とおだてられ、口を開けたときにくわえていた餌を落としてしまうのです。

圧倒的に自分より上の相手に挑戦するのは愚かであるという教訓は、ギリシャの詩人ヘシオドスの『サヨナキドリと鷹』でも語られています。サヨナキドリ(*Luscinia megarhynchos*)は、美しい歌をさえずり、自分はタカの胃袋を満たすには小さすぎると命乞いをしますが、結局捕られて食べられてしまいます。イソップ版の物語はもっと複雑で、サヨナキドリは歌を歌うから自分の子供たちは見逃してほしいと懇願しますが、タカは聞く耳を持ちません。そして、音楽はなくても生きられるが、餌がなくては生きられないと言い放つのです。

フクロウは知能の高さで知られていますが、インドの寓話『フクロウとやまびこ』は知能ではなく夜行動する習性を取り上げています。歌声が自慢のフクロウは、サヨナキドリの歌のほうが自分の歌より高く評価されていることを不満に思っていました。そしてある夜のこと。フクロウが「自分の方がサヨナキドリよりも歌がうまい」と鳴くと「サヨナキドリよりも歌がうまい」とやまびこが返ってきました。これに気をよくした間抜けなフクロウは夜が明けても眠らず、ほかの鳥たちの朝のさえずりに加わりますが、鳥たちに迷惑がられてしまいます。ジェームズ・サーバーの『神様にされたフクロウ』では、夜目が利くということでフクロウが動物たちのリーダーに選ばれますが、昼間は目がよく見えないにもかかわらず大通りを横切ろうとして、フクロウを信じた多くの動物たちを道連れに命を落としてしまいます。米国のユーモア作家であるサーバーは、この物語の教訓をこう語っています。「その氣になりさへすれば、ずいぶん大勢の民衆を、これまたずいぶん長いあひだ瞞着(まんちゃく)しておくことが出来るといふものだ」(『福田恆存翻訳全集 第1巻』(福田恆存著、文藝春秋、1992年)。

『パンチャタントラ』の中の『スズメとヘビ』という話では、人間の家のひさしにつくった巣をヘビに襲われたスズメの夫婦が、互いに慰め合います。その夜、家の主が小さいロウソクでランプに火をともすのを見た賢いメスのスズメは、さっと舞い降りてロウソクを奪い、屋根に火をつけました。するとヘビが顔を出し、家主に殺されてしまうのです。

ミヤマガラス

カラス科（Corvidae）

顔には白い肌が露出し、脚には「ズボン」のように見えるぼさぼさの羽が生えたカラスで、牧歌的な響きで「カーカー」と鳴くミヤマガラス（*Corvus frugilegus*）（右図）は、ユーラシアの温帯地域各地で見られます。非常に社交的で、木の上に集団で巣をつくってにぎやかに暮らし、田畑に餌を探しに行くときも常に集団で行動します。「群れを成していたらミヤマガラス。1羽でいたら別のカラス」という英国のことわざにもあるように、この点が見た目は似ていながらあまり社交的ではないハシボソガラス（*Corvus corone*）との違いです。そんなミヤマガラスにまつわる民話のほとんどは英国で生まれました。

その地の行く末を左右するミヤマガラス

冬も終わりに近づくと繁殖活動が盛んになり、葉の落ちた木につくられたミヤマガラスの巣は風景の中でもひときわ目を引くようになります。自分の土地にミヤマガラスの巣がある人は、くれぐれも巣の様子を注意深く観察していましょう。というのも、ミヤマガラスが巣を去ると、不運に見舞われるといわれているからです。地主が亡くなったり、引っ越したりした場合、新しい地主はミヤマガラスに自己紹介して、自分が新しい地主であり、誰も彼らを撃ったりしないと約束する必要があります。この儀式をきちんと行わないとミヤマガラスは巣を去り、言い伝え通り不幸が訪れるでしょう。ピーター・テイトは自らの著書『Flights of Fancy（空想飛行）』の中で、地主が亡くなったり、引っ越していったりした後、ミヤマガラスも集団でその土地を去ったという出来事を記しています。

信心深いカラス

テイトによると、キリストが復活して昇天したことを祝う昇天日には、ミヤマガラスは巣作りを休み、一日中木の枝に止まって静かに過ごすと信じられているそうです。また、ミヤマガラスの宗教心を示す別の例として、イースターの日曜日に敬意を表して真新しい服を着ていない人がいると、罰としてミヤマガラスが彼らにふんを落とすという話もあります。

また、ミヤマガラスには知恵と先見の明があり、気候の変化を予測して、突拍子もない行動を取ると信じられていました。英語の「parliament（国会）」という言葉は、ミヤマガラスが集まっている様子を表す言葉で、英国の言い伝えではミヤマガラスは目下の問題を話し合ったり、必要であれば正義を行ったりするために集まっていると考えられていたようです。また、日本のアイヌ民族の民話では、ミヤマガラスを神々へのいけにえにすると非常に大きな幸運が訪れるといわれています。

右：ジョン・グールド著『イギリス鳥類図譜』第3巻（1873年）収録の手彩色リトグラフ。ミヤマガラスの特徴である白い肌が露出した顔がよくわかる

カッコウ

カッコウ科（Cuculidae）

ヨーロッパの多くの国々では、その年初めてカッコウ(*Cuculus canorus*)(写真左)の声を聞くことには大きな意味があり、これに関連したさまざまなことわざや格言が残っています。越冬地のアフリカから飛来したばかりのオスのカッコウは、フルートのような音色の2つの音で鳴きます。英国に生息するカッコウの数は1970年と比べ実に62%も減少してしまいましたが、いまでも鳴き声を聞けば誰でもすぐにカッコウだとわかるでしょう。カッコウ科に属する鳥は合計で約150種。カッコウはヨーロッパとアジアの多くの地域で見られ、南極大陸以外のすべての大陸に生息しています。カッコウはこざっぱりした銀白色の羽に覆われ(ただし、メスの中には赤さび色のものも見られます)、ややタカに似ていますが、熱帯雨林やサバナにすむ多くの種は色とりどりです。

運命を決める鳴き声

英国のウェールズ地方では、できるだけ4月5日より前にカッコウの声を聞かないようにしましょう。不運に見舞われるとされているからです。一方、4月28日にカッコウの声を聞くと繁栄がもたらされるのだとか。また、その年初めてカッコウの声を聞くときにポケットいっぱいにコインが入っていると富を手にし、ポケットが空っぽだと1年間極貧状態で過ごさなければならなくなるという説もあります。似たような話ですが、(スコットランドとフランスとドイツでは)お腹が空いているときにその年最初のカッコウの声を聞くと不運に見舞われるといわれており、ノルウェーでは家政婦にとって朝食前にカッコウの声を聞くのは不吉とされています。古代ローマの博物学者ガイウス・プリニウス・セクンドゥス(大プリニウス)は、春初めてカッコウの声を聞いたら何をしていても手を止めて、その瞬間に右足が乗っていた地面を掘り、ノミを寄せつけたくないと思う場所にその土をまくようにという複雑で不可解なアドバイスをしていました。

このように多くの文化がカッコウに敬意を払ってきました。全能の神ゼウスは、住居であるオリンポス山に大きな鳥かごを持っていてそこでカッコウを飼っていましたし、カッコウに姿を変えて女神ヘーラーを口説いたともいわれています。スウェーデンで春に行われる愛の女神フレイヤの祭りは、カッコウが戻ってくることとも関連しているようです。ヒンドゥーの人々は、カッコウのことを類いまれなる予知能力を持つ、あらゆる鳥の中で最も賢い鳥と見なしています。一方、インドではカッコウが飛来する時期と雨季の始まりが重なるため、雨と結びつけられているようです。

無責任な子育て

ところが、こうした民話には語られていませんが、カッコウは人間の感覚からすると倫理的に問題のある行動をします。カッコウ科の種の多くは、ほかの鳥の巣に卵を産み、何も知らない里親に自分のヒナを育てさせる「托卵」を行うのです。カッコウの卵は里親となる鳥の卵に似た形に進化したため、たいてい鳥たちはだまされていることに気づきません。

上:あるメスのカッコウはヨーロッパヨシキリの巣を選び、3つの卵の隣にほかの卵より大きい卵を1つ生んだ。この若き侵入者がかえったら、3つの卵はすぐに始末されてしまうだろう

カッコウのメスはアフリカから飛来するとすぐに自分たちに都合の良い種の鳥がいくつか巣をつくっている場所を探し、オスのカッコウもメスを求めてこうした場所に集まってきます。交尾したメスは、里親となる鳥が巣を離れている隙に卵を1つ取りだし、その場所に自分の卵を1つ産むのですが、メスが産卵している間、オスが巣の持ち主の注意を引きつけていることも少なくありません。メスはこれを10回以上繰り返します。メスもオスもわずか2カ月ほどで用事を済ませ、6月半ばにはまたもとの土地へと渡っていくオスもいます。成鳥のカッコウは主にヨーロッパヨシキリ(*Acrocephalus scirpaceus*)やマキバタヒバリ(*Anthus pratensis*)を里親として利用しますが、そのほか数十種類の鳥の巣にも托卵します。カッコウのヒナは卵からかえるとわずか数時間で里親の子供たちを巣の外へ落とし、ひとりっ子として里親の愛を一身に浴びて育ちます。そして、瞬く間に里親よりもはるかに重くなり、秋になると自分たちも渡りを開始するのです。

他者を利用するこの能力から、うまく気づかれずに侵入した部外者のことを英語で「巣の中のカッコウ」といい、「cuckold」という言葉も生まれました。この言葉はいまでは妻の不倫相手というより妻を寝取られた夫という意味で使われるようになりましたが、語源となったラテン語の「cuculus」には「カッコウ」のほかに「不倫相手の男性」という意味がありました。両者の関係はシェイクスピアの『恋の骨折り損』(第5幕第2場)でも触れられています。

そこここの木でカッコウドリが
寝とられ亭主をばかにして歌う、
カッコー、カッコー、カッコー、カッコー悪いと
言われちゃ亭主はつらかろう。
(『シェイクスピア全集2』ウィリアム・シェイクスピア著、小田島雄志訳、白水社、1985年))

とはいえ一般にカッコウは好意的に見られており、ほかの鳥に依存する習性についても、数々の同情的な解釈が見られます。ボヘミア人の農民は、カッコウが家庭を持てないのは、聖母マリアを祭る祝日に働いたため罰を与えられたからだと考えていました。古代ギリシャの哲学者アリストテレスは、カッコウのメスは体が重すぎて安全に卵を抱けないため、ほかの鳥たちが慈善行為としてカッコウのヒナを育てるのだと説いています。確かにカッコウは飛ぶ姿も枝に止まる姿も不格好で、まるで翼が重すぎて支えていられないかのようによく翼をだらりと下げています。

愚か者と妖精

カッコウをあまり好意的に捕らえていない民話のいくつかは、カッコウが不器用そうに見えるために生まれたのでしょう。スコットランドでは、カッコウのことを「gowk」とも呼んでいて、「愚か者」という意味でも使われます。また、かつてスコットランドではエイプリルフール(伝統的に4月13日)を「Gowk's Day」と呼んでいました。この日、大人は子供たちに無意味な用事を言いつけて、日ごろのいたずらに復讐します。

現在ではもはや愚かさを美徳と見なすことはないかもしれませんが、それでも「愚か者」という言葉には「妖精」または「不思議な力を持った精霊に触れられた人」というニュアンスがあります。つまり、愚か者が現実に十分注意を払えないのは、彼らが現実よりももっと深遠な世界に属しているからだというのです。ヘンリー・ケアリーが古代アテネの喜劇作家アリストパネスの戯曲『鳥』を英語に訳したとき、作品に登場する想像上の天空世界を「雲の上のカッコウの街(夢想の街)」と呼んだのもそのためでしょう。また、カッコウに関する作品の1つ、有名な英国民謡『カッコウ』には、シンプルですが人々を励ますこんなメッセージが込められています。「カッコウは美しい鳥。飛びながら歌い、嬉しい知らせを運ぶ。カッコウは決してうそをつかない」

ツル

ツル科(Gruidae)

鳥の中には、まるで人々の注目を集めるようにつくられたとしか思えないものもいます。世界各地にいるクロヅル(*Grus grus*)とその近縁種は、取り立てて色鮮やかな鳥ではありませんが、大きさや優美さ、壮快な鳴き声、長距離移動、見事なダンスなど、色以外のあらゆる要素で、文明が始まって以来人々を魅了し続けてきました。ツルにまつわる伝説はエーゲ文明からアジア東部、オーストラリア、南北アメリカまで、世界各地の文化に広がっています。

現在のトルコ共和国にあるチャタルヒュユク遺跡から発掘された、いまから8000年以上前の新石器時代の壁画の中には、2羽のツルが頭を上げて向かい合って立っている様子を描いたものがあります。同じ遺跡からはさらに古代の鳥の骨も出土しており、過去から現在にいたるまでほかの民族もしてきたように、初期の定住者たちが儀式でツルの求愛ダンスをまねた踊りをする際にツルの翼が使われていたことが伺えます。

世界各地に伝わる踊り

古代ギリシャの著述家プルタルコスによれば、ギリシャ神話に登場するテセウスは怪物ミノタウロスを倒した後、デロス島で勝利を祝してツルの舞いを踊ったそうです。ツルはギリシャ神話に登場する神々の使いヘルメス(ローマ神話ではマーキュリー)の聖鳥とされていました。また、紀元前2世紀に彫られた岩面彫刻にクレタ島と同じ様式の迷宮とツルの姿が描かれていることからも、ツルの舞いと神話が関連していることは間違いなさそうです。そのほか、シベリア先住民の旧オスチャク族やアフリカのバトワ族、古代中国の葬儀、踊りを通じてドリームタイム(アボリジニ神話における創世記)の伝説を再現するアボリジニの祭り「カラバリー」、沖縄の収穫祭でもツルの踊りが行われていたという記録があります。また、朝鮮半島では、タンチョウヅル(*G. japonensis*)(写真下)の誇示行動(ディスプレイ)をもとにした昔ながらの儀式の踊りがいまも行われています。

見事な渡り

社交的で華麗で長寿。そんなツルの生態に人々が関心を持つのも不思議ではありません。首と脚を体と一直線に伸ばし、V字を描きながら長距離を季節移動する様子は太古の昔から人々を魅了してきました。アリストテレスは10巻からなる著書『動物誌』にツルについて詳しく記載しています。「……ツルについても思慮深いところがよく認められるようである。というのは、長距離にわたって移り住んだり、遠くのものを探り当てようと高いところに飛び上がったり、雲や嵐を見つけた場合は舞い降りてじっと動かなかったりするからである。さらに、群れには先導するもの（リーダー）に加え、笛のような鳴き声で合図を出すものが（全員に聞こえるよう）群の両端にいる。また地上にいるときに、リーダー以外は、頭を翼の下に入れて、それぞれの足を交互に使いながら一本足で眠っているが、そのあいだリーダーは、頭を翼から出したまま前をじっと見つめ、何かに気づくと、鳴き叫んでそれを告げ知らせる」（『アリストテレス全集9　動物誌　下』アリストテレス著、金子善彦、伊藤雅巳、金澤修、濱岡剛訳、岩波書店、2015年）

ツルたち自身にとって、こうした見事なダンスは単なる求愛行動ではなく、遊びでもあるのかもしれません。まだ幼いころから、ツルは集まってそのすらっとした脚で優雅に飛び跳ね、頭を下げ、いっぱいに広げた翼をパタパタはためかせると、その曲がりくねった長い気管を通して甲高いよく響く声で鳴き、時には小枝や羽を宙に舞い上げながら突然走り出したりするのです。モンゴルでは秋、アネハヅル（*Anthropoides virgo*）が無数に群れを成してダンスをするのですが、ツルたちは純粋に踊りを楽しんでいるように見えます。

寝ずの番をするツル

過去の観察者の中には、知能の高い鳥は夜、常に見張りを立てる習慣があり、見張りは（ツルがよくするように）片足で立ち、もう一方の足で石を持っていなければならないと考える人々もいました。石を持つのは、ついうとうとしてしまっても石が落ちて目が覚めるからです。この空想的な説は紋章の中に残っています。この習性を象徴して、紋章に描かれるツルは通常石を持っているのです。フランス語ではこの石を「vigilance」と呼んでいますが、「vigile」は「寝ずの番」という意味になります。

また、ツルは強い風の中でも正しい進路から外れないように、小石をのみ込んで体を安定させているという言い伝えもあります。これは一部の鳥たちが小さい石をのみ込み、砂肝の中で「歯」の代わりに食べものをつぶしたり、ほぐしたりするために利用していることに由来しているのかもしれません。なお、これに関連した言い伝えで、ツルが小石をはき出すかどうかでそれが金かどうか判断できるという話は、アリストテレスも指摘しているようにもちろん「虚偽」です。

ピュグマイオイ族との戦い

古代にはもっと野性的な渡りの物語もありました。古代ギリシャの詩人ホメロスが記した叙事詩『イーリアス』によると、渡ってきたツルたちは、インド、アフリカ各地に住む小柄な民族ピュグマイオイ族と常に戦っていたといいます。この戦いの発端は、ピュグマイオイ族の美しい王女ゲラーナの死でした。ゲラーナは女神アルテミスとヘーラーに敬意を払わなかったためツルに姿を変えられてしまい、その後、仲間のピュグマイオイ族に間違って殺されてしまったのです。

体の大きいツルと体の小さい人間が戦うという話は、アメリカ先住民の伝説にも登場します。この伝説では、普通の人のひざ丈ほどの身長の「ツディジェウィ族（別名リトルピープル）」と呼ばれる人々が、チェロキー族に大きい鳥から身を守る方法を習います。そして、鳥の巣から卵を奪うことに成功するのですが、そこへ背の高いカナダヅル（*Antigone canadensis*）の群れが現れ、小柄な彼らは襲われて全員殺されてしまうのです。

ツルは確かに攻撃的になることもあります。ほかのツルから用心深くなわばりを守り、天敵から巣とヒナを守るため、空中に舞い上がると、その鋭いツメや長いくちばしで相手を攻撃するのです。もっとも、こうした行動はたいてい威嚇行為で、身をかがめるなどさまざまな合図を出して、戦ってお互いにケガを負うより退散するよう相手に促します。また、挑発しない限りツルが人間を襲うことはめったにありません。

天国の鳥

ほぼ全世界的にツルは徳の高い生き物と見なされています。神話や伝説では、よくツルと天国を結びつけていますが、これはツルがとても高く飛ぶためでしょう。クロヅルがヒマラヤ上空、高度1万メートルを飛行していたという記録も残っています。アメリカ先住民は、カナダヅルは雲の上に巣をつくり、地上の湿地に降る前の水を飲んでいると信じていました。

オーストラリアの先住民の間では、ツルが太陽に火をともし世界の始まりに貢献したとされています。この伝説によると、ツルとエミューが口論をしました。そして、ツルがエミューの大きい卵をくわえて空に放り投げると、卵黄が突然炎を上げて燃え上がり、この炎が世界を照らし、地上の世界の最初の光となったそうです。

シベリア先住民にとって、ソデグロヅル（*Leucogeranus leucogeranus*）は太陽や春の訪れ、神聖なる魂を連想させる鳥です。一方、ケルト人の神話では、クロヅルは月の鳥とされ、シャーマンの旅や深遠な謎と結びつけられています。また、東洋の芸術や文学においては、不死の登場人物がタンチョウヅルの背中に乗っている様子が描かれることも。そして中国と日本では、野生でも40年以上生きるタンチョウヅルは長寿と幸運の象徴とされています。

貞節の象徴

シュバシコウ同様、一夫一婦制で大切にヒナを育てるツルは、アジア東部とインドで、貞節と幸せな結婚の象徴とされています。インドでは、オオヅル（*Antigone antigone*）（写真下）の夫婦は一生添い遂げるだけでなく、片方が死ぬともう片方もやせ衰えて死んでしまうと広く信じられています。またインド最西部のグジャラート地方では、新婚の夫婦をこの模範的な鳥のところへ連れて行く風習があります。

折り鶴と平和

折り鶴が世界平和のシンボルとなったのは、1945年に広島で被爆した佐々木禎子という1人の少女のおかげでした。11歳で白血病の診断を受けた禎子は、折り鶴を折れば願いがかなうと信じ、自分の白血病が治ること、そして、世界が平和になることを願いながら「お前の翼に平和と書いてあげるから、世界中を飛び回りなさい」と、鶴を折りはじめました。

1955年に亡くなるまで、禎子は1000羽以上の鶴を折りました。禎子の行動に心を動かされた同級生達は、原爆の犠牲になったすべての子どもたちの霊を慰めるため運動を始めます。そして1958年、広島平和記念公園で原爆の子の像の除幕式が行われます。こうして禎子は、金色の折り鶴を掲げた少女の像として生き続けることになりました。禎子の物語は多くの人々の心を打ち、絶滅の危機に瀕していたタンチョウヅルの保護活動にも一役買いました。

ツルを救ったダンス

近年、世界的にツルが減っています。ツルが生息していた湿地は農地や建設用地にするために干拓され、殺虫剤はツルにも害を及ぼしました。ですが、ツルにまつわる伝説の影響力は大きく、世界の多くの地域で保護努力が実を結んでいます。

米国では、ある男性がツルを救ったことで現代の伝説になりました。背が高く優雅なアメリカシロヅル（*Grus americana*）がまさに絶滅寸前の状態にあった1970年代のこと。鳥類学者のジョージ・アーチボルドはアリゾナ動物園で生まれ育ったテックスというアメリカシロヅルがいることを知りました。人間に育てられたテックスは自分も人間だと思っていて、繁殖に一切興味を示しません。そこで彼は驚くべき実験を始めます。テックスの排卵を促し、人工授精できるようにするため、自ら求愛行動をしたのです。

テックスの小屋に自分のベッドを運び込むと、そこに寝泊まりしてテックスに話しかけ、春が近づくと一緒にダンスを踊りました。この斬新な試みは見事に成功。テックスはまもなく卵を1つ産みました。この卵は無精卵でしたが、アーチボルドは努力を続け、1982年ついに1羽のヒナが誕生したのです。このヒナには、驚きや喜びを表す「ジーウィズ」という名前がつけられました。

その後、テックスはアライグマの群れに襲われて命を落とすという悲しい結末を迎えます。ところが、それが人々の想像をかき立て、現在では野生の個体が数百羽に増え、飼育下でも多くのアメリカシロヅルが繁殖するようになったのです。

2013年、ジョージ・アーチボルドは国際ツル財団を共同創設した業績をたたえられ、全米オーデュボン協会から環境保護活動におけるリーダーシップ賞を贈られ、ジーウィズが産んだたくさんの子供たちのうち1羽は野生環境での生殖に成功しました。「このヒナはわたしのひ孫です」とアーチボルドは笑います。この新しいヒナの血統を誇りに思うのは当然でしょう。英語で血統を表す「pedigree」という言葉の語源は、ノルマン朝の時代に初めて「家系図」という意味で使われ始めたフランス語の「Pied de grue（ツルの足）」という言葉なのです。

右:1900年頃撮影された手彩色写真。折り鶴を折る日本の少女が写っている

ツバメ

ツバメ科（Hirundinidae）

カッコウ同様、ツバメ科の鳥たちについても、初めて飛来する日にまつわる迷信がいくつも残っています。もっとも、ツバメは鳴き声を聞くよりも先に姿を見かけることのほうがずっと多いでしょう。いくつかの種は長距離を移動することで知られています。なかでもツバメ（*Hirundo rustica*）（写真上）はすばしこい小鳥で、夏には北半球、冬には南半球のほぼ全域で見られるようです。ことわざでは「ツバメが1羽来ただけで夏にはならない（早合点は禁物）」といわれていますが、世界の多くの地域ではツバメが到来すると気温が上がり、天候も良くなります。実際、オーストラリアツバメ（*H. neoxena*）は英語で「歓迎されるツバメ」と呼ばれています。

ドイツ中央部のヘッセン州には、塔の見張り番がその年最初のツバメが飛来するのを確認し、市の判事たちが正式にツバメの到来を宣言するという伝統がありました。英国のコーンウォール州では、初めてツバメを見たとき幸運をもたらして欲しければジャンプするのが普通ですが、スコットランドでは座っていなければなりません。また、エーゲ海のロドス島では、ツバメの到来を祝して特別な祭りが行われます。

ツバメは優雅で機敏に飛び、心地よく元気な声で鳴く上に、空中の蚊や人を刺すハエを食べるというありがたい習性もあり、人々に愛されるのもよくわかります。ツバメ科に属する鳥は約80種。そのうち比較的小柄で尾の短い種のほとんどは英語で「martin」と呼ばれていますが、どのツバメも似通っていて、先の尖った長い翼を持ち、足とくちばしは短く、尾は二股に分かれていて、腹部は鮮やかな白、上部の羽の色が濃い部分には、美しいスミレ色や虹色の光沢があります。

髪とツバメ

「納屋のツバメ」という意味の英語名が表すように、ツバメは建物によく巣をつくります。特に好むのは外から簡単に出入りできる納屋のような建物ですが、半分開いた窓など小さなすき間から入り込めれば、人間の家の中に巣をつくることもあります。ギリシャでは、家の中でツバメを見つけたら悪運をはらうために必ず捕まえて油を塗ってから放さなければならないとされていますが、ツバメが建物の外に巣をつくった場合は一般に幸運を意味し、災いから守ってもらえると考えられています。ただし、ツバメが家に巣をつくったら、くれぐれもヘアクリップを放置しないようにしましょう。ツバメがクリップを巣の材料に使うと、クリップの持ち主は夏の間中頭痛に悩まされるといわれているからです。髪に関連して、もう1つ変わった言い伝えがあります。アイルランドでは誰でも1本だけ特別な髪の毛を持っていて、それをツバメが抜いたら一生不幸に見舞われるといわれているのです。これは人が巣に近づきすぎるとツバメが突然攻撃する傾向があることから来ているのかもしれません。

石にまつわる話

ツバメは宗教の物語にもよく登場します。スペインでは、十字架にかけられたキリストの額からとげを抜いたのはコマドリではなくツバメだとされていて、そのときに血がついてあごと額が赤くなったといわれています。またロシアに伝わるある物語では、キリストの磔刑の際、スズメは「キリストはまだ生きている(だからもっと拷問を続けるべきだ)」と鳴きましたが、ツバメは逆に「キリストは亡くなった」と鳴いてキリストを救おうとしたといわれています。その後ツバメは神の祝福を受けましたが、スズメは呪われてしまいました。さらにイスラム教のある伝説は、ツバメの尾が深い二股になっている理由について、エデンの園で悪魔イブリースを侮辱してしまい、その仕返しに尾の真ん中の部分を食いちぎられてしまったと説明。コーランにはツバメの群れがキリスト教の部隊に石を落としてメッカから撤退させた話が登場します。

ツバメは泥で巣をつくるため、泥に小さい石が混じっていることに気づかずに巣に運んでしまうことがあります。こうした石は幸運をもたらし、癒やしの力を持っているといわれています。ヘンリー・ワーズワース・ロングフェローが1847年に発表した悲劇的な(そのうえとても長い)詩『エヴァンジェリン』でも数行にわたり「ツバメ石」に触れています。

沈黙と意地悪

ツバメは言葉を失ったり、口ごもったりした状態にたとえられることもあります。実際のツバメは沈黙とは程遠いですが、声は大きくもなければ特徴的でもありません。ある残酷なギリシャ神話の一説によると、好戦的なトラキア王テレウスは妻プロクネの舌を切り落とし、その後プロクネは神々によってツバメに変えられたとされています。また、ニューメキシコ州イスレタに残るアメリカ先住民の民話によると、ある子供は母親が妊娠中にツバメをばかにしたため、生まれつき声が出せなかったそうです。

ツバメはよくウシがたくさんいる農場に来て、ウシの間を低空飛行しながら、ウシが動きまわったことで草むらから飛び出した虫を捕まえます。そのためフランスでは、ツバメがウシの乳房の下を飛ぶとそのウシは牛乳ではなく血を出すようになるといわれ、イングランドではツバメが牛小屋に巣をつくり、卵が割られると、その小屋のウシはすべて血の乳を出すようになり、（十字路に牛乳をまくという）治療行為を行うまで続くといわれています。

納屋の中で、垂木の上の、雛鳥の澤山居る燕の巣まで、
攀ち上っては目を見張つて、親鳥が雛の盲を癒ほす爲め、
海邊からくはへて來ると云ふ、不思議な石を探したこともあつた。
それは燕の巣で此小石を見付けると、運が好いとされたからであつた。
（『哀詩 エヴァンジェリン』ロングフェロー著、斎藤悦子訳、岩波書店、1930年）

フランスのブルターニュ地方では、この幸運の石はツバメの体の中にあるとされ、（ツバメには気の毒ですが、体を切開して）取り出した石には色によってさまざまな力があるとされています。白なら恋愛運が上がり、緑は危険から身を守り、赤は精神病を治し、黒は幸運をもたらすそうです。

ツバメの冬眠？

アリストテレスの時代、ツバメの渡りについてはひどく誤解されていました。川辺の泥か水中に潜り込み、そこで冬を過ごしている、つまり冬眠していると一般に信じられていたのです。ツバメはよく水辺に群生したアシをねぐらにするため、夕方ツバメがアシの中に舞い降りるところを目にした人々が、数日後に日中ツバメを見かけなくなったことに気づいて、こう考えるようになったのかもしれません。また英国のノーフォーク州では、屋根の上にツバメが集まるとその家に住む誰かが亡くなるといわれ、教会の上に集まると、今度の冬に誰が亡くなるか相談しているのだといわれています。

右:19世紀にジョージ・グレイブスが製作した版画。ツバメが急降下して飛んでいる虫を捕らえようとしているところが描かれている

セキレイ

セキレイ科(Motacillidae)

きれいで活発で小柄なセキレイの姿や行動、生息地から、さまざまな民話やことわざが生まれました。セキレイ科に属する鳥はわずかですが、これらの鳥たちはユーラシアとアフリカの街や田舎の畑や川辺、浜辺や湖畔で見られ、常にその長い尾を上下に振りながら、走ったり、気取った様子で歩きまわったりしています。一部の種は黒と白ですが、そのほかの種は明るい黄色や緑、青灰色の羽を持ち、いずれも活発な性格で、明るく元気の良い声で鳴きます。

皿洗い

ホクオウハクセキレイ(*Motacilla alba yarrellii*)(写真下)は、広範囲に生息するタイリクハクセキレイ(*M. alba*)の亜種で、ほぼ英国全域で1年を通じてよく目にします。地方によりさまざまな名前で呼ばれており、そのうちいくつかは「Molly washdish」、「Peggy dishwasher」、「dishlick」など、皿洗い(dishwashing)に関連しています。こうした名前は、セキレイが水辺の生息地を好む習性から来ているのでしょう。いつ新しい虫が飛び出してきてもすぐ飛び掛かれる体勢で、水際を歩いたり、浅瀬の石から石に飛び移ったりしながら、常に頭を上下に動かし、くちばしで水面をつつく様子が皿洗いをする人のように見えるからです。現在多くの野鳥観察者(特に日中の渡りを観察するのが好きな人々)の多くは、ホクオウハクセキレイを「チジック(ロンドン西部の地名)上空飛行」と呼んでいます。これはホクオウハクセキレイが飛びながら大きな声で「チシック」と鳴くからです。

卑劣な悪魔

アイルランドの人々は、ホクオウハクセキレイに不信感を持っています。常に尾を動かしているのは、実は悪魔の手先で、尾の先で悪魔の血を運んでいるからだと考えられているからです。また、ホクオウハクセキレイを捕まえる唯一の方法は、その尾に塩をまくことだとも信じられていました。このように邪悪なイメージがあるため、人々は用心していて、巣を壊したり、卵を捕ったりしません。一方、あるアイルランドの童謡ではホクオウハクセキレイをもっと楽観的なイメージでとらえ、「あなたの美しい尾はゴブリンの時計のよう。ゴブリンの魔法の棒のよう」と歌われています。

西ヨーロッパの遊牧民ロマ人の間では、ホクオウハクセキレイは「ジプシーの鳥」と呼ばれ、「ホクオウハクセキレイを見かけたら、ジプシーに出会う」ということわざも残っています。ホクオウハクセキレイは人間とのつながりが深く、好んで農場の建物に巣をつくります。駐車場で地面や自動車のフロントグリルのところにつぶれた虫がいないか探しているホクオウハクセキレイを見かけることもしばしばです。また、冬には街の中心部の木に集団で巣をつくることもあります。ライトアップされた小さい観賞樹はいつも暖かいためそこに集まるのでしょう。その姿はどこから見てもふわふわのクリスマス・デコレーションのようです。

尾のお話

セキレイ属の学名「*Motacilla*」は「小さい動くもの」という意味で、セキレイ属の鳥が常に動いていることに由来しています。ところが、一部の鳥類学者が(無理もないと思いますが)「動く尾」という意味だと誤解したため、鳥類学で使われる膨大な数の名前において、本来「小さい」という意味の接尾語「cilla」が間違って「尾」の意味で使われるようになりました。たとえば、オジロワシの学名「*albicilla*」は「白い尾」という意味でつけられたのでしょうが、本来の意味は「小さい白いもの」です。

創世神話の賢い鳥

英国ではホクオウハクセキレイをよく見かけますが、日本ではそれと同じくらいセグロセキレイ(*M. grandis*)がよく見られ、日本の創世神話でも重要な役を演じています。国産みの神イザナギとイザナミは、国土を生み出す準備が整い、あとは男女が子供をもうけるときと同じ行為をすれば良いということも知っていましたが、それまでそのような行為は一切行ったことがなかったため、いまひとつ手順がわかりません。そこへ、セキレイが飛んできて、わかりやすく手本を見せてくれました。その様子を見たイザナギとイザナミは、無事日本の島々を産み出すことができたということです。

日本のアイヌ民族の創世神話でも、セキレイは重要な役を演じています。この神話によると世界は当初沼地で、人間が住めるような乾いた土地はありませんでした。そこで創造主はセキレイを使いに出します。セキレイは1羽でせっせと泥を踏みつけながら歩きまわって水が流れ込むようにくぼみをつくり、高くなった部分が乾いた土地になりました。この功績から、セキレイはアイヌ民族の間で神聖な鳥とされています。

後を追うセキレイ、背に乗るセキレイ

ツメナガセキレイ(*M. flava*)(写真右)については、とても特徴的な亜種がユーラシア西部一帯に数多く生息していることが知られています。違いは主にオスの頭の色で、白っぽい色から黄色、青、灰色、暗灰色、漆黒までさまざまです。ホクオウハクセキレイに比べ、ツメナガセキレイはより田舎を好み、とりわけ食事中のウシで混みあった牧草地でよく見かけます。ウシに驚いて草むらから飛び立ったハエを食べるため、ツメナガセキレイはウシの後をついて回るのです。いくつかの自然保護区では、管理者がウシのふんをまいて、減少しているツメナガセキレイの繁殖を促しています。かつて英国ではツメナガセキレイを「cowbird(ウシの鳥)」と呼んでいましたが、同様にフランスでは「vachette」、ドイツでは「Kuhstelze」と呼ばれていました。

ヨーロッパ北部に飛来するツメナガセキレイは、冬はアフリカで過ごします。ドイツの作家アドルフ・エベリングは1878年にエジプトを訪れ、ツメナガセキレイがいることに驚きました。そして、小さなツメナガセキレイが、地中海を縦断するほど長い距離を飛べるなんて信じられない、と年配のアラブ人に言うと、このアラブ人はとてもかわいらしい民話を聞かせてくれたそうです。

「そのベドウィン族の男性は、わたしを振り返るとフランス語とアラビア語を交えてこう教えてくれました。『ご存じないのですか?　この小さい鳥たちはもっと大きな鳥の背に乗って海を渡るのですよ』。わたしは笑ってしまいましたが、男性は平然と続けました。『ここでは子供でも知っています。この小鳥たちは、自分たちの力で海を渡るほど強くありません。それは鳥たちもよくわかっています。そこで、コウノトリやツルなどの大きい鳥が来るのを待って、その背中に乗るのです。そうやって海を渡っています。大きい鳥たちは喜んで小鳥を受け入れます。この小さいお客さんが楽しそうにさえずっていれば、長旅の間も退屈しませんからね』」。

ミサゴ

ミサゴ科(Pandionidae)

さざ波1つ立たない静まりかえった湖の上を旋回していたミサゴ(*Pandion haliaetus*)(写真上)が、急降下して足から水に飛び込んだのもつかの間、水しぶきを上げて暴れる魚をその鉤爪でしっかりつかんで舞い上がる光景に人々は息を呑み、何世紀にもわたって世界各国で伝説が生み出されました。また、ミサゴはとても広く分布、繁殖しているため大西洋の両側およびオーストラリアで見られます。オーストラリアに生息するミサゴはほかの地域のミサゴと若干異なっていることから、別の種オーストラリアミサゴ(*P. cristatus*)として扱われることもあります。

獲物を捕らえる様子を見ていると、ミサゴには超能力でもあるのかと思わずにはいられません。顔立ちは目を見張るほど美しく、大きく広がる翼、長い脚、黒褐色と白の羽、そして明るい金色の目とさっそうとしたふさふさの冠羽を備えています。タカやノスリ、ワシ、その他の昼行性猛禽類(もうきんるい)の鳥と共にタカ目に分類されていますが、ミサゴはさまざまな面でタカ目のほかの鳥たちと異なるため、独立した科を構成しています。

釣り師の秘密

ミサゴは水鳥ではありませんが、魚を捕らえて生きるために劇的な進化を遂げています。たとえば足は粗いうろこに覆われています。また、通常鳥の趾(あしゆび)は前に向かって3本、後ろに向かって1本生えていますが、ミサゴは前を向いている第四趾が後ろに反転するため、前後2本ずつで魚をつかめる構造になっています。その上、獲物をつかみやすいように長い鉤爪を備え、鼻孔は水中で閉じられるようになっているのです。

また、長く力強い翼を持っているため、もがきつづける重い獲物を水中から引き上げることもできます。ユーラシアの亜種(*P. h. haliaetus*)もアメリカの亜種(*P. h. carolinensis*)も、この力強い翼で長距離の季節移動を行います。

水中の魚を目ざとく見つけられる能力も、卓越した狩りの才能の1つです。人間は水面に反射する光がまぶしすぎたり、波が多すぎたりすると水中の様子をはっきり見ることができません。ところが、ミサゴの視覚は驚くほど鋭いうえに眼のまわりの黒い部分が光を遮ります。まだミサゴの素晴らしい生理機能が理解されていなかった時代には、変わった方法で魚を捕らえていると考えられていました。たとえば12世紀のアイルランドでは、ミサゴは空を飛びながら脂っこい物質を排泄し、それが魚を引きつけ、ミサゴが水に入るときにも羽の油分が似たような効果を発揮すると考えられていました。中世の学者ギラルドゥス・カンブレンシスはさまざまなテーマについて詳しい著述を残しましたが、ミサゴの両足はそれぞれまったく異なる構造を持っているとも記しています。一方は魚を捕らえるための長い鉤爪を備え、もう一方には泳ぐための水かきがついているというのです。

シェイクスピアの『コリオレーナス』の第4幕第7場では、将軍オーフィディアスが仲間のコリオレーナスとローマ襲撃計画について話し合う場面で、次のようにミサゴに触れています。

> あの男はローマを、ミサゴが魚をとらえるように、
> 身にそなわった威光で手に入れるだろう。
> (『シェイクスピア全集5』ウィリアム・シェイクスピア著、小田島雄志訳、白水社、1986年)

この一節を読めば、魚たちはミサゴの姿を見ただけで自ら降伏すると考えられていたことは明らかです。同じように16世紀英国の劇作家ジョージ・ピールも、魚たちは「君主然としたミサゴの姿に、自ら輝く腹を見せる」と書いています。ほかの地域の人々も、ミサゴに不思議な力があるとは考えないまでも、魚を捕るその優れた腕前には一目置いていました。ボリビアの漁師たちは、なんと皮膚の下にミサゴの骨を挿入して、漁の腕を上げようとしていたそうです。

守護者のミサゴ、ろくでなしのミサゴ

アメリカ先住民の多くもミサゴに敬意を抱いていました。ハクトウワシ（*Haliaeetus leucocephalus*）やイヌワシ（*Aquila chrysaetos*）と同様に敬い、守護者と見なしていたのです。ですが、ミクマク族の物語『ミサゴとアビ』に登場するミサゴにはそのような栄誉は与えられていません。この物語には、いずれも魚を捕食するものの、かたや高いところを飛行するプライドの高いミサゴと、泳ぎは得意でも飛行は苦手なアビのやりとりが描かれています。アビに自分たちは対等だといわれて腹を立てたミサゴは、アビに仕返しをします。近くに住む部族に食べものを持っていくと歓待される、とアビに吹き込み、その一方で、人間たちにはアビが毒の入った食べものを持ってくると告げるのです。人間たちはアビを退け、予知能力を持った偉大なる魔術師としてミサゴに敬意を表し、祝宴を開きました。そこでミサゴは空想上の巨人が強奪しにやって来るというさらに手の込んだ話をして、人々をまた同じようにだまそうとしますが、今度は見破られ、うそつきだということがばれてしまいます。

鳥の王

仏教の物語の中には、ミサゴを鳥の王としているものがあります。たとえば、釈迦の前世を描いた『ジャータカ』に収録されている『動物たちの友情前世物語』もその1つ。この物語では、オスのタカがメスのタカにプロポーズします。メスのタカは、自分たちと子供、そして岩場につくった巣を見守り、危険から守ってくれるのなら結婚してもいいと答えます。そこでオスのタカは真っ先に「鳥の王」であるミサゴを訪ね、ミサゴはこの役を引き受けます。間もなく、ミサゴは大忙しになりました。巣を襲おうと島にやって来た人間の松明（たいまつ）を、夜の間中消してまわったのです。さらにカメとライオンという仲間が加勢し、ついに人間を怖がらせて追い出すことができました。この物語は、メスのタカが友情に感謝し、その価値を称賛する詩を読んで幕を閉じます。

消滅と繁殖

18世紀以来、英国とアイルランドでは、地主たちが領地の魚を奪われないように容赦なくミサゴを退治していました。やがてミサゴは一掃され、アイルランドでは19世紀前半、イングランドでは1840年、スコットランドでは1916年までにすっかり姿を消してしまいます。イエーツが1889年に発表した『アシーンの放浪とその他の詩』の中で、悲しみを象徴する鳥としてミサゴを描いたのも不思議ではありません。ところが、ミサゴは1950年代に再びスコットランドにすみ着き、現在では盛んに繁殖して生息地を広げています。よく知られているいくつかの巣はウェブカメラで監視され、その記録から、このカリスマ的な鳥の生態や生殖の実態が詳しくわかるようになりました。

右:ジョン・ジェームズ・オーデュボンによる挿絵。長く強い鉤爪で獲物をつかんだミサゴが描かれている

Fish Hawk. Male
Falco haliaetus
Fish. Vulgo. Weak-Fish

オンドリ

キジ科(Phasianidae)

鮮やかな色の羽に覆われ、すぐ目に止まる赤いとさかを持ったオスのニワトリ(*Gallus gallus*)は、夜明けと共にけたたましい鳴き声を上げることから、古代ギリシャやさらにさかのぼって古代ペルシャ帝国のゾロアスター教徒の間で光の象徴とされていました。世界的に、ニワトリの最大の特徴はその独特な鳴き方でしょう。イスラム教の教えによれば、ニワトリの鳴き声は神アラーが最も愛した3つの声のうちの1つということです。色鮮やかなオンドリたちは生後4カ月ごろから首ととさかのある頭をピンと伸ばし、夜明けの2時間前から大きな声で鳴き始め、その後はときどき休みながら、1日中鳴いています。生後1年未満の若いオンドリは、自分のなわばりを主張するためだけでなく、餌などのさまざまな刺激に反応して鳴きます。

ニワトリはセキショクヤケイ(学名はニワトリと同じ*G. gallus*)とより地味な色彩の近縁種ハイイロヤケイ(*G. sonneratii*)の子孫で、インダス文明の時代(紀元前3000～紀元前1500年頃)に人々が飼育を始めたと考えられています。どちらの種もインドおよび近隣国の原産で、野生種は人間の定住地周辺で穀類などの餌をあさっていたので、捕まえやすかったのでしょう。また、群れを成す習性があるので、卵目当てで捕獲された鳥も多かったかもしれません。

悪霊を追い払う

インダス文明最大の定住地の1つ、古代都市モヘンジョ・ダロの遺跡から、ニワトリをかたどった印章が発掘されました。またいくつかの証拠から、この街の本来の名称は「ニワトリの街」という意味の「ククタルマ」だったともいわれています。恐らくここでニワトリが売買され、オス同士を戦わせる初期の闘鶏が行われていたのでしょう。

同じころ近隣国ペルシャのゾロアスター教徒たちはニワトリを神聖な鳥と見なし、邪悪なものを追い払うと考えていました。その後の文明においても同様に、ニワトリは幸運をもたらすと考えられていたようです。オスよりも地味なメスは、卵を供給するという重要な役割を果たしているにもかかわらず、子育てがうまいという評判を得る程度で、オスのような伝説を生み出すことはありませんでした。

日光とのつながりから、古代ギリシャと古代ローマではオンドリは太陽神アポロの鳥とされていました。オンドリはユーラシア全土であがめられ、中国では十二支の10番目に数えられています。ローマからアジア東部まで数々の文化において、暁に時を告げるオンドリの鳴き声は悪霊を追い払うと考えられていました。

ところがアイルランドでは、オンドリが真夜中に鳴いたり、ドアや窓越しに鳴いたりした場合、死の前触れとされました。キリスト教では、朝鳴くニワトリの声は、「鶏が鳴く前に、あなたは3度、わたしを知らないと言います」（『マタイの福音書』第26章34節）（『聖書　新改訳』新改訳聖書刊行会訳、いのちのことば社、1981年）というキリストの予言通り、12使徒の1人ペトロが磔刑前夜にキリストの知り合いであることを否定したとされており、朝鳴くニワトリの声はこの出来事を想起させます。教会の尖塔の上に立つ伝統的な風見鶏は、キリスト教徒が信仰を忘れないよう注意するのに役立つと信じられていました。

見張りと占い

朝に鳴く習性のため、ニワトリもまた夜警と結びつけられました。北欧神話にはグリンカムビというニワトリが登場し、世界が水に沈み、主要な神々が絶滅するという世界の終わり「ラグナロク」の訪れが近づいたら人々に伝えるとされています。また、それほど名誉な話ではありませんが、あるギリシャの伝説では、見張りのオンドリがうっかり眠ってしまったために、女神アフロディテが愛人アレスと会っているところを夫のヘーパイストスに見つかってしまいます。

ニワトリたちは占いにも使われました。あらゆることの可能性をいつも自然界の事象や生き物の行動から占っていた時代、身近にいる家禽は格好の観察対象となりました。鳥占官（または鳥卜官）と呼ばれる神官たちは、ニワトリが餌をついばむ様子から、神々が自分たちの行動に賛成しているか判断したのです。ギリシャでは重要なカードの上に穀物を置き、ニワトリがどのカードの上の餌を最初についばんだかによって結論を出していたようです。一方ローマでは、ニワトリが餌をどれだけ熱心に食べたかによって吉兆か凶兆かを判断しました。

癒やしの力

ローマ人たちはニワトリの内臓を使って未来を予言しました。それから数世紀後、サンテリア教、ブードゥー教、ユダヤ教、ヒンドゥー教など多くの宗教で鳥たちが神に捧げる生け贄にされました。また、鶏肉には薬効があるとも考えられていたようです。ガイウス・プリニウス・セクンドゥス（大プリニウス）は赤痢の治療のため、チキン・スープと「塩を利かせた老いたオンドリのスープ」を処方していました。

17世紀、18世紀の英国では、ゆでたオンドリの煮こごりまたはひき肉にレーズンとスパイス、エールを加えてつくったチキン・エールは、咳から結核による衰弱まで、万病に効くと考えられていました。実際にチキン・スープが風邪に効くことは、現代の科学研究によって確認されています。

とはいえ、オンドリもメンドリも特に魔法の力や薬効があるとされているわけでもなければ、そうした用途に使われてもいません。鶏肉は豚肉に次いで世界で最も良く消費される肉で、その量は年間400億羽以上、約9400万トンに上ります。

戦うオンドリたち

個々のニワトリが群れにおける自分の順位を確立していく習性から、英語では、「pecking order（餌を食べる順番）」という言葉が「人間社会の序列」を表すようになりました。オンドリは猛烈な勢いでつがいのメンドリを守る、なわばり意識の強い鳥です。古代中国、ペルシャ、インドの人々はオンドリの勇気をあがめ、くちばしや蹴爪（けづめ）を使って戦うオンドリの姿を見るのを好みました。オンドリは勇気だけでなく生殖能力の象徴でもあり、そのため英語ではオンドリを表す「cock」という言葉が「男性器」という意味で用いられるようになったようです。

上:ポンペイにあるローマ時代の遺跡で発見された、闘鶏の様子を描いたモザイク画

闘鶏はローマで人気のスポーツで、イギリスに残る古代ローマ遺跡での考古学的発見から、儀式であると同時に娯楽であったとも考えられています。現在もバリではヒンドゥー教の儀式タブー・ラーの一環として闘鶏が行われ、飛び散る血で精霊や神々をなだめます。また、インドのいくつかの地方では、闘鶏の結果に基づいた「ククタ・サストラ（オンドリ占星術）」が行われています。

上:闘鶏前の儀式の一環としてオンドリを清めるタイ人の男性

ライチョウ

キジ科（Phasianidae）

ライチョウ（*Lagopus muta*）は、北極圏やユーラシア北部、北米に分布しています。足に羽が生えており、雪の上を歩くのに役立ちます。アイスランドの伝説では、聖母マリアに火の中を歩くように命じられたときライチョウはこれを拒んだため、足の羽が焼けなかったのだといわれています。ところが、命令に従わなかった罰として、マリアはライチョウを狩りの獲物にしました。ただし1つ譲歩して、冬になると灰褐色の羽が白く変わり、見つかりにくくしてあげたそうです。アイスランドの人々にとってライチョウは冬を連想させる鳥で、クリスマスにはライチョウ組（冬に生まれた男性）とカモ組（夏に生まれた男性）に別れて綱引きをします。そして、ライチョウ組が勝つと長い冬になるといわれています。

ライチョウの反抗的な態度はほかの伝説にも登場します。アメリカ先住民アルゴンキン族の神話によれば、エリマキライチョウ（*Bonasa umbellus*）は言いつけに背いたため、いたずら好きの神マナボゾに11日間断食させられ、尾羽に11個の点をつけられたということです。

印象的なダンス

クロライチョウ（*Lyrurus tetrix*）（写真右）やヨーロッパオオライチョウ（*Tetrao urogallus*）、キジオライチョウ（*Centrocercus urophasianus*）といった華やかなオスのライチョウが求愛のディスプレイをするときには、その見事な尾羽が重要な役割を果たします。発情期になるとクロライチョウは一堂に会し、すべてのオスがそれぞれの場所に陣取り、尾を広げて立て、ジャンプしてほかのオスを威嚇するのですが、時にはまわりで見ているメスを引きつけるために戦うこともあります。大型のヨーロッパオオライチョウも負けず劣らず華やかで、求愛ダンスをする際、繰り返し「キュイキュイ」と鳴いていた声がだんだん「カカッカカッ」というようになり、最後には木々のざわめきような声に変わります。バイエルン地方のフォークダンス、シュプラトラーでは、男性の踊り手が手で靴底をたたくのですが、これはヨーロッパオオライチョウの立てる音や動きをまねたものといわれています。

北米とヨーロッパでは、広範囲にわたってライチョウ狩りが行われていました。ライチョウは普段ヒースなどの深い茂みに隠れていますが、驚くと一斉にバタバタと舞い上がります。実際、英国に生息するアカライチョウ（*Lagopus lagopus scotica*）が追って来る相手を撃退するために出す「アカアーアーアクアクアク」という鳴き声は警告であり、英語で羽の色が変化しない種のライチョウを意味する「grouse」という言葉が「不平を言う」という意味でも使われるようになったのはこのためかもしれません。

ウズラ

キジ科（Phasianidae）

キジ科のほかの多くの鳥たちと同じように、ヨーロッパウズラ（*Coturnix coturnix*）（写真右）は食肉としてよく知られ、斑点のあるその小さい卵は世界各地で珍重されています。渡り鳥であるウズラは古代エジプトでも食用にされ、古代王朝および中期王朝時代のいくつかの墓には麦畑に舞い降りて虫や種をついばむ姿、網で捕らえられた姿が描かれていました。

秋に地中海を渡り、中東諸国に到着したウズラは疲れきっているため、簡単に捕まえられました。また旧約聖書によると、古代イスラエルの人々がエジプトを脱出した際、旅の途中で砂漠にウズラの大群が降り立ち、食料を得ることができたとされています。

古代ローマの博物学者大プリニウスは著書『博物誌』の中で、ウズラの大群が船に危険を及ぼすと警告しています。「ウズラはしばしば帆にとまる。それもきまって夜にそうするので、船を沈めることがある」（『プリニウスの博物誌 2（第7巻～第11巻）』プリニウス著、中野定雄、中野里美、中野美代訳、雄山閣、1986年）。これは考えにくいことですが、当時のウズラの群れは現在よりもずっと大きかったのかもしれません。太めで茶色いヨーロッパウズラは狩猟鳥にしては長い羽を持っていますがすぐに疲れてしまうため、何段階かに分けて渡りをします。ある民話によると、その昔ヨーロッパウズラは渡りを導いてくれるリーダーを探し、ウズラクイナ（*Crex crex*）を選びました。そのため、フランスではいまでもウズラクイナのことを「ウズラの王様」を意味する「Roi des cailles」または「Roi caille 」という愛称で呼んでいます。

生殖能力と繁殖力

古代ギリシャのある神話によると、ゼウスは自分の子を身ごもった愛人である女神レトをウズラの姿に変えます。そのおかげでレトは激怒した妻ヘーラーの手を逃れ、ヨーロッパウズラの産卵と同じく安産で双子のアポロンとアルテミスを産むことができたということです。ウズラのメスは1度に孵化させる卵の数が多いことから多産の象徴とされています。多いときには18個以上の卵がかえることもありますが、必ずしも1羽の母鳥が全部の卵を産んだわけではないかもしれ

左：紀元3世紀または4世紀ごろにエジプトのコプト人がつくったとみられる布地。ウズラの姿が描かれている

ません。オスのウズラは重婚で知られ、アリストテレスの『動物誌』には交尾の欲求が強いことが記されています

その澄んだ「ウィウィウィ」という鳴き声から、「ウェット・マイ・リップス（飲み物をください）」とも呼ばれるウズラはおとなしい陸鳥で、暴力とは程遠い印象です。普段は背の高い草むらに身を隠していて、追い立てられたときだけ飛び立ってヒューと低空飛行します。このように控えめな鳥ながら、かつてウズラは勇気の象徴と考えられていました。オンドリと同じようにオスのウズラは古代ギリシャ、古代ローマ、中国で闘鳥に使われ、アフガニスタンとパキスタンではまだこの風習が残っています。

シチメンチョウ

キジ科(Phasianidae)

シチメンチョウといえばパーティーが頭に浮かびます。米国では感謝祭のディナーに欠かせないシチメンチョウですが、この伝統が始まったのは1621年のこと。マサチューセッツの入植者たちが、移住後初めての収穫を祝うために狩りをしたことがきっかけでした。

家禽化されたシチメンチョウの先祖にあたる野生のシチメンチョウ(*Meleagris gallopavo*)は、現在のシチメンチョウ(写真左)よりも背が高く細身で、高速で飛ぶことができ、アメリカ先住民にとってはまったく違った意味を持っていました。アパッチ族の神話では、シチメンチョウは知恵があり慈悲深い鳥とされ、トウモロコシと農耕に結びつけられています。また、シチメンチョウがあのような姿になった理由については諸説あるようです。オスのシチメンチョウの首にある肉垂(にくすい)は加齢と共に大きくなり、戦うときにはより鮮やかな赤に変わるのですが、チェロキー族に伝わるある物語では、これはもともと食用亀テラピンの頭皮で、それをシチメンチョウが器用に盗んだのだとされています。一方、南米の神話によると、創造神マクナイマの息子シグが2本の棒をこすり合わせて火をおこしたときにシチメンチョウがそれをホタルだと思ってのみ込んでしまったからだということです。

プエブロ族に伝わる物語では、昔大洪水が起きてシチメンチョウの尾羽が染まったといわれています。これは恐らく、尾の根元に生えた小さい羽、雨覆羽が白い地元の亜種メリアムシチメンチョウ(*Meleagris gallopavo merriami*)を指しているのでしょう。また、ホピ族の神話では、シチメンチョウがはげ頭になった経緯が明かされます。地球が最初の日の出を迎えたとき、シチメンチョウは太陽をもっと空高くまで上げるようにいわれて努力しますが、うまくいきませんでした。このとき頭が焦げてしまったということです。

美しい羽

シチメンチョウは頭こそはげていますが、体は華やかな虹色の羽に覆われています。米国とメキシコ各地に分布するいくつかの亜種を見ると、オスの体の羽は光沢のある褐色から緑がかった金、青みがかった緑までさまざまで、色鮮やかです。シチメンチョウが最初に飼育されたのは紀元前800年頃のメキシコで、それから600年後に米国南西部でも飼われるようになりました。アメリカ大陸でコロンブス来航以前に家禽化したのはシチメンチョウだけです。もっとも、当初は食用としてではなく、羽を取るために飼育されていました。シチメンチョウの羽は儀式に用いられ、上の写真のような祈祷用の棒につけたり、マントやブランケットに使ったりしていたようです。

フラミンゴ

フラミンゴ科(Phoenicopteridae)

熱帯の焼けつくような太陽の光を浴びて、ピンクや紅色の羽をきらきら輝かせながら池を横切るフラミンゴを見れば、なぜ彼らが太陽や火と結びつけられるのかは一目瞭然。なかでもオオフラミンゴ(*Phoenicopterus roseus*)は、古代エジプト神話の霊鳥で太陽と再生のシンボルだったベンヌのモデルになったと考えられている鳥の1つです。

古代ギリシャ人はその体の色からフラミンゴに「Phoenicopterus」と名づけました。これはギリシャ語の「赤紫」を表す言葉に「翼」という意味の「pteron」を合わせたもので、「フェニックス」を連想させます。実際、フラミンゴはフェニックスと関連づけられていたこともありました。「フラミンゴ」という言葉の語源には2つの説があります。1つはスペイン語の「flamenco」で、現在この言葉はフラミンゴと踊りのフラメンコの両方の意味に使われています。この説の真偽のほどはともかく、無数のフラミンゴが集まり、飛び立ったり、長い首を伸ばし、翼を広げたりする見事な求愛ディスプレイにふさわしい賛辞といえるでしょう。より信ぴょう性が高いのは、ラテン語の「flamma(炎)」から派生したという説で、この説は、フェニックスは灰から復活するという神話にも通じるものがあります。

フラミンゴはなぜピンク色?

片足を支柱代わりに堂々とした独特な立ち方をする上品な鳥、フラミンゴ。最大の特徴はなんといってもその色でしょう。フラミンゴは小魚や虫、甲殻類のほかにベータカロテンが豊富な藻も食べるのですが、羽の色はどうやらこの藻から来ているようです。首を曲げて頭を水に突っ込み、水かきのある足で泥をかき混ぜながら餌を探し、複雑に曲がったくちばしが上下逆さまになるように頭頂部を下にして、水面の藻をろ過して食べます。大陸によってフラミンゴが口にするもののカロテノイド含有量が異なるため、カリブ海や南米のフラミンゴはアフリカのフラミンゴよりも赤い傾向があるようです。

フラミンゴ科には6つの種が属していて、そのうちの4種は南北アメリカ大陸に生息しています。ペルーの古代モチェ族は恐らくアンデスフラミンゴ(*Phoenicoparrus andinus*)と思われる種をその非常に美しい陶器に描きました。アステカ文明では「ケチョリ」という鳥が神聖視され、その赤みを帯びた羽はコロンブス到来以前のメキシコで狩猟期とされた14番目の月「ケチョリ」を祝う儀式で用いる矢の飾りに使われたといいます。このケチョリはもしかしたらベニイロフラミンゴ(*Phoenicopterus ruber*)だったかもしれません。

右:ジョン・ジェームズ・オーデュボンが4巻からなる著書『アメリカの鳥類』(1827〜1838年)のために描いたベニイロフラミンゴ

キツツキ

キツツキ科(Picidae)

キツツキ科の鳥のほとんどは、発情期が始まるとよく音の響く木の幹や丸太、電柱などを速いスピードでつつくのが特徴です。キツツキたちが木をつつく理由は、ほかの鳥たちがさえずるのと同じ。なわばりを確立してメスを引き寄せるためです。キツツキの力強いくちばしは1秒間に15回も木などをつつきますが、脳に障害をもたらす恐れはありません。彼らの頭は衝撃を吸収するようにできているからです。また、くちばしは巣穴をつくったり、木の皮の下にすむカブトムシの幼虫などのごちそうを取ったりするためにも使われます。

昔の人々がキツツキの立てる音を雷鳴と、キツツキのあける穴を稲妻と結びつけたのも不思議ではありません。北欧神話によるとキツツキは、雷神トールーの化身で、つるはし(英語で「pick」)を発明したといわれています。

強力なくちばし

古代ローマ時代、キツツキは保護の対象とされていました。ローマの町の誕生と密接に結びついていたからです。ギリシャの歴史家プルタルコスによれば、後のローマ建設者で当時はまだ幼かった双子のロムルスとレムスが川に流され、オオカミに育てられていたとき、キツツキも双子のもとへ残飯を届けに通っていたそうです。また、キツツキは軍神マルスの聖鳥でもあり、キツツキ科に属するクマゲラ(*Dryocopus martius*)(写真右)の学名はマルスに由来しています。プルタルコスは著書『モラリア』の中でこう述べています。「キツツキは勇敢で神聖な鳥であり、幹の中心までつついてオークの木を倒せるほど強いくちばしを持っている」。

キツツキの強力なくちばしからは、ほかの言い伝えも生まれています。たとえばキツツキは1年に1度夏至の前夜にしか咲かない魔法の植物から力を得ていたと信じられていました。ちなみにこの植物は、人間には有毒ですが民間療法に用いられていたホルトソウ(*Euphorbia lathyris*)のことかもしれません。

雨を求めて

ドイツ語でキツツキは「Giessvogel(土砂降りの鳥)」。また、フランス語では「oiseau de pluie(雨の鳥)」、「pleupleu(雨雨)」と呼ばれています。その理由はある創世神話から推察できます。反抗的だったキツツキは、溝や水路を掘って世界で最初の湖や川をつくるようにという神の命令を聞かず、働いているほかの鳥たちをばかにしました。そこで神はキツツキが雨の滴からしか喉の渇きを癒やせないようにしてしまいます。このためキツツキは雨を求めて鳴くのだそうです。

ローマでは自分より右側にいるキツツキを見つけたときだけ幸運が訪れるとされていました。一方、イタリアではキツツキが木をつつく音は不吉とされ、特に(心臓がある)左側から聞こえてきたら、それは死の前触れかもしれないといわれていたようです。また、キツツキの鳴き声も不吉とされ、ドイツには「Wenn der Giessvogel schreit ... ist der Teufel nicht weit.(キツツキが鳴いたら、近くに悪魔がいる)」ということわざがあります。

キツツキは木のうろにわずかにたまった水も飲みますが、必要とする水分のほとんどは虫の体液、場合によっては種、果物、樹液などから摂取します。ヨーロッパアオゲラ(*Picus viridis*)は主に地面にある餌を食べていて、アリが好物です。そのほかの種は朽ちかけた木の皮をはぎ、ベタベタした長い舌で虫をつかみ、引っ張り出して食べます。

ルーマニアの一風変わった民話の中に、キツツキが虫を食べる話が出てきます。あるときキリストと聖ペトロが一緒に外を歩いていると、虫に取り囲まれてしまいました。あまりにもうっとうしかったため、2人は虫を袋に閉じ込めます。そして、通りすがりの黒い服に身を包み、赤い帽子をかぶった年配の女性に袋の口をしっかり閉めたまま海に行って捨てるように頼みました。ところが、女性は好奇心に駆られて袋を開けてしまい、すべての虫が逃げてしまいます。罰として、この女性はクマゲラに変えられてしまいました。そうすれば逃げた虫をまた1匹残らず捕まえられるからです。

カリフォルニア州沿岸、米国南西部、中米に生息するドングリキツツキ（*Melanerpes formicivorus*）は主にドングリを食べるのですが、面白いことに枯木や電柱、フェンスや木造の建物に何千個ものドングリを蓄えます。また、群れのメンバー同士はとても協力的で、共同で子育てをしたり、穴を開けたり、隠したドングリを捕食者から守ったりもします。

ドングリキツツキおよび旧世界と新世界に生息するほかのいくつかの種は似た配色ですが、赤、黒、白、金色、茶色その他の色の羽の割合はまちまちです。英国にすむ3種のうち、オスのコアカゲラ（*Dendrocopos minor*）とヨーロッパアオゲラ（左図）のオスとメスは頭頂部が赤くなっていますが、アカゲラ（*D. major*）のオスは首筋が赤く、雌雄共に体の下のほうが赤くなっています。

また、ズアカキツツキ（*Melanerpes erythrocephalus*）は、名前からもわかるとおり頭から首まで真っ赤という独特な姿をしています。いくつかのアメリカ先住民の部族は赤い羽を勇気の象徴と見なし、部族に伝わる神聖なるキセルを赤い羽で飾っていました。一方、ルイジアナに住んでいたチティマシャ族の間では、ズアカキツツキの尾が黒いのは大洪水の際、おぼれないように空へ飛び立とうとしたときに汚れた水がついて染まってしまったからだといわれています。

アルゴンキン族の伝説ではさらにキツツキの頭が赤くなった理由も説明されています。トリックスターの神マナボゾが邪悪な霊「マニトウ」と戦っていたときのこと。マナボゾがいくら矢を放ってもマニトウはびくともしませんでした。そして矢が残り3本になったとき、マナボゾのもとにキツツキがやって来て、マニトウの唯一の弱点は頭の上で束ねた髪なので、残りの矢はそこを狙うようにアドバイスします。マナボゾは言われたとおりに矢を放ち、マニトウを仕留めました。そして、感謝のしるしにマニトウの頭から流れる血をキツツキの頭に塗ったのだそうです。

ロングフェローは『ハイアワサと真珠羽根』の中で、ハイアワサという主人公とママという鳥が登場する同じようなエピソードを記しています。この鳥はとがった見事な冠羽と頭頂部が赤いエボシクマゲラ（*Hylatomus pileatus*）かもしれません。

> その助太刀に敬意を表し
> 頭の羽毛を血で染めた
> ママの小さな頭の上の。
> だからいまでも羽毛がある
> 真紅の冠毛をつけている
> 加勢のしるしに。
> （『ハイアワサの歌』H・W・ロングフェロー著、三宅一郎訳、作品社、1993年）

左:エリザベス・グールドの著書『The Birds of Europe（ヨーロッパの鳥類）』に描かれた手彩色の挿絵。ヨーロッパアオゲラのつがいが描かれ、夫ジョン・グールドによる原稿メモが書き込まれている

鳥の天気予報

科学的な天気予報が可能になるまで、人々が鳥の行動から天気を予想していたことは明らかです。農民や漁師、船乗りにとって、天気予報は生計を立てるためだけでなく、命を守るためにも重要なことでした。その結果、数百種類の「鳥のサイン」が天気の予想に役立つとされ、なかには実際に有効なものもありました。

鳥にとって音はほかの鳥とのコミュニケーション手段ですが、人間は鳥の立てる音を天気の変化を知る手掛かりにしてきました。確かに、クジャクは雨が降る前に声を上げますし、若いオンドリも夕方同じように鳴き、オーストラリアにすむクロオウムたち（*Calyptorhynchus*属に属する種）も同様のことをします。またアフリカ各地でも、ミナミジサイチョウ（*Bucorvus leadbeateri*）が鳴くと必ず雨が降るといわれています。一方、フクロウが夜ひときわ「ホーホー」と鳴くと翌日は晴れるとされ、スコットランド高地の羊飼いたちの間では、昔からヨーロッパヤマウズラ（*Perdix perdix*）が大きい声で鳴くと晴れ、夜は霜が降りるといわれていました。

ツバメが地面の近くを飛ぶと間もなく雨が降るという話も、あながち間違いとも言いきれません。実際に雨が降らなくとも、ツバメたちは、餌である虫たちが大気中の湿度が上がったことで空中の低いところに集まることに反応しているからです。また、「カモメ、カモメ、カモメが座った砂の上。お前が内陸に来るときは、決まって天気が悪くなる」というスコットランドの古い民謡に歌われているように、カモメは天候が悪くなるときは決まって内陸に来ます。また、昔から海上でウミツバメが船尾に集まると間もなく嵐が来ると考えられてきました。

驚くことに科学的な調査によって、鳥には信頼に足る天気予報士の才能があることが証明されました。天気予報につながる鳥の行動に重要な器官は中耳にある傍鼓膜器官で、気圧のわずかな変化も感知します。この器官があるため、鳥たちは雨の前に気圧が変化すると敏感に気づき、不快に感じるのです。この不快感は、ツバメやタカ、サギなどにとりわけよく見られるように、低いところを飛ぶと軽減されます。そのほかにも、ミヤマガラス（*Corvus frugilegus*）が矢のように早く飛び、くるっと「宙返り」をしたら、間もなく風が強くなるという合図だといわれています。また、冬に米国のブルーリッジ山脈で見られるように、吹雪が近づくと鳥たちは気圧の変化を感知して、出来るだけたくさん餌を食べます。鳥たちは先を争って餌をついばみますが、その際、餌を食べる順番の先頭に来るのはアオカケス（*Cyanocitta cristata*）だそうです。

「カモメ、カモメ、カモメが座った砂の上。お前が内陸に来るときは、決まって天気が悪くなる」

テネシー州のある研究グループが、キンバネアメリカムシクイ(*Vermivora chrysoptera*)は激しい雷雨が訪れる数日前に繁殖地を去ってフロリダへと南下し、危険が去るまで帰ってこないことを発見しました。その際、時には往復1500キロメートル以上もの距離を飛ぶこともあります。どうやらキンバネアメリカムシクイはこれから起こる雷雨によって生じる低周波数の音を感知し、それに反応しているようです。

鳥たちは昔から季節が移り変わるたびに天候の予想に使われてきましたが、予想は当たることもあれば、外れることもあり、結果はまちまちでした。たとえばミヤマガラスが木の高いところに巣をつくったら、その夏はよく晴れるという話は迷信でしょう。ミヤマガラスは毎年同じ場所に戻ってきて、巣を修理して使うことが少なくないからです。フィンランドのクロヅル(*Grus grus*)のように、鳥たちが例年より早く渡る年は昔から悪天候になるといわれてきましたが、これも必ずしも正しいとはいえません。たとえば豊作の夏には例年よりも早く長旅に必要なエネルギーを蓄えられるので、その恩恵を受けて早く渡りを開始する可能性もあるからです。

天気を予想できることから名づけられた鳥たちもいます。英国では、ヨーロッパアオゲラ(*Picus viridis*)のことを一般に「rain bird(雨の鳥)」または古代英語で笑い泣きを意味する「yaffel」と呼んでいますが、この愛称は雨が近づくとヨーロッパアオゲラが大きな声で鳴く習性からつけられたもので、間もなく雨が降り始めることから、太陽のことを笑っているのだといわれていました。また、アビ(*Gavia stellata*)のことを「雨のガン」と呼ぶ地方がありますが、これも的を射ているといえるでしょう。アビは雨が大好きなようで、雨が近づくとクワックワッと嬉しそうに鳴きながら急いで水に入っていく様子がよく観察されているからです。

シギ

シギ科（Scolopacidae）

尾も足も短くずんぐりしたシギが、射撃と関連しているとは想像しにくいかもしれません。しかし、英語でシギを表す「snipe」という言葉から、狙撃手を表す「sniper」という言葉が生まれたことは間違いありません。飛んでいるシギを射止めるのはそれだけ難しいのです。追い立てられて飛び立ったシギは、身をかわしながら猛スピードでジグザグに飛ぶので、猟師の腕が試されます。ところが、用心深いシギは眼が頭の後ろ寄りの高い位置についていて視野が約360度あるので、誰かが近づいてきたら、飛び立たずに身をかがめて隠れることも少なくありません。シギの羽は複雑な模様で、周囲に溶け込んでうまく隠れられるのです。

英語で「snipe」と呼ばれる鳥は約25種類。すべて1つの属に属し、ほぼ全世界に分布しています。いずれもよく似通った渉禽（水辺で餌を獲る脚の長い鳥）で、柔らかい地面にいる虫を見つけるのに適した敏感な長いくちばしを持っています。ユーラシアで最もよく見られるのはタシギ（*Gallinago gallinago*）（写真右）で、北米大陸で最もよく見られるのはウィルソンタシギ（G. delicata）です。また、米国では「子供やだまされやすい大人にいたずらで頼むような、無意味または不可能な用事」のことを「シギ狩り」といいます。

不思議な音

なわばりを主張するとき、シギは発声器官ではなく羽を使って音を出します。この音は「ドラミング」と呼ばれ、飛びながら尾の外側の羽を揺らして出すのですが、自然のものとは思えない変わった音で、むしろアフリカの楽器「カズー」が奏でる震えたような音に似ています。スウェーデンの人々は天国のウマがいなないている声だと思い、アラスカ先住民のヌナミウト族は遠くから聞こえるセイウチのあえぎ声だと思ったようです。一方、米国ニューイングランド地方の漁師は、春になると産卵のために川を上ってくるニシンダマシが歌っているのだと信じていました。

日本のアイヌ民族は、特に長いくちばしを持った種であるオオジシギ（*G. hardwickii*）には耳の痛みや聴覚障害を治す力があると考えていました。患者はシギの頭蓋骨を持ち、くちばしを外耳道の中に入れなければならなかったそうです。アメリカ先住民の民話では、シギは一般に水と関連づけられていて、シギがドラミングをすると間もなく雨が降るといわれていました。シギの姿は地下水路を支配するといわれる角の生えたヘビや、作物の生長を助けるといわれる精霊と共に描かれます。また、ニューメキシコに住んでいたコチティ族に伝わる童話では、シギが友だちのヒキガエルとかくれんぼをするのですが、泥の中に隠れたものの、長いくちばしを隠し忘れて見つかってしまいます。

ムクドリ

ムクドリ科（Sturnidae）

人が住むところには必ずといっていいほどムクドリがいます。ムクドリの群れは口論するようににぎやかに鳴き、街中や農地で餌をあさり、屋根や塀の割れ目やすき間で次から次へと卵を産んでは、これまたにぎやかに鳴くヒナたちを育てます。もっともすべての種が市街地に住んでいるわけではありません。ムクドリ科の約100種の鳥の中には熱帯雨林にすむものもいれば、広々としたサバナにすむものもいます。また、人間の話し声をまねするのが得意なことで知られるキュウカンチョウもムクドリ科です。ムクドリ科のほとんどの種は群れをつくる習性があり、延々と鳴きつづけますが、なかでも極めつきは、ユーラシア、北米、オーストラリア、南アフリカなどで見られるホシムクドリ（*Sturnus vulgaris*）（上図）です。

ムクドリ科の鳥で人間の声をまねするのはキュウカンチョウだけではありません。人間に育てられ、幼いころから訓練された若いホシムクドリは、声を始めとした音を正確にまねることができます。こうした能力を持ち、人なつこい性格で知能も高いホシムクドリは、昔からペットとして人気を集めてきました。作曲家のモーツァルトも飼い主の1人です。ピアノ協奏曲第17番ト長調K.453が完成したばかりのころ、ホシムクドリがこの曲に似たメロディーを奏でるのを聞いたモーツァルトはこの鳥を買い求めました。このホシムクドリはわずか3歳で死んでしまうのですが、その後に書かれた興味深い楽曲『音楽の冗談』は、ホシムクドリ特有の変化に富んだ自由な形式のとりとめのない鳴き方を表現しているようです。ホシムクドリの死に深く心を痛めたモーツァルトは、趣向を凝らした葬儀を行い、「かわいい道化師」と呼んでいたペットの死を悼み情緒豊かな詩を詠みました。

ウェールズの『マビノギオン』という民話にも、架空の話ですが人なつこいホシムクドリが登場します。ブリテン島の王ベンディゲイドブランの妹ブランウェンは、アイルランド王マソルッフと政略結婚させられます。マソルッフはブランウェンに暴力を振るい、重労働を強いました。そこでブランウェンはホシムクドリを訓練して、兄に窮状を伝えるメッセージを託します。これを聞いたベンディゲイドブランはアイルランド海を渡って攻め込みました。ところが、その戦いの結果、主な登場人物が3人とも命を落とすことになります。

戦うムクドリ

ホシムクドリは日常的に口論しています。これは互いにぴったりくっついて生活しているため、やむをえないことでしょう。アイルランドの伝説には敵対するグループ同士の激しい戦いが描かれていますが、ホシムクドリは戦うよりも一緒にくっついていることのほうが多く、共同の止まり木には無数のホシムクドリが集まってざわざわしています。1930年には止まり木を奪おうとしたミヤマガラス(*Corvus frugilegus*)と戦っている様子が観察されました。ホシムクドリにとって、安全でしかもたくさんの鳥が止まれる止まり木は貴重で、激しく戦ってでも守る価値があるのです。当初ホシムクドリたちは自分たちよりもはるかに体の大きいミヤマガラスたちを相手に善戦していましたが、やがてミヤマガラスの援軍が現れ、この戦いに終止符を打ちました。

良い前兆、悪い前兆

ホシムクドリは家畜のいる場所に集まります。牧草を食べる動物たちが動くたびに草むらから飛び出す虫も、動物の落とすふんに群がるハエもホシムクドリの好物だからです。アイルランドの言い伝えでは、家畜のまわりにホシムクドリがいないと、その家畜は呪われているといわれていました。ところが、英国とアイルランドでは、ホシムクドリが寄りつかない呪われた家畜の群れが日常的な光景になりました。何年も前からホシムクドリの数が減りつづけているからです。ホシムクドリは宗教的記念碑に好んで巣を作るためか、アイルランドではホシムクドリを神聖な鳥と見なしていますが、実際には適当なすき間さえあれば、あらゆる種類の建物に喜んで巣をつくります。

バッタの群れに咲くバラ

ホシムクドリの近縁種にバライロムクドリ(*Pastor roseus*)という美しい鳥がいて、成鳥は黒とピンクの羽、長いギザギザの冠羽を持っています。バライロムクドリはユーラシア各地で見られ、生まれつき遊牧民のような習性があるため、餌であるバッタなどの虫を追って移動し、その量や分布によって毎年異なる繁殖地にやって来ます。バッタの群れが移動すれば、バライロムクドリも移動して、その恵みを最大限に享受します。ところが、ブドウが好物のバライロムクドリ自身が「有害生物」になってしまうことも。

トルコでは、バッタを捕るバライロムクドリは聖なる鳥と見なされますが、ブドウに興味を示したら悪魔の鳥と見なされます。中国では現在多くの農家が殺虫剤を減らし、バライロムクドリにバッタを退治させるようになりました。そして、自分たちの土地で繁殖してくれるように巣箱まで提供しているそうです。

アイヌ民族の言い伝えの中で、ムクドリには相反する2つのイメージが持たれていました。ムクドリが川で水を飲んだり、水浴びをしたりしていると不吉だとされていますが、ほかの場所で見かけたら縁起が良いとされ、作物が水を必要としていれば雨を降らせてくれるといわれていたのです。この言い伝えの由来となった伝説では、あるムクドリが汚れた羽を川で洗って川の水を汚してしまったために神が激怒し、すべてのムクドリが川に近寄ることを禁じられてしまいます。ムクドリたちはコケからしたたり落ちる水しか飲むことを許されず、1滴も水が見つからないときには雨ごいをするようになったということです。

米国での大増殖

現在北米でホシムクドリが急増していることについては、シェイクスピアにも責任の一端があります。ヨーロッパの動植物を米国に移入させることを目的とした団体、アメリカ順化協会は、「有益または興味深いと思われる外来種の動植物」を導入することを堂々と目標に掲げていました。こうして持ち込まれた動植物の中には、シェイクスピアの作品に登場するすべての鳥も含まれていたのです。ほとんどの鳥たちは帰化に失敗しましたが、1860年に初めて移入された60羽のホシムクドリの子孫は現在約1億5000万羽に達し、米国全土に分布しています。ホシムクドリに対する国民の意識は高く、アメリカ先住民の神話から派生した精神的概念の中で「トーテム(血族や部族と特別な関係にある動植物・自然物)となる動物」の1種として認められています。いみじくもホシムクドリのトーテムは、どうすれば集団の状況の中で声を上げ、自己主張できるか、コミュニケーションについて教えているとされています。

右:何千羽ものホシムクドリが、ねぐらに舞い降りる前にスコットランドのグレトナ上空で群れを成している様子

カツオドリ

カツオドリ科(Sulidae)

カツオドリ科はシロカツオドリ属とモモグロカツオドリ属、カツオドリ属から成り、英語ではシロカツオドリ属の鳥を「gannet(大食家)」、モモグロカツオドリ属とカツオドリ属を「booby(ばか)」と呼んでいます。「gannet」は並外れた食欲から、「booby」は空腹の漁師を前にしても警戒しない愚鈍さから名づけられました。もっとも、シロカツオドリ(*Morus bassanus*)(写真右)にはどちらも当てはまりません。シロカツオドリは、大型でミサイルのような形をした気品ある海鳥で、かなりの上空から真っ逆さまに海に飛び込む能力があります。世界中のシロカツオドリの半数以上が英国周辺に点在するいくつかの巨大な集団営巣地(コロニー)で繁殖しています。

英語の「gannet」の語源はアングロ・サクソン語でガンを意味する「ganot」です。シロカツオドリはいまでもときどき「Solan Goose(「solan」は古ノルド語で「gannet」を表す「sula」の派生語、「Goose」は英語で「ガン」))」と呼ばれますが、シロカツオドリはガンよりもずっと優雅に空を飛びます。ライト兄弟はシロカツオドリの飛行技術から着想を得たともいわれ、叙事詩『ベオウルフ』に登場するデンマーク王フロースガールはシロカツオドリが冬の間何カ月も海上で生きていける能力に触れ、海のことを「カツオドリの風呂」と表現しています。

シロカツオドリは大型の魚を丸のみにしますが、かといって、ほかの鳥たちよりも大食いというわけではありません。「大食家」という意味の「gannet」はむしろヒナの習性から来ているのでしょう。シロカツオドリのヒナはほかのことはほとんどせずにひたすら食べつづけ、巣立ってからの数週間、体を維持できるだけの脂肪を蓄えるのです。羽が生えそろった時点で、ヒナの体重は親鳥の1.5倍になることもあります。19世紀の英国では、肥えたヒナたちを何の規制も受けずに捕獲していった結果、個体数が激減しました。シロカツオドリの肉は味が独特で、何度も食べないとなかなか好きになれませんが、ヒナの皮下脂肪には痛風の治療薬から荷馬車の車輪の潤滑油まで、料理以外にもさまざまな用途があったのです。現在英国ではほぼ全面的にシロカツオドリの狩猟が禁止されていて、唯一ヘブリディーズ諸島沖にあるスーラ・スゲア島でわずかに認められています。

離ればなれの夫婦

フェロー諸島に伝わる民話では、シロカツオドリは島の魔術師がトールーという巨人を打ち負かしたとき、命までは奪わなかったお礼に巨人から島の人々へ贈られたプレゼントだとされています。またシロカツオドリは地中海にもよく飛来していたため、ギリシャ神話にも登場します。ケーユクスが海で亡くなったとき、悲しみに打ちひしがれた妻のアルキュオネーを哀れに思った神々が2人とも鳥に変えたといわれていますが、別の説では、ケーユクスはシロカツオドリ、アルキュオネーはカワセミになったとされているのです。ちなみに、この2つの種は生息地が異なるため、夫婦はカワセミが海辺まで降りてこられるよく晴れた穏やかな日にしか会うことができませんでした。

ツグミ

ツグミ科（Turdidae）

美しい声で知られ、愛されているツグミは、鳴き鳥の中では比較的体が大きく、ツグミ科にはコマツグミ（*Turdus migratorius*）やアジアに分布する玉虫色のオオルリチョウ（*Myophonus caeruleus*）など色鮮やかな種もいます。英国では、いずれも胸に斑点があり、地面の虫を食べる茶色い鳥、ウタツグミ（*Turdus philomelos*）（右）やヤドリギツグミ（*Turdus viscivorus*）が文学や地方の言い伝えによく登場します。

ウタツグミはヤドリギツグミの近縁種で、英語ではかつて「mavis」や「throstle」とも呼ばれていました。体は一回り小さく、控えめです。歌声はヤドリギツグミほど力強くありませんが美しく、種小名「philomelos」はギリシャ語で「サヨナキドリ（ナイチンゲール）」を意味します。アイルランドの伝説によると、ウタツグミが草むらの低いところに巣をつくるのは妖精たちに近くで歌を楽しんでもらうためで、もし地面からずっと高いところに巣をつくっていたら、妖精たちは機嫌を損ねているので、間もなく大災害が起こるといわれています。

ウタツグミの歌には各フレーズが必ず2回以上繰り返されるという特徴もあります。詩人のロバート・ブラウニングは、イングランドの春の喜びを歌った1845年の作品『異国より故国を思う』の中でこのことに触れています。

> 賢しらな鶫（ツグミ）が繰り返しうたう歌声。
> さりげなくうたう最初の美妙な調べを
> 2度目にはうたえぬと思われぬように！
> （『ブラウニング詩集 対訳』ブラウニング著、富士川義之編、岩波書店、2005年）

英国の詩人アルフレッド・テニスン卿は『The Throstle（ウタツグミ）』の中でこれを自ら実践しました。

> 夏が来る、夏が来る
> 知っているよ、知っているよ、知っているよ
> 光がよみがえり、木々の葉がよみがえり、命がよみがえり、愛がよみがえる！
> そうとも、わたしのかわいい野の詩人よ

上:英国の鳥類学者ヘンリー・イールズ・ドレッサー著『A History of the Birds of Europe(ヨーロッパ鳥類史)』(1871〜1896年)の挿絵。ウタツグミが声を限りに歌っている様子が描かれている

呼び名とことわざ

ヤドリギツグミ（写真上）は、英国で最も体の大きなツグミです。勇敢で端正な顔立ちの鳥で、年が明けると大きな声で鳴き始めます。そして、ほかの鳥たちが身を隠すほどの悪天候でも外に止まったまま鳴きつづけるのです。この習性から、ある地方では「stormcock（嵐のオンドリ）」と呼ばれています。もっとも、愛称はほかにもたくさんあり、たとえば「screech－thrush（金切り声のツグミ）」や「shrite」は侵入者を追い払うときの耳をつんざくような激しい鳴き声から来たものでしょう。また、ヤドリギ（mistletoe）の実も好きで（そのため英語名では「Mistle Thrush」と呼ばれています）、くちばし（や尻）についたねばねばした種を木の枝にこすりつけることで、寄生植物であるヤドリギの繁殖に一役買っているようです。この習性から19世紀には「ツグミは枝を汚すことで　自ら悲しみの種をまく」ということわざが生まれました。

このことわざは、ヤドリギが鳥もちをつくるために使われていたという事実に触れています。非常に粘着力の強いものを木の枝に塗って、止まった鳥を捕まえていたのです。ツグミを捕らえて食べることに関しては、ほかにも「買ったツグミは借りているシチメンチョウよりも価値がある」（1732年以降）や「辛坊強い者はわずかな金で太ったツグミを手に入れる」（1639年）といった古いことわざがあります。

新しい脚

C・E・ヘアの『Bird Lore（鳥の言い伝え）』には変わった言い伝えが紹介されています。どうやらかつてツグミは10年ほど生きると脚が抜け落ち、新しい脚が生えてくると考えられていたようなのです。なぜこのような突飛な発想が生まれたのか理解に苦しみますが、ツグミの群れという意味で「mutation（変化、突然変異）」という言葉が使われていることもこれに関連しているのでしょう。

モリツグミの歌声

北米にすむツグミは、英国のツグミに最も似た種ですが、特に近縁関係にはなく、一般に小ぶりで、ずっと気の小さい鳥です。たとえばモリツグミ(*Hylocichla mustelina*)の「*mustelina*」は「イタチ」あるいは「イタチのような」という意味で、これは小型の哺乳類(ほにゅうるい)のように地面の餌をあさりながら、落ち葉をかき分けて動きまわる習性から来ています。美しい声で鳴き、その歌声を聞いた人には幸運が訪れるとされていますが、夕方歌声が聞こえてきたら、翌朝は晴天になるともいわれています。

鳥たちが飛ぶ高さを競う物語はよくありますが(別の例については292ページのミソサザイの項を参照)、アメリカ先住民のオネイダ族に伝わる話ではモリツグミが主役です。創造主はすべての鳥の中で最も空高く飛んだ鳥に賞として最も美しい声を授けることにしました。生来、誰よりも高く飛ぶ能力を持っているのはワシですが、ワシの羽にこっそり隠れていたモリツグミはワシよりもさらに高く飛び、その間ワシは地面に戻って、賞をもらうのを待っていました。密航者がいたことなどまったく気づいていなかったのです。空の穴を通り抜け、最も美しい歌声を聞いたモリツグミは、その声をもらいました。ところが、ほかの鳥たちはモリツグミの姑息な手段に感心せず、これを恥じたモリツグミはせっかく見事な歌声を手にしたものの、それ以来森に隠れて暮らすようになったということです。

賢くてうぬぼれ屋のツグミの話

インドには賢いツグミが登場する民話があります。巣に敷きつめる綿花を集めたツグミはもっといい考えを思いつきました。まず、綿をすく職人を説得して、綿花を半分あげる代わりに残りをすいてもらいます。次にその綿を持って糸紡ぎ職人のところに行き、半分あげる代わりに残りを糸にしてもらいました。今度はその糸を持って機織りのところに行き、半分あげる代わりに美しい布を織ってもらいました。そして最後にその布を仕立屋のところに持って行き、半分あげる代わりにシャツと上着、帽子をつくってもらったのです。ツグミは全身着飾って王様のもとへ行きました。歌を聴かせ、美しい姿を見せびらかすためです。ところが、王様はツグミが会ったほかの人々のように親切ではありませんでした。王様はツグミを捕らえて切り刻み、煮て食べてしまったのです。それでもツグミは王様のおなかの中から、王様はほかの人々のように正直ではないと大きな声で歌いつづけました。ついに業を煮やした王様が医者を呼び、自分の腹部を切開させると、王様の体の中でもとの体に戻ったツグミは解放されて飛び立っていったということです。

ヤツガシラ

ヤツガシラ科（Upupidae）

奇抜なモヒカン刈りのような冠羽と見事な鎌状の長いくちばしをこれ見よがしに見せつけながら、巨大なピンクと白のまだら模様のチョウのような姿で飛んでいる鳥がいたら、どこへ行っても注目の的になるでしょう。しかもユーラシアとアフリカのほとんどの地域に分布するこの鳥、ヤツガシラ（*Upupa epops*）はいたる所に出没します。また、農地や村の周辺、広い庭など、人間が住み、働いている場所にもよく姿を見せるため、このひときわ目を引く鳥がさまざまな国の言い伝えに登場するのも不思議ではありません。

上：フランスの博物学者シャルル・アンリ・ドゥサリン・ドルビニ著『Dictionnaire universel d'histoire naturelle（万有博物事典）』（1806～1876年）掲載の挿絵。鮮やかな色のヤツガシラが描かれている。

ヤツガシラはサイチョウや息をのむほど美しいモリヤツガシラなどの色鮮やかな鳴禽類に似た陸鳥の仲間たちと親類関係にあり、より遠い親戚にはカワセミやブッポウソウもいます。1758年、分類学の父カール・リンネは、その長くて細く下向きに曲がったくちばしに惑わされ、ヤツガシラをまったく親戚関係にないカラス科のベニハシガラス（*Pyrrhocorax pyrrhocorax*）や、背が高く水の中を渡り歩く渉禽類のホオアカトキ（Geronticus eremita）と同じ項目に分類しました。この3種類の鳥たちは似通った特徴的なくちばしを持っていたからです。ヤツガシラはくちばしで虫を探し、捕まえます。最もよく見かけるのは、地上で餌を探している姿や白と黒の大きな羽をパタパタさせてあちこち飛び回っている姿ですが、この特徴的な飛び方はヤツガシラの美しさを最高に引き立てます。

武器を持った危険な鳥

ヤツガシラの冠羽は通常後ろになでつけたようになっていて、とがっているのは1カ所だけですが、驚くと冠羽を広げるので1本1本が目を引きます。この装飾的な冠羽と三日月形のくちばしを見た古代ギリシャの人々は、戦士のかぶとと剣を思い浮かべたようです。帝政ローマ時代の詩人オウィディウスの著書『転身物語』の中で、アレスの息子で好戦的なトラキア王のテレウスは神々にヤツガシラに変えられてしまいます。これは一連の残酷な出来事がきっかけでした。テレウスは妻の妹ピロメラを手込めにした上に彼女（別の説では妻プロクネ）の舌を切り落としてしまいます。そこで姉妹は仕返しにテレウスの息子を殺して遺体を調理し、テレウスに食べさせました。これに業を煮やした神々は3人とも鳥に変えてしまったのです。プロクネとピロメラはそれぞれツバメとサヨナキドリ（*Luscinia megarhynchos*）になりました。

ヤツガシラの英語名「Hoopoe」ほか多くの地方名は、その悲しげな「ホーホー、ホーホー」という鳴き方に由来しているようです。また、ギリシャ神話では、テレウスが「どこだ、どこだ」と言ってバラバラになってしまった家族を探している声だといわれています。

汚れたひわいな鳥

ヤツガシラは美しい鳥ですが、すべての感覚を心地よくしてくれるわけではなさそうです。というのも、抱卵中ヤツガシラの（尾のつけ根にある）尾腺から分泌される尾腺油は、鼻につく独特なにおいがするのです。この特徴はヒナにも見られます。このおかげでバクテリアや天敵から身を守ることができているのかもしれません。人間も例外ではないでしょう。旧約聖書の申命記の中でヤツガシラは「汚れた」鳥に数えられ、食すべからずとされているのです。さらにドイツの言い伝えでは、ヤツガシラ（次ページ写真右）をひわいな鳥と見なしています。後ろになでつけられた冠羽が男根崇拝の象徴と見なされたからです。

賢くて親切な鳥

コーランでは、ヤツガシラはすべての鳥が招集された集まりに出席できなかったため、あわやソロモンの手に掛かって最期を遂げそうになります。やっと到着したヤツガシラは、シバの女王とシバ王国の情報を集めるのに忙しかったのだと説明。これを聞いたソロモンはヤツガシラを殺すのをやめ、代わりに女王への伝言を託しました。ペルシャの言い伝えでは、たいていヤツガシラはあがめられています。12世紀の叙事詩『鳥の言葉』では、すべての鳥の中で最も賢い鳥とされ、30羽の支持者を従えて神の本性を明らかにする寓話の旅に出ます。また、古代ギリシャの詩人アリストパネスの喜劇『鳥』でもヤツガシラはエポップという重要な役を演じているのですが、このエポップはほかでもないオウィディウスの『変身物語』の中でヤツガシラに変えられたテレウスなのです。最初は楽しいキャラクターとして登場しますが、最終的に素晴らしい鳥たちの街「雲の上のカッコウの街」をつくるのに一役買います。

古代エジプトでは、ヤツガシラの姿は象形文字に使われ、感謝の美徳と結びつけられていました。この発想はヤツガシラが協力しながらヒナを育てる（先に産まれた卵からかえったヒナたちが、後から産まれた卵からかえったヒナたちの世話をする）という評判と関係しているのでしょう。子供たちが親を手伝い恩返ししているようにも見えるからです。協力しながらヒナを育てるという習性は、モリヤツガシラで見られます。また、血縁関係にないオスの成鳥が別の個体の巣を手伝っている姿が観察されたこともあります。アフリカ南部では、ヤツガシラは忠実な友人の象徴とされ、「ホーホー」という鳴き声がしたら、味方が現れ、一族に繁栄がもたらされるそうです。こうしたまれに見る優しい鳥という評判は、ギリシャやローマの神話にも記されています。エストニアでは、ヤツガシラは不吉な鳥と見なされ、戦争や飢餓、あらゆる形態の死や破壊の前兆であるといわれていますが、幸いなことにエストニアにヤツガシラが飛来することは滅多にありません。

医者の鳥ヤツガシラ

大半のよく知られた鳥たちと同じように、ヤツガシラも伝統医学に幅広く使われてきました（アフリカ西部のハウサ族はいまでも使っています）。ヤツガシラの体の活用法は、文化によってまちまちで、驚くほど多くの方法が記録されています。中世シリアの『Book of Medicines（薬の本）』には、ヤツガシラの舌をバラ香水に浸してバッファローの皮に入れて持ち歩くとイヌに吠えられない、油に漬けた頭蓋骨は脱毛に役立つ、塩漬けにした心臓をライオンの皮で包むと安産になるなどと書かれています。古代アラビア語でヤツガシラがずばり「医者の鳥」と呼ばれていたのも驚くことではないでしょう。

神聖な鳥たち

古代から人々は鳥を神秘的な生き物と見なし、
特別な力があると信じてきました。
美しさに加え、飛行能力という人間が最も憧れる要素も備え持っているため、
神々と強く結びつけられているのも不思議ではありません。
たとえば優雅なハクチョウや玉虫色のハチドリ、
力強いタカや偉大なコンドルは数々の文化において宗教的言い伝えに登場しますし、
白いハトは現在も世界中で神聖視されています。

ワシ

タカ科(Accipitridae)

堂々とした、気高い、力強い……。ワシを形容するほめ言葉は実にさまざまです。それもそのはず、ワシはあらゆる鳥の中で最も印象的な猛禽類の頂点に鎮座しているのです。大きく広がる見事な翼で空高く舞い上がることができ、優れた視力を備え、どのような獲物も瞬く間に仕留める圧倒的な能力を備えたワシは、世界中の言い伝えの中で鳥の王とされることも少なくありません。ところが、なかにはおごりが身の破滅を招く物語もあり、ワシが自分よりずっと劣る敵にやっつけられることもあります。どうやら勝ち目のない登場人物に肩入れしたくなるのは世界共通の思いのようです。

米国のワシたち

ハクトウワシ(*Haliaeetus leucocephalus*)(右)は雪のように白い頭と尾を持つ、目が覚めるほど美しい大型のウミワシです。米国を象徴する鳥として国鳥に指定されていて、北米全体で保護活動が大成功を収めています。かつては食物連鎖を通じて蓄積した非常に強力な殺虫剤DDT(ジクロロジフェニルトリクロロエタン)により、米国内の個体数は約400羽にまで減少していました。ところが、DDTの使用が禁止され、ハクトウワシを保護する厳しい規制が行われたため、個体数は劇的な回復を見せました。現在米国内には約1万組のつがいが生息しています。もっとも、この数字も歴史的に見るとごくわずかですが(18世紀前半には15～25万組いたと推定されているのです)。

一度は絶滅の危機を迎えながらも、その後着実に回復していることからわかるとおり、ハクトウワシは米国民の高い支持を得ています。しかし、過去には批判的な人々もいました。さほどハクトウワシを愛していなかった人のなかに、建国の父ベンジャミン・フランクリンがいます。フランクリンはハクトウワシの倫理観に懐疑的で、シチメンチョウのほう

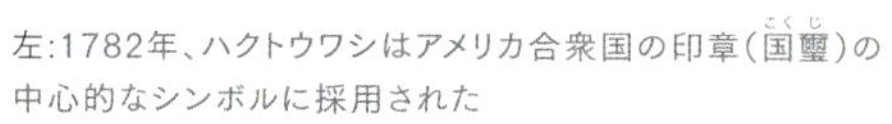
左:1782年、ハクトウワシはアメリカ合衆国の印章(国璽)の中心的なシンボルに採用された

Oudet sc.

裏をかかれたワシ

少年ダビデが巨人ゴリアテを倒す『ダビデとゴリアテ』のように、小さい鳥が強力なワシと競争して勝つ話が世界各国に残っています。ワシがほかの鳥たちよりも高く飛び、勝利を収めたと思った瞬間にそれまでワシの羽に隠れていたミソサザイやツグミが現れて、ワシよりも少しだけ高く飛ぶのです。これはとても空想的な話ですが、自然界での行動を参考にしている可能性もあります。というのも、小型の鳥たちは特に巣の近くで大型の猛禽類を見つけると、相手の頭に群がって攻撃するからです。近年では小さい鳥がワシの背中や頭に乗っている写真がインターネット上にあふれています。小型の鳥がこのような扱いをしても、ワシは小型の猛禽類ほど危険ではないといえるかもしれません。ワシは形勢を逆転してこの小さな攻撃者を捕らえるほど機敏ではない(あるいはそうする動機がない)からです。

がずっと好きだったのだとか。娘にあてた手紙の中でこう記しています。「個人的にはハクトウワシが我が国の代表に選ばれたことを遺憾に思っている。倫理的に問題のある習性を持った鳥だからだ。というのも彼らは生活の糧を正当な方法で得ていない。お前も見たことがあるかもしれないが、なまけ者のハクトウワシは川べりの枯木に止まって、タカが魚を捕る様子をうかがっている。そして、働き者のタカがやっと魚を捕まえ、仲間や家族のために巣へ運ぼうとしているところを追いかけて、魚を奪ってしまうのだ」。この描写はとても正確です。ハクトウワシはこともなげに「魚鷹」(ミサゴ(*Pandion haliaetus*)の異名)から獲物をかすめ取るのです。もっとも、ハクトウワシをあがめていない人はかなりの少数派で、現在では硬貨や切手など米国政府に関連する多くのものにハクトウワシの姿が描かれるようになりました。

北米のワシにまつわる言い伝えの多くはハクトウワシに関するものですが、北米はハクトウワシに負けず劣らず印象的なイヌワシ(*Aquila chrysaetos*)(左図)の生息地でもあります。そのため、ハクトウワシではなくイヌワシにまつわる物語があるほか、両者が登場する物語も存在します。ハクトウワシとイヌワシはそれぞれタカ科の中のウミワシ属(*Haliaeetus*)とイヌワシ属(*Aquila*)を代表する鳥で、ウミワシ属の鳥たちは魚を主食とし、イヌワシ属は英語で「true eagle(本物のワシ)」とも呼ばれています。アメリカ先住民の文化において、ワシは昔から重要な役を演じてきました。多くの部族の中に1つか2つワシの氏族が存在し、ワシの神やワシの精を崇拝する部族もいくつかあります。また、ワシが空高く舞い上がる様子を表現したワシの舞いが行われ、ワシの羽をまとったり、足を持ち歩いたりすると力が得られ、戦いに勝てるといわれていました。アステカ神話によれば、定住し、街を築く場所を求めてさまよっていた人々に神が、サボテンの枝に止まり、ヘビを食べているワシを見つけた場所に街を築くように告げたといわれています。そうして築かれた都市テノチティトラン(現在のメキシコシティ)はアステカ帝国の首都となりました。

左:科学系の絵を専門としたフランスの画家エドゥアール・トラヴィエ(1809〜1876年)による1850年頃の作品。鉤爪で不運な獲物を捕らえ、得意げなイヌワシの堂々とした姿が描かれている

北米に伝わるワシの物語のなかには、とりわけ大きく強い「戦士のワシ」が登場します。これはイヌワシと考えられています。チェロキー族の話では、ワシが人間の兵士に姿を変えて、殺された兄弟の敵討ちをします。一方、レナペ族の言い伝えでは、思い上がった向こう見ずな若者が幸運を手に入れるために生きたワシの尾羽を抜こうとする話が詳しく語られています。若者は自分の仕掛けた餌を食べに来るワシはどれも小ぶりで、たいしたことはないと考えていました。ところが、そこへついに巨大な赤いワシが降りてきて、少年を捕まえると崖にある巣へと連れ去ってしまいます。赤いワシは少年に何週間もヒナの世話をさせ、謙虚な心を教えたということです。

聖書に登場するワシたち

イヌワシは広範囲に分布し、エジプトやメキシコなど、5カ国もの国々で国鳥に選ばれています。国鳥になっているほかのワシとしては、インドネシアのジャワクマタカ（*Nisaetus bartelsi*）、南スーダン、ナミビア、ザンビア、ジンバブエのサンショクウミワシ（*Haliaeetus vocifer*）、パナマのオウギワシ（*Harpia harpyja*）、フィリピンのフィリピンワシ（*Pithecophaga jefferyi*）、そして、スペインのイベリアカタシロワシ（*Aquila adalberti*）がいます。イヌワシおよび各地の在来種のワシたちは古代ギリシャや古代ローマの物語や文化においてもひときわ目を引く存在です。ワシはゼウス（ローマではジュピター）の親友（familiars）であり、雷に打たれても死なない唯一の鳥とされています。国葬の際には、亡くなった人の魂を天国へ運ばせるためにワシが放たれました。英国ではケルト神話にイヌワシとオジロワシ（*Haliaeetus albicilla*）が登場。シェットランドの漁師はオジロワシの体から取った脂肪を釣り針に塗ると大漁になるといわれています。

旧約聖書の『申命記』（第14章11～20節）では、そのほかの肉食または腐肉を食べる種と共にワシも「汚れた」動物に数えられています。ところが、同じ『申命記』の中には、選ばれた人々を手厚く世話することから神自身をワシにたとえる部分もあります。

> 鷲が巣のひなを呼びさまし、そのひなの上を舞いかけり、
> 翼を広げてこれを取り、羽に載せて行くように。
> ただ主だけでこれを導き、主とともに外国の神は、いなかった。
> （『聖書　新改訳』新改訳聖書刊行会訳、いのちのことば社、1981年）

ワシのきょうだい

ワシが優れた親かどうかは議論が分かれるところです。「本物のワシ」ことイヌワシ属の鳥たちは、幼いころ残酷な行動をすることで知られています。イヌワシは一腹で2つずつ卵を産みますが、卵は産まれるとすぐに孵化を始めるため、2つ目の卵がかえるころには、1つ目から生まれたヒナはすでに生後数日に達しているということになります。そして、1羽目は先に育ったのをいいことに数日後

命の恩人

日本のアイヌ民族の言い伝えには、とりわけ印象深いワシが登場します。ウミワシ属の中で最も体が大きい茶褐色と白の大型の鳥で、こっけいなほど大きな黄色いくちばしを持つオオワシ(*Haliaeetus pelagicus*)(写真左)です。オオワシは魚を捕らえるほか、死体やごみなどもあさり、より小柄ながら風格のある近縁種のオジロワシと共に群れで海氷の中の餌を探している姿が見られることもあります。アイヌ民族の言い伝えによると、巨大なワシが海氷に乗って、村人全員の命を助けるのに十分なほど大きい死んだイルカと共に現れ、彼らを飢餓から救ったとされています。また、アイヌ民族の村々では小屋の窓辺やドアの枠に、病気から身を守るとされるワシを象徴した曲がった棒を飾っていました。さらにゾロアスター教でもワシは神話の万能薬の木にすんでいて、驚異的な癒やしの力を持っていると見なされていたようです。

に生まれた2羽目にしつこく残忍な攻撃を加え、殺してしまうこともあるのです。サハラ以南のアフリカにすむコシジロイヌワシ(*A. verreauxi*)の場合、90%以上の巣で年長のヒナが年少のヒナを殺しますが、その理由はまだ解明されていません。親鳥はヒナ殺しに直接関与しないものの、止めようともしません。この行動パターンは、旧約聖書のアダムとイブの長男で、弟のアベルを殺したカイン(Cain)の名から英語では「Cainism」と呼ばれています。

星座になったワシたち

オーストラリアにはイヌワシ属のオナガイヌワシ(*A. audax*)が生息しています。この見るからに恐ろしいオナガイヌワシは、魂を導く役としてオーストラリア先住民の言い伝えによく登場し、多くの部族がさまざまな姿で夜空に現れると考えていました。たとえばブーロング族は、星のシリウスとリゲルをオナガイヌワシの尾と見なし、ウォンガイボン族はアンタレス(さそり座アルファー星)がワシで、その左右にある星(さそり座シグマ星とさそり座タウ星)はそれぞれワシの2人の妻、クサムラツカツクリとムチヘビと見なしていたようです。また、一部の部族は、南十字星はワシの足だと考えていました。

カワセミ

カワセミ科(Alcedinidae)

甲高い笛のような声がしたかと思ったら、エレクトリック・ブルーの光が一瞬目の前を横切る。カワセミとの出会いは、往々にしてこのように短く鮮烈な衝撃を与え、あっという間に終わってしまいます。この驚異的な鳥をより長い時間観察し、その羽の美しさを堪能するには、注意力と忍耐力が不可欠です。カワセミ科の鳥たちはほぼ全世界で見ることができますが、必ずしもすべての種が水と深く関係しているわけではありません。事実、最も体の大きい種の1つであるオーストラリアのワライカワセミ(*Dacelo novaeguineae*)は茶色と白の鳥で、森林や農地に生息していますが、カワセミ特有の短刀のようなくちばしと角張った頭を持っています。

穏やかな日々

ヤマショウビン属(*Halcyon*)にはアフリカのショウビン亜科の鳥の大半が含まれ、カワセミ科のほかの鳥の中にも「*Halcyon*」という学名を持つものがいます。この言葉の起源は古代ギリシャ語で、もともとカワセミ(*Alcedo atthis*)(写真右)を意味していたと思われますが、伝説によると冬場に海に巣をつくることから、カワセミではない可能性もあります。また、波を穏やかにする能力があったため、海に浮かんだ(魚の骨を網状にしてつくった)巣を安全に守ることができたとのこと。つまり、ヤマショウビンが卵を温めている夏至前後の2週間は、いつも気候が安定していたということになりますが、この期間は英語で「halcyon days」と呼ばれています。カワセミは川岸の穴に巣をつくりますが、冬場は確かに海辺に移動する傾向があります。現在では鮮やかな青い羽と穏やかでのんびりした小春日和の最も美しい空の色を結びつけるようになりました。

カワセミも最初は人間だったとされています。風の神アイオロスの娘アルキュオネーは、夫ケーユクス(Ceyx)が海で命を落としたことを嘆き悲しみ、それを哀れんだ神々が2人を生きた鳥に変えたのです。ところが、アルキュオネーはカワセミに、ケーユクスはカツオドリになったため、習性がまったく違う2人は限られた時間しか一緒に過ごすことができませんでした(76ページ参照)。一方、この物語には異本もあり、そちらでは2人ともカワセミに変えられたので、きっと末永くより幸せに暮らせたことでしょう。東南アジアとマダガスカル原産の息をのむほど色鮮やかなミツユビカワセミたちの属するミツユビカワセミ属は「*Ceyx*」と名づけられました。ちなみに、そのうちの1種ミツユビカワセミ(*Ceyx erithaca*)は、ボルネオのドゥスン族の戦士たちから不吉な鳥と見なされています。

ポリネシア諸島では、東南アジアに生息するヒジリショウビン（*Todiramphus sanctus*）も荒海を穏やかにできると考えられています。この話とヤマショウビン属の話が直接関連しているのかはわかりませんが、それぞれカワセミの習性を観察していて生まれた話かもしれません。カワセミ科の鳥たちは魚捕りの名人と考えられていますが、まったく泳ぐことができないので、波がよほど穏やかでない限り、危険を犯してまで漁をしないのです。

下：スコットランドの植物素描家シドニー・パーキンソンが水彩で描いた最も小柄なカワセミの1種ミツユビカワセミ（1767年）

太陽に焼かれて

神話や伝説の世界では、どのような色鮮やかな鳥も最初から色を持つことを許されていなかったようです。カワセミも例外ではありません。旧約聖書に登場する大洪水の話のアイルランド版では、（当時はまだ単調な灰色の鳥だった）カワセミが方舟から使いに出されます。使命はなるべく高く飛んで洪水がどこまで及んでいるか確認して報告するというものでした。カワセミは頑張りすぎて、あまりにも太陽に近づいたため腹部が焼けてオレンジ色に、背中は空の青色になってしまいました。また、ノアが方舟の動物たちを解放したとき、最初に飛び去ったのはカワセミだったともいわれています。

ほかにも羽にまつわる話があります。北米のアルゴンキン族に伝わる話では、トリックスターの神マナボゾがカワセミに褒美として首のまわりにメダルを与えると宣言しました。ところがこのひねくれた神には企みがありました。メダルを受け取ろうと近づいてきたカワセミの頭をつかんでもぎ取ってしまおうとしていたのです。幸いにもカワセミはこのわなに気づいて相手を交わし、マナボゾは首ではなく頭の羽をつかんだため、カワセミの冠羽はふさふさになったということです。この話に登場する種は恐らくアメリカヤマセミ（*Megaceryle alcyon*）でしょう。灰色がかった青と白の大柄なカワセミで、ふさふさの冠羽を持っているからです。アメリカヤマセミは渡り鳥で、ごくまれに大西洋をさまよいヨーロッパまで飛来するといわれています。

天気の王様

中世の時代、家を落雷から守りたい人、また虫から衣類を守りたい人の部屋にはカワセミの乾いた皮が飾られていました。また、より機能的な活用法として、死んだカワセミを風見鶏代わりにすることもあったようです。翼を広げた状態ではく製にしたり、乾燥させたりしたカワセミを自由に回転できるようにひもでつるし、くちばしが風上の方向を指すようにしたのです。英国とフランスの漁師はこの色鮮やかな風見鶏を舟に下げて海に出ました。16世紀に初演されたクリストファ・マーロウの悲劇『マルタ島のユダヤ人』で主人公のバラバスはこう言っています。

> だが、今の風向きはどうだろう？
> わしの川蝉(かわせみ)の 嘴(くちばし) はどの方向を指しているかな？
> (『マルタ島のユダヤ人　フォースタス博士』クリストファ・マーロウ著、千葉孝夫訳、中央書院、1985年)

ガン

カモ科（Anatidae）

ハクチョウやカモと近縁関係にある猟鳥ながら、ガンはいくぶん異なる神話を生み出してきました。力強く優雅に飛びながら、何千羽もの群れが渡る様子は見るものの心を奪います。そんなガンは数々の文明において神聖視され、ユーラシアおよび北米各地のさまざまな言い伝えや物語、ことわざに取り上げられてきました。いくつかの言語では「頭の悪そうな」イメージが持たれていますが、これはむしろ最近生まれたもので、恐らくは飼育され、太ってよたよた歩いている飛べないガチョウのイメージから来ているのでしょう。

北半球に生息する種は中型から大型の鳥で、本物のガンのうちマガン属とコクガン属のいずれかに属しています。マガン属には家禽化されガチョウとなったほとんどの鳥の祖先であるハイイロガン（*Anser anser*）（写真右）などが、コクガン属にはカナダガン（*Branta canadensis*）などがいます。南半球に生息する黒と白のカササギガン（*Anseranas semipalmata*）は、3000年前にオーストラリア先住民が描いた岩絵にも登場するオーストラリアの在来種で、非常に特徴的なため、カササギガン科という1つの科を形成しています。カササギガンは曲がった大きなくちばしを持ち、足には部分的に水かきがあり、気管が非常に長いため特にオスの成鳥はガン科のほかの鳥たちよりもずっと低い声を出せます。

神聖な鳥

約5000年前からガンは人間の意識において特別な場所を占めるようになりました。古代エジプトのある創世神話によると、地球は原始の卵からかえったとされ、その卵を産んだ大地の神ゲブはガンだったということです。ひつぎに書かれた呪文『棺柩文（かんきゅうぶん）』には、ゲブがどのように原始の沈黙を破ったか記されています。「大きな笑い声で知られるゲブは、自分がつくりだされた場所で1人、大声で笑った……地球が活動を停止すると彼は泣き始め、その泣き声は広がっていった……彼は現在存在するすべての生き物をつくりだした」

エジプト人にとって最も神聖なガンはエジプトガン（*Alopochen aegyptiaca*）です。エジプトガンは「クワックワッ」と鳴くよりも「ガーガー」と鳴くことが多いですが、オスは求愛の時期になるとガンらしい声で鳴きます。太陽神アムンの神殿では多くのエジプトガンの群れを飼育し、神へのいけにえにしていました。ガンを家禽化したのはエジプト人が初めてで、マガン属の中で最も体が大きいハイイロガンなど、いくつかの種が育てられていたようです。古代ギリシャの彫刻や陶器の器アンフォラに描かれた絵から、ハイイロガンはギリシャでも飼育されていたことが伺えます。ちなみに黄金の卵を産むガンの話はイソップ寓話で最もよく知られている訓話の1つです。また、ガンは女神アフロディテともゆかりの深い聖なる鳥でもありました。

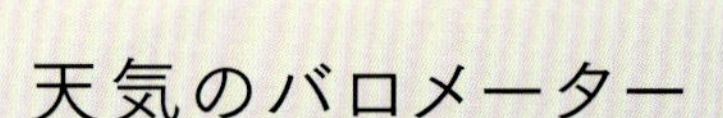

天気のバロメーター

北欧神話およびアングロ・サクソン神話においてガンは軍神ウォドン（別名オーディン）の聖鳥とされていました。ガンは悪天候と結びつけられていて「ガンがクワックワッと鳴くと雨が降る」という言い伝えはよく知られていますが、これはガンの骨から生まれた迷信でもあります。秋に屠殺されたガンの胸骨に黒い斑点があったら、厳しい冬が訪れるといわれていたのです。ある文献によると、ペルシャの戦士はガンの骨を使って、敵地に攻め込むタイミングを決めていたということです。

ガンが気象観測できるという言い伝えにはいくつかの裏づけがあります。たとえば北米大陸ではハクガン（*Anser caerulescens*）（写真上）と温帯低気圧の発生傾向には密接な関連があるとされています。アメリカ東海岸およびメキシコ湾沖で例年より頻繁に温帯低気圧が発生する年は初秋に渡りをしますが、温帯低気圧がはるか北部で発生する年は渡りを遅らせるのです。同様にオハイオ渓谷と五大湖周辺で低気圧の活動が活発になると春の渡りを早く開始し、ロッキー山脈の東側にある大草原地帯や湾岸諸州、メキシコ湾で温帯性低気圧が頻繁に発生する年は渡りを遅らせます。専門家は、嵐が近づき気圧が下がると、ガンなどの鳥は肺のまわりの空気嚢または内耳で敏感に気圧の変化を感知すると考えています。

北米のミズーリ川流域で暮らすマンダン族は、ガンが越冬のため南に旅立つと、伝統的なガンの踊りを舞います。これはガンたちが彼らの土地で食べた餌のことを思い出し、また春に戻ってきてくれるように懇願するための儀式だったのでしょう。これらのガンの中には恐らくカナダガン、ハクガン、コクガン（*Branta bernicla*）などがいたと思われますが、いずれも肉や卵を得るために狩猟の対象とされました。

古代ローマでは、ガンは女神ユノの聖鳥とされ、ユノの神殿ではガンの群れが飼われていました。ガンたちは侵入者が現れると「シーシー」と威嚇の声を出したり、「ガーガー」とけたたましく鳴いたりする優れた警備員だったようです。古代ローマの歴史家リウィウスによると、紀元前390年にガリア人がカンピドリオの丘を登って神殿に攻め込もうとしたことがありました。夜中、ガリア人は見張りや番犬にすら見つからずにユノの神殿の近くまで侵入しましたが、そこで聖なるガンたちが威嚇の鳴き声を上げ、翼をバタバタさせ始めます。これに気づいた元執政官マルクス・マンリウスは部隊を招集し侵入者を打ち負かしたということです。救い主としてもてはやされたガンたちはあがめられ、手厚い保護を受けるようになりました。

ガンの神々と神に仕えるガン

古代フィノ・ウグリック民族のキリスト教やイスラム教以前からの言い伝えにもガンが登場します。ある創世神話では、ガンは悪魔の生まれ変わりとされているにもかかわらず、原始の海にもぐって土を集め、神が世界をつくるのを手伝ってもいます。実際のところガンは水にもぐらないのですが。

シベリアのオビ川流域に住んでいた先住民ハンティ人（旧称オスチャク族）は少なくとも18世紀までガンの神を祭っていました。シベリア西部への最初の伝道活動に同行したグリゴリ・ノビツキーはこう記しています。「人々が熱心に崇拝している偶像は、銅でできた鋳物のガンだった。この偶像は非常によく知られていて、遠く離れた村からも人々がやって来ては、残酷なことに主にウマなどの家畜をいけにえとして捧げていた。この偶像は多くの幸運、特に豊かな猟鳥をもたらすと信じられていたのだ」

ヒンドゥー教の神話では、創造神であるブラフマーが、純粋な精神を通じた自由を象徴する立派なオスのガンまたはハクチョウに乗って空へ上ります。また、水面で生活しながらも地上を離れ空高く飛べるガンとハクチョウは、あらゆる存在の二面性を表すとされていました。

一方、アジア東部では、ガンが一夫一婦制であることを称賛していました。ハイイロガンなどの種は同じ相手と一生添い遂げます。その上、ハイイロガンのつがいはしばらく離れてから再会したとき、最初の求愛行動を再現する「勝利の儀式」まで行うのです。ジャワ島では、永遠の愛の象徴として花嫁がガチョウのつがいを受け取りますが、四川省には結婚式の際、近所の人々にガチョウのつがいを贈る風習があります。

都合のよい言い伝え

最も興味深い言い伝えは、コクガンの近縁種カオジロガン（*Branta leucopsis*）にまつわるものでしょう。カオジロガンは白い顔と黒い冠羽、首、胸のコントラストが見事な中型の鳥で、小型犬のようにキャンキャン鳴きます。12世紀、ノルマン征服の直後に書かれた『アイルランド地誌』の中で

太らされたガチョウとガンの物語

キジ科の鳥同様、ガンやガチョウ料理は昔から人々に愛されてきました。大プリニウスは最も早くガチョウの肝臓（フォアグラ）の美味しさを記した人物の1人です。ガチョウをペットにするという考えをあざ笑い、プリニウスはこう書いています。「とはいえ、田舎の人々のほうが賢明である。ガチョウの肝臓からごちそうをつくり出す方法を知っているのだから。ふんだんに餌を与えられたガチョウ（の肝臓）は、非常によく育つ」。英国では19世紀まで、最も一般的なクリスマスのごちそうはガチョウのローストでした。また、大天使ミカエルの祝日（9月19日）にも太らせたガチョウを食べる、または地代の代わりに地主に贈る習慣がありました。「ミカエルの日にガチョウを食べれば、1年お金に困らない」ということわざもあります。ガチョウの肉が多く出まわるミカエルの日のころにはガチョウ市も開かれていました。

昔からガチョウと人間がどれだけ近い関係にあったかを示す多くの伝統的なことわざがあります。英語で「ガチョウを驚かさない人」と言えば臆病者のたとえですが、「お前のガチョウを料理するぞ」と言ったら相手の計画を台無しにするという脅しですし、過大評価していることを「お前のハクチョウは全部ガチョウだ」と言うことも。また、マザーグースの物語や童謡もこよなく愛されています。かつて、マザーグースの「マザー」の由来は1719年に『Mother Goose's Melodies（マザーグースのメロディー）』を出版したトマス・フリートの妻エリザベス・グースだといわれたこともありますが、シャルル・ペローの『Contes de ma m?re l'Oye（ガチョウ母さんの話）』が登場したのは1697年です。

ギラルドゥス・カンブレンシスは、景色と人々を描写し、ガンは海に浮かんだモミの木から生まれるという変わった説明をしています。

さらにカンブレンシスはこう指摘します。「それゆえアイルランドのある地域では、司教などの教会人が四旬節のとき迷わずこの鳥を食べるならいである。この鳥が肉から生まれるのでないから、肉ではないかのごとく」（『アイルランド地誌』ギラルドゥス・カンブレンシス著、有光秀行訳、青土社、1996年）。これは肉を食べられない日々の物足りなさを受け入れたくないローマカトリック教徒たちにとっては、都合のよい言い伝えだったといえるでしょう。

この神話は数世紀にわたり信じられていました。植物学者のジョン・ジェラードは1597年に著書『Herball（本草書）』の中で「ガンの木」について記しています。カオジロガンが北極圏で営巣することが判明するまで、岩や漂流物に付着している甲殻類のエボシガイは、ガンの木から落ちた胚（はい）だと心から信じていたようです。

右：1910年に発行された子供向け週刊誌『チャターボックス』のある号に掲載された挿絵。ミカエルの日に食べるガチョウをよく見るために手に持った様子が描かれている

神話と宗教における卵

主翼羽や歯のないくちばし、そのほか現代の鳥を区別する特徴が発達するよりずっと昔、鳥の太古の祖先である恐竜は殻の柔らかい卵を産み、温めていました。つまり卵が先かニワトリが先かという昔からの疑問の答えは卵。しかも何百万年も先だったということになります。

古代文明の人々が、宇宙は卵から生まれたと考えたのも不思議ではありません。この話は古代インド、エジプト、ローマ、フェニキアの言い伝えに登場します。ヒンドゥー教の創造神であるブラフマーは、万物の海に浮かんだ世界の卵から生まれたとされ、ギリシャ神話では時間の神クロノスが卵を1つつくり、そこから創造神が現れたとされています。

オーストラリア先住民に伝わるドリームタイムの伝説では、エミューのディネワンが、踊る鳥ブロルガと口論して、頭に来たブロルガがディネワンの巣から卵を1つ奪い取り空に投げたとされています（この話からオーストラリアヅル（*Antigone rubicunda*）は英語で「ブロルガのツル」と呼ばれるようになりました）。卵の黄身が薪に当たって火がつき、やがてまばゆい太陽に姿を変え、それまで真っ暗だった世界を照らしたということです。

生命と復活の象徴

古代人類にとって、卵の殻が割れて中から命が誕生するのは、哺乳類の生殖とはまったく違っていて、異質であり、奇跡のように感じたことでしょう。もっとも、鳥はすべての大陸に生息しているため、この現象はどこでも見られたはずです。これも世界的に卵が生命と復活の象徴とされる理由の1つかもしれません。

古代ギリシャと古代ローマの人々は墓に卵を入れたり、遺体のそばに卵の入った巣を置いたりしました。一方、ニュージーランド先住民のマオリ族は遺体の片手にいまでは絶滅したモア（別名恐鳥）の卵を握らせて埋葬したといわれています。現在でもユダヤ人の葬儀の後には会葬者が死と生命の循環を象徴する卵を食べる伝統が残っています。

キリスト教ではキリスト復活の象徴としてイースターに卵を取り入れました。もともとウクライナのプィーサンカなど、東ヨーロッパ諸国の伝統だった模様を描いた卵が、10世紀からキリスト教の儀式でも使われるようになったのです。13世紀後半には、当初は光と命の象徴としてモスクに飾られていたダチョウ（ダチョウ科）の卵がキリスト教の教会でも見られるようになり、イースターの儀式に用いられるようになりました。

キリスト降臨のはるか以前から、卵は子孫繁栄と豊作を祈願する際に使われていました。この風習は続き、17世紀のフランスでは子供を授かれるように花嫁が新しい家に入るときに卵を割り、一方ドイツの農民は春、畑を耕す際に卵とパンと小麦粉を鋤(すき)に塗ったといいます。

アイヌ民族の女性は特定の鳥の巣から卵を取り、　夫または父親に渡さなければなりませんでした。そして、女性は卵をその年にまく種と混ぜ、男性は豊作を祈り、巣に置く「いなお（お守り）」をつくりました。

魔法としか思えない卵の不思議

卵は「新しい生命」を連想させることから、あらゆる不思議な力が宿っていると考えられるようになりました。『Funk & Wagnalls Standard Dictionary of Folklore, Mythology, and Legend（ファンク・アンド・ワグネルの民話、神話、伝説辞典）』によると、かつてはヨーロッパ各地で、邪悪な魔力に打ち勝つ唯一の方法は、通常動物の体に隠されている卵を割ることだと信じられていました。ゆで卵を食べた後に殻をつぶして厄よけをする習慣は、恐らくこの言い伝えから生まれたのでしょう。

米国南部に住むアフリカ系の人々の間には、卵にまつわるたくさんの民話が残っているといわれています。たとえば母斑または甲状腺腫は生まれたての鶏卵で9日間こすり、その卵を戸口の下に埋めれば取ることができるといわれていました。また、卵の夢は幸運や財産、結婚をもたらしますが、卵が割れていると恋人とけんかをする暗示という話もあります。

昔は卵占いも広く行われていました。卵白を水に落として、そのときできた形からさまざまなことを予想したのです。

ハクチョウ

カモ科(Anatidae)

雪のように白いハクチョウがきらきら輝く湖面を横切っていく姿には、穏やかで洗練された美しさがあります。ハクチョウが多くの国で天使と見なされ、ほぼ世界的に称賛されているのも不思議ではありません。ハクチョウ属には6種の鳥がいて、そのほとんどが北半球に生息。多くが1年のうちの一定期間、北極圏で過ごします。ハクチョウ属の鳥は純白ですが、例外が2種いて、いずれも南半球にだけ生息します。そのうちの1種は南米のクロエリハクチョウ(*Cygnus melanocoryphus*)で、体は白ですが、頭と首が黒、もう1種はオーストラリアのコクチョウ(*C. atratus*)(写真左)で、ほぼ全身が黒褐色です。

ハクチョウの乙女とハクチョウの神々

物語の中ではしばしば美しい女性がハクチョウの姿にされたり、逆にハクチョウが女性の姿になったりします。たとえばアイヌ民族の民話では、ハクチョウの天使が天国から降りてきて人間に姿を変え、激しい戦争を生き延びた最後の人間である少年を助けます。少年が成長すると2人は結婚し大家族を築き、その土地にまた人々が暮らすようになりました。役目を遂げたハクチョウの天使はもとの姿に戻り、地上にとどまって今度はハクチョウの大家族をつくります(ハクチョウの子供たちの父親が誰なのかは謎に包まれています)。こうしてハクチョウも人間たちのようにこの土地で繁殖するようになったということです。

ハクチョウが女性に姿を変える物語は、アイスランドからフィンランド、スリランカ、イラン、オーストラリア、インドネシアまで、広範囲に及ぶ国々の多くの神話に見られます。ハクチョウは羽の衣を脱ぎ捨て、若く美しい女性の姿になるのです。この話には決まって若い男性が登場して、そのハクチョウが自分と結婚するように、あるいはハクチョウが帰れなくなるように衣を盗みます。そして、最後にはハクチョウが衣を見つけてもとの姿に戻り、夫と子供を置いて飛び去ってしまうのです。

古代ギリシャのレダとハクチョウの神話ではハクチョウがオスでした。このハクチョウと人間の関係は長続きしませんでしたが、そもそも合意があったかも怪しいところです。スパルタ王の妃レダに横恋慕したゼウスは、ハクチョウに姿を変え、タカに追われたふりをしてレダの胸に飛び込みました。この2人は2人の子供をもうけるのですが、そのうちの1人は伝説の美女ヘレネで、のちにトロイア戦争の原因となります。レダとハクチョウの出会いは16世紀の画家や彫刻家に人気の題材でした。なかには現代の作品よりもずっと露骨に男女が交わる様子を描写した作品もあります。

純白ではないハクチョウ

生まれて間もないハクチョウのヒナはとてもかわいいのですが、その後、育ってくるとさほど魅力的ではなくなる時期があります。白というより灰色に近くなり、ぼさぼさの綿毛とまばらに生えた羽に覆われ、とてもあの優美で上品なハクチョウに育つとは思えない姿になるのです。こよなく愛されているアンデルセンの童話『みにくいアヒルの子』には、両親を亡くし、自分がハクチョウの子だとは知らないヒナが登場します。ヒナはアヒルやほかの水鳥に受け入れられようとしますが、その醜さのために相手にされません。ご存じのように主人公はハクチョウの群れに迎え入れられ、水に映った自分の姿を見て、自分もハクチョウだったことを知り、ハッピーエンドとなります。

西暦82年に古代ローマの詩人ユウェナリスが初めて使って以来、「黒いハクチョウ」といえば、手に入らないものを意味しました。ところが、この表現は改めなければならなくなります。17世紀後半にオランダ人の探検家ウィレム・デ・ブラミングが、オーストラリアには本物の黒いハクチョウ（コクチョウ）がたくさんいることを発見したからです。オーストラリア先住民にとって、ハクチョウといえば黒が当たり前でした。ニュンガル族は祖先がコクチョウだったと信じていました。また、ドリームタイム版『みにくいアヒルの子』ともいうべき物語では、不格好な若いコクチョウがはるかかなたの聖なる山まで飛び、そこで主たる神に心を捧げたところ、美しい成鳥のコクチョウに姿を変えられたとされています。

右：アーサー・ラッカムによる童話『みにくいアヒルの子』の挿絵。みにくいアヒルの子がほかのアヒルの子から追い立てられる様子が描かれています

歌と鳴き声

英語で「ハクチョウの歌」といえば引退前の最後の舞台を意味しますが、これはアリストテレスが『動物史』の中で「ハクチョウは死の間際にだけ鳴く」と述べたことに由来します。さらに、ハクチョウは泳いで海に出て鳴くため、人間はめったにその歌を聴くことがないとされていました。この言い伝えは、コブハクチョウのことをいっているのでしょう。コブハクチョウはとても静かな鳥で、浅瀬で餌をあさるときに音をわずかに出すだけです。コブハクチョウが立てる一番うるさい音は羽ばたきの音でしょう。ほかのハクチョウはずっとおしゃべりで、なかでもそれぞれ「叫ぶハクチョウ」「トランペット奏者のハクチョウ」という意味の英語名を持つオオハクチョウとナキハクチョウはその名のとおり特ににぎやかです。

近づくときにはご用心

英国人なら誰でも、ハクチョウに近づくときは注意が必要だと知っているでしょう。ハクチョウは「人間の腕をへし折る」ことができるといわれているからです。実際にそのようなことが起こるという科学的証拠はありませんが、たとえば人間が気づかずにヒナに近づきすぎたりして親鳥を怒らせると、コブハクチョウは翼で激しい一撃を食らわせることができるので、英国の鳥の中で潜在的に最も危険な種の1つといえるかもしれません(そもそも英国にはあまり危険な鳥はいないのですが)。アリストテレスは、一騎打ちをすればハクチョウはワシを倒すこともできるだろうと言っています。ただし、ハクチョウは自分の身を守ろうとするだけで、自ら戦いを仕掛けることはないそうです。

もっとも、ハクチョウの潜在的凶暴性はたいてい言い伝えの中では認識されていません。ヒンドゥー教ではハクチョウ(あるいはガン)は創造神ブラフマーの乗り物であり、知性と純潔、分別、技術、気品、知識、創造力といった数々の柔和な美徳を兼ね備えているとされています。英国のサマセット州ウェルズにある司教館にすんでいたコブハクチョウは、知能の高さを実証しました。餌を欲しいときにはひもを引いてベルを鳴らすことを覚えたのです。美と知性を兼ね備え、脅威となることはごくわずかなハクチョウは、最も深く尊敬されるに値する鳥といえるでしょう。

コンドル

コンドル科（Cathartidae）

雄大な山並みを背景にアンデスコンドル（*Vultur gryphus*）（写真上）が空高く舞い上がったり、急降下したりする光景には思わず息をのみます。これほど壮観な光景はなかなか見られないでしょう。翼開長3～4メートル、体重15キログラムにも及ぶコンドルが何千年も南米で崇拝されてきたのも不思議ではありません。また、アンデスコンドルと最も近い関係にあり、やや小ぶりで、英語で「コンドル」の名がつくもう1種の鳥、カリフォルニアコンドル（*Gymnogyps californianus*）（写真右）がアメリカ先住民にあがめられていたのもうなずけます。

更新世に生息していた大型のカリフォルニアコンドル属（*Gymnogyps*）の鳥の中で、いまでも生き残っているのはカリフォルニアコンドルだけです。ギリシャ語で「Gymnos」は「裸」という意味であり、コンドルのはげた頭のことを指していると思われます。これは新世界にすむすべてのハゲワシやコンドルに共通する特徴で、このおかげで死肉を食べるときに頭の羽を汚す心配がありません。どちらの種もかぎ状の大きなくちばしを持ち、アンデスコンドルの首に白い襟のような羽が生えていることを除けば、色もよく似ていて、はげた頭以外の場所は黒く、主翼羽の内側に白い縁取りがあり、カリフォルニアコンドルは上雨覆（あまおおい）が白く、アンデスコンドルは下雨覆（あまおおい）が同じような白になっています。また、オスのアンデスコンドルは頭部に赤または黒のとさかがあるため、オスより小柄のメスと見分けられます。

人類の祖先

アメリカ先住民ワイヨット族の神話では、コンドルは人類の祖先で、妹と共に旧約聖書のノアのように古代の大洪水を生き延びたとされています。ワイヨット族やほかの先住民は、カリフォルニアコンドルは最高の肉体的能力と精神力を体現していると考えていました。この力を手に入れるためにシャーマンたちは呪文を使って夢にコンドルを登場させたようです。また、羽は部族の儀式に使われ、癒やしの効果があると信じられていました。カリフォルニアの別の土地では、儀式でダンスを踊るときにコンドルの皮を丸ごとかぶることもありました。

上:チチカカ湖畔のプーノで開かれるカンデラリアの聖母祭りでアンデスコンドルの羽でつくられた羽根冠をかぶったダンサーたち

アンデスコンドルは地上7000メートルまで舞い上がれることから、南米では聖なる鳥であり、太陽神の使者であると見なされていました。アンデスコンドルは紀元前2500年以降、アンデス地方の芸術品や工芸品に描かれるようになります。ペルーの首都リマから約190キロメートル南にあるピラミッドの中からは、いまから4000年前にコンドルとペリカンの骨でつくられた笛が考古学者によって発掘されました。紀元前1000年頃からペルーのチャビン人たちは、寺院や儀式に使われた建物のコーニス(古典建築で、柱の上に水平に置かれた部材)でコンドルを表現しました。ほぼ同じころボリビア西部のチチカカ湖近郊ティアワナコ周辺を中心に栄えた文明の遺跡から、コンドルの頭をした神がこん棒を持っている姿の彫刻が見つかっています。

また、紀元前100~西暦800年ころまでペルー南部に住んでいたナスカ人もコンドルのモチーフを芸術作品に取り入れました。首を狩って飾るナスカの信仰と結びついていたコンドルは、翼をいっぱいに広げた姿で陶器や布に描かれていました。また、ときどきコンドルに似た「恐ろしい鳥」が描かれていることもあり、ナスカの精神世界では、天と地における最強の力が象徴的な形で表現されていました。この恐ろしい鳥はコンドルとタカを合わせたような鳥で、人間の体を食べていたり、生首をつかんでいたりします。約2000年前にペルーの北海岸を支配していたモチェ人の芸術品の中にも、オスのアンデスコンドルが人間の頭や体をつつく姿が描かれたものがたくさんあります。

一方、アンデスコンドルより小さいクロコンドルが同じように描かれることはありませんでした。これは恐らく、アンデスコンドルは腐食動物の中では最も大きく力も強いため、敗者や犠牲となった敵たちに対する圧倒的な勝利を象徴しているからでしょう。

13～16世紀に栄えたインカ文明において人々はアンデスコンドルを神聖視し、「kuntur(コンドル)」と名づけました。強く崇拝されていたことから、インカ帝国全盛期につくられた都市マチュピチュは、飛んでいるアンデスコンドルを表現するために特別に設計されたという説もあります。

人間の犠牲になるコンドルたち

過去にはたくさん生息していたカリフォルニアコンドルですが、密猟や汚染、生息地の破壊などで、個体数は1987年に22羽まで減少するという深刻な事態となっていました。そこで、すべて捕獲して本格的な繁殖計画がはじまりました。現在、カリフォルニアコンドルの個体数は400羽まで回復し、そのうち約半数が保護下にあり、残りの半数は野生に返されました。

ペルーではコメンテーターや自然保護活動家が伝統的な儀式ヤワル・フィエスタ(血の祭り)に注目し、禁止を呼びかけました。この祭りはアンデスコンドルをあがめ、植民地の抑圧者に対する先住民の勝利を表現したものとされていますが、コンドルのためになることが行われるわけではありません。動物の死骸を餌にして捕らえたコンドルは、飾りつけられ、両方の翼を捕まれて街中引き回され、地元でつくられたトウモロコシの酒「チチャ」を無理やり飲まされるのです。そして、競技場で雄牛の背中につながれます。雄牛はコンドルがバタバタ動き、爪で引っかくので怒り出しますが、コンドルはこの見世物が中断されるか、雄牛が殺されるまでつながれたままです。

アンデスコンドルは法律で保護されていて、殺してしまった場合、高額な罰金が科せられます。現在ペルー国内に生息する野生のコンドルは推定500羽といわれていますが、自然保護活動家の報告によると、コンドルがケガを負ったり、殺されたりすることも少なくないそうです。

繁殖計画が行われる一方、生息地が失われ、殺虫剤がまかれ、コンドルが家畜を襲うと誤解した農民に撃たれ、アンデスコンドルの個体数は激減しました。現在南米の8カ国に生息する成鳥の数は7000羽を下回っていると考えられています。

危機にひんする国の象徴

現在アンデスコンドルはペルー、ボリビア、チリ、コロンビア、エクアドルで国の象徴とされ、切手や紙幣、一部の国の紋章に使われています。ところが、この驚異的な鳥はカリフォルニアコンドルと共に絶滅の危機にさらされています。両種とも長生きで、長ければ50年以上生きるのですが、繁殖はメスが6?8歳にならないと始まりません。また、毎年産卵するわけではなく、1回に産む卵の数も1つだけです。ヒナは1歳になるまで親に依存し、飛び方を覚えるのにも数カ月かかります。コンドルは高いところにある岩の割れ目に巣をつくりますが、それでも猛禽類などの天敵に卵やヒナを盗まれることもあるのです。

ハト

ハト科（Columbidae）

穏やかで純粋、神聖な平和と愛の象徴。ハト以上に好意的なイメージを持たれている生き物はほとんどいないでしょう。しかもハトは何千年にもわたりこれらのイメージを維持しているのです。この丸みを帯びた流線型の鳥が属するハト科には、「ハト（英語でdoveまたはpigeon）」と名のつく鳥が300種以上います。どのハトも体型は似ていますが、肉づきや羽の色はさまざま。青灰色から格子模様、ほとんど真っ黒のものもいれば、熱帯に生息する種の中には色鮮やかなものもいます。一方、神話に登場するのは必ずといっていいほど白いハトで、地上にいるハトも数千年にわたり飼育され、白い羽に品種改良されました。そして、いまでは結婚式や葬儀でよく使われるようになっています。

いくつかの言語では、ハトを表す言葉が2つあります。英語であれば「dove」と「pigeon」がそれにあたり、2つの言葉は生物学的には置き換え可能です。ところが興味深いことに、英語の「dove」にあたる語は常に詩的な印象ですが、「pigeon」はdoveほど好意的な評価を受けていません。昔からハトには二面性があり、神聖な愛の象徴であると同時に乱交の象徴でもありました。また、世俗的にはハトの卵と肉は食料として、ふんは肥料としての価値が認められていたようです。

中東の初期の神話に登場する最初のハトは、恐らくカワラバト（*Columba livia*）でしょう。これは白いクジャクバト（英語では「white dove（白いハト）」とも呼ばれています）やレース鳩、伝書鳩など、すべてのイエバトの祖先と考えられています。また、現在では野生化し害鳥となったドバトはなじみ深い存在です。ところが、最初のハトはもっと繊細なコキジバト（*Streptopelia turtur*）（写真右）だという説もあります。いずれにしても、自ら人間の定住地を頻繁に訪れていたハトは、間もなく飼育されるようになりました。ハトは人間にとって身近な存在であり、明らかに繁殖力が強く、なかには1年に4～5回繁殖活動をするハトもいることから、メソポタミア文明初期の自然崇拝では、子孫繁栄の象徴とされました。ヨルダンとパレスチナ沿岸で発見された化石から、ハトが30万年前にそこに生息していたことがわかっています。

聖なる鳥

当初クジャクバトはシュメール神話の愛と戦、豊穣の女神イナンナの聖鳥でしたが、その後アッシリアの愛と戦、豊穣の女神で、ギリシャ神話ではアスタルトの名で知られる女神イシュタルの聖鳥となりました。イラクで発掘された紀元前3000年頃の工芸品の中にも白い石に小さいハトの姿を彫ったものがありました。これらは女神に捧げるために寺院に贈られたか、厄よけのお守りとして身につけられていたのでしょう。

紀元前1500年頃からはイシュタルとその鳥であるハトへの信仰がエジプト、ギリシャ、ローマおよび地中海東部沿岸地方一帯に広がりました。フェニキア人が商売をしにいったさまざまな土地から、イシュタルとハトをかたどった素焼きの像が見つかっています。アフロディテ（ギリシャ）やビーナス（ローマ）など、周辺地域で起こった一連の文明における豊穣の女神も同じようにハトが聖鳥でした。ローマの詩人オウィディウスは、アイネイアスに不滅の命を与え、神格化するため、ビーナスがハトの引く二輪馬車に乗って空を飛んだと記しています。神話のハトは明らかにメスで、名詞に性がある言語においてはいまも多くの場合女性名詞とされています。

ハトは常に永遠の命と密接に結びつけられていました。また、死後姿を変えるというテーマは、紀元前4世紀にギリシャの歴史家クテシアスが書いた最も古いものと思われる人魚伝説にも登場します。ハトをシンボルとする偉大なるアッシリアの女神デルケト（別名アタルガティス）は、人間の若者と恋に落ち、女の子を産みます。これを恥じたデルケトは娘を捨て、自分も湖に身投げしますが、水から上がるときには顔は人間ですが、体は魚のようになっていたのだとか。

一方、娘のセミラミスはハトにミルクとチーズで育てられ、ニネベの都を築いた伝説の支配者アッシリア王ニヌスと結婚しました。夫の死後、王位を継承したセミラミスは、大きな記念碑を建て、死後ハトに姿を変えたといわれています。このテーマは何世紀にもわたり宗教や芸術、文学に受け継がれ、ハトは死者の魂の化身とされることもしばしばです。

天国からの使者

古代からハトは使者と見なされてきましたが、そこにはそれなりの根拠がありました。バーゼル大学のダニエル・ハーグ＝ワケナゲルによると、紀元前3千年紀、まだ洗練された天文航法が開発されていなかった当時、フェニキア人の船乗りたちは航海の際、「生きた方位磁針」としてイエバトを連れて行きました。放たれたハトは半径35キロメートル以内の陸地を見つけ、本能的にそこへ向かい、船が進むべき方角を示してくれたということです。同様の役割を果たしていたワタリガラス（*Corvus corax*）とハトは、同じころ書かれた『ギルガメシュ叙事詩』の中の最初期の大洪水物語に登場しています。

それから1000年後、ワタリガラスとハトは聖書の大洪水物語でも同様の役を演じることになります。白いハトは、ノアに水が引いたことを知らせるという英雄的な役を与えられました。聖書にはこう書かれています。「鳩は夕方になって、彼のもとに帰って来た。すると見よ。むしり取ったばかりのオリーブの若葉がそのくちばしにあるではないか。それで、ノアは水が地から引いたのを知った」（『聖書　新改訳』新改訳聖書刊行会訳、いのちのことば社、1981年）

地上のハトは古代から現在にいたるまで世界各地で「伝書鳩」として活躍しています。同時にキリスト教世界では天国からの使者から精霊の象徴へと昇格。使徒マルコはイエス・キリストが洗礼を受けたときの様子をこう記しています。「そして、水の中から上がられると、すぐそのとき、天が裂けて御霊が鳩のように自分の上に下られるのを、ご覧になった」（『聖書　新改訳』新改訳聖書刊行会訳、いのちのことば社、1981年）

ローマの歴史家エウセビオスによると、3世紀、ハトが頭に止まったため、ファビアヌスは教皇に任命されたそうです。一方、キリスト教の信条の1つニカイア信条は、ハトに姿を変えた精霊によって署名されたといわれています。

左：大洪水の水が引いたか確かめるために方舟からハトを放つノア

戦争と死

西洋では伝統的に白いハトを平和の象徴と見なしてきましたが、日本や古代メソポタミア文明では戦争と結びつけられていました。日本の伝説によればハトが12世紀の将軍源頼朝の命を救ったといわれています。なんでも頼朝が木のうろに身を隠していると敵がやって来て、そこに弓を差し込んだのですが、その瞬間に中からハトが2羽飛び出したため、敵は中に頼朝はいないと確信して去って行ったそうです。実際のところハトは短気ですぐ口げんかする鳥で、特に餌のこととなるとよく仲間どうしでよくもめています。さらにハトは死の予兆とされることもあります。サンスクリット語で書かれた聖典『リグ・ヴェーダ』によると、ハトは死の神ヤマの使者とされています。北米の民話では、ナゲキバト（*Zenaida macroura*）が悲しげに「クークー」と鳴くのは家族の誰かが亡くなる前触れであり、ハンカチを結ぶと家族を守ることができるとされていました。ヨーロッパではハトが屋根に止まったり、戸口で「クークー」鳴いたりするのは不吉とされています。

愛の鳥

神の象徴とされるハトですが、古代から現代にいたるまで人間の愛とも深い縁のある鳥です。ハトに対してとても強いロマンティックなイメージを持っていた古代ギリシャやローマの人々は、ほれ薬にハトの血を入れていたのだとか。さらに中世にはハトの心臓まで入れるようになったそうです。

下:「柳模様」の伝統的な青と白の磁器の皿。中国の寓話に登場するハトに変えられた2人の恋人たちが描かれている

18世紀にミントン社製の青と白の陶磁器の皿（前ページ写真）を宣伝するために広められたロマンティックな柳模様の寓話では、愛と不死のテーマが融合しました。この物語の主人公である官僚の娘とその恋人は、駆け落ちしたもののついに捕らえられ殺されてしまいますが、神々は2人をハトに生まれ変わらせます。また米国の民話では、春に戻ってきたハトの声を最初に聞いた少女は前に9歩進み、後ろに9歩下がってから帽子の中を見ると、将来結婚する男性の髪の毛が見つかるといわれています（ちなみにどうやってその男性を見つけるかは説明されていません）。英国には「クークードゥー、クークードゥー、愛してくれたら、愛してあげる」というハトの鳴き声をまねた古い対句があります。また、バレンタインの日や結婚のお祝いに贈るロマンティックなカードには、いまでもハトがよく使われています。

こうした物語や言い伝え、伝説はほとんどのハト科の鳥がくちばしを触れ合ったり、クークーと鳴いたり、堂々と愛情表現することから生まれたものでしょう。ハトのつがいは一生添い遂げることもしばしばで、その求愛行動は人間の求愛行動を思い起こさせます。まず、オスのハトは相手の目を引くように胸を張って尾羽を扇状に広げ、メスのまわりをぐるぐる歩き回ります。興味のないメスはオスを無視したり、つついたり、逃げ出したりしますが、受け入れる場合、2羽はお互いに羽繕いし、キスするようにメスがオスのくちばしに自分のくちばしを入れるのです。これは親鳥が口移しでヒナに餌をやる姿に似ています。ハトはオスもメスも素嚢（そのう）と呼ばれる器官でミルク状の液体をつくり、それを吐き戻してヒナに与えるため、その姿からなおさら献身的で愛情深い鳥と考えられているのでしょう。

魔法と儀式

愛と平和、不死の象徴という偉大な遺産を継承するハトは、現在では公の場所でさまざまな役を演じています。たとえば小柄で簡単に隠れられるバライロシラコバト（*Streptopelia risoria*）は何十年も前から手品で活躍してきました。まるで何もないところからハトが飛び出すように見えるこの手品は、メキシコのマジシャン、アブラハム・J・カントゥが1930年代に広めたものです。1955年にディズニーランドがオープンした際には、ウォルト・ディズニーも大好きだったという華やかな「ハトの放鳥」が行われました。

「平和の象徴であるハト」は数々の儀式に登場。近年ではますます結婚式や洗礼式、葬儀などで白いハトの放鳥が盛んに行われるようになりました。ところが、こうしたハトの大半はジュズカケバトではなく白いイエバトです。イエバトのほうがジュズカケバトよりも強いので、野生の戦いを生き抜けるということもありますが、何より重要な理由はきちんと家に帰ってくるからです。ハトは家に戻る習性があるのだと思いがちですが、最終的に戻るか決めるのはハト自身なのです。

右:2012年1月ローマ教皇ベネディクト16世が毎週日曜日に行われるお告げの祈りの後でバチカンの執務室から平和のハトを放つ様子

ニシコクマルガラス

カラス科（Corvidae）

カラス属の中で最も個体数の少ない種であり、襟首から首にかけて灰色をしているため見分けがつきやすいニシコクマルガラス(*Corvus monedula*)は、教会の尖塔に巣をつくる習性からウェールズ地方では伝統的に神聖な鳥とされてきました。地元の言い伝えによると、そのため悪魔はニシコクマルガラスを避けているのだとか。

ヨーロッパから中央アジアにかけて生息し、煙突や穴、時にはウサギの巣穴にも巣をつくるニシコクマルガラス。伝説や民話の中でのイメージは必ずしも良いものばかりではありません。相思相愛のカップルや結婚を控えたカップルがニシコクマルガラスの姿や夢を見たりすると幸運が訪れ、ニシコクマルガラスの大群を見ると財産や子宝に恵まれるといわれていますが、1羽でいるところや煙突から落ちるところを見ると家族が亡くなるともいわれているのです。

あるイソップ寓話の中では、自分を美しく見せるためにほかの鳥の羽を借りる虚栄心の強い鳥として描かれています。ほかの古代ギリシャの作家たちは、ニシコクマルガラスの「社会性の高さが裏目に出て」、皿に入った油に移った自分の姿をほかのカラスと間違え、油に飛び込み捕らえられてしまう話などを書いています。ニシコクマルガラスは大きな群れをつくって止まり木に集まり、互いに「キャッキャッ」と鳴きます。ニシコクマルガラスはこうして餌の場所や敵がいるかなどの情報を交換しているのです。

ニシコクマルガラスは泥棒ともいわれています。特に引きつけられるのは宝石や硬貨などの光るもの。種名に「*monedula*」が含まれるのは、この習性に由来しているのかもしれません。カール・リンネは、ラテン語の「moneta(硬貨)」という言葉からこう名づけたといわれているのです。また、19世紀にリチャード・ハリス・バーハムが書いたユーモアのある詩『The Jackdaw of Rheims(ランスのニシコクマルガラス)』にもこの習性が描かれています。ある大宴会の席でのこと。招かれてもいないニシコクマルガラスが現れ、ランスの大司教が指輪を外して皿の脇に置き、厳かに手を清めているすきにその指輪を奪ってしまいます。カラスに取られたとは知らない大司教は、犯人にひどいのろいをかけました。その後、足が不自由になり、やせ衰えてしまったニシコクマルガラスが犯人と判明します。ニシコクマルガラスは足を引きずりながら人々を木の枝やわらでできた自分の巣へと案内し、指輪は無事見つかりました。そしてニシコクマルガラスは罪を許され、美徳の模範とされ、ついには聖人に列せられます。

右：詩『The Jackdaw of Rheims（ランスのニシコクマルガラス）』でニシコクマルガラスが、自分の巣の中に大司教の指輪があることを知らせる場面

ハヤブサ

ハヤブサ科(Falconidae)

タカ狩りに使われる鳥の中で、最も体が大きいわけでも、最も残酷なわけでもありませんが、ハヤブサ(*Falco peregrinus*)(写真上)は、多くの鷹匠から最高の鳥だと認められています。ハヤブサはタカよりも機敏で、ノスリよりも力が強く、フクロウよりも賢く、ワシよりも気性が穏やかで、どんな生き物よりも速く飛べるからです。急降下して獲物を蹴落とすことで知られ、獲物に飛び掛かる直前のスピードは時速300キロメートルを超えることも。こうして鉤爪のキックを食らった不運な犠牲者は、命を落とすか気絶した状態で落下します。驚異的な能率の良さです。

ハヤブサは3000年以上タカ狩りに用いられてきました。最初に使われるようになったのは中央アジアおよび東アジアですが、その後ほかの多くの地域でも行われるようになりました(ハヤブサは極めて広い範囲に分布し、南極をのぞくすべての大陸に生息しているのです)。チューダー朝の時代、イングランドでは社会階級によって使用が許される猛禽類の種類が定められていて、そのリストが『Boke of St Albans(聖アルバンズの書)』に掲載されています。それによるとメスのハヤブサは王子が飛ばすのにふさわしいとされていました(メスより小柄のオスのハヤブサは伯爵や男爵が飛ばしました)。王子が王位を継承するとハヤブサよりも大きい高緯度北極圏原産のシロハヤブサ(*F. rusticolus*)を用いることになります。また、皇帝の地位に就くとイヌワシ(*A. chrysaetos*)を飛ばせるようになるのですが、イヌワシは手首に載せて運ぶと確かに見栄えはするものの、扱いにくく、機嫌を損ねると飼い主をひっかくことで知られていました。皇帝は楽しく人なつこいハヤブサを連れていられる王子をうらやんだことでしょう。

左:ジョン・グールド著『イギリス鳥類図譜』(1837年)に掲載された手彩色リトグラフ。前景には岩に止まる立派なハヤブサが、後景には見事な急降下を見せる別のハヤブサが描かれています

守護の力

ハヤブサの神ホルス(写真右)は古代エジプトの神殿でもとりわけ目を引く存在です。エジプトではタカとハヤブサを特に区別していなかったと思われる証拠もありますが、ほとんどのホルスの顔にはハヤブサの特徴である「涙」のような筋が描かれていることから、ハヤブサまたは近縁種でやや小ぶりなラナーハヤブサ(*F. biarmicus*)がモデルだったのでしょう。

イシスとオシリスの息子であるホルスは、ハヤブサまたはハヤブサの頭を持つ男性、時には完全に人間の少年の姿で描かれ、天空、戦、狩猟の神とされています。ホルスは、最大の敵である砂漠の神で、オシリスを殺したセトからエジプトの人々を守るために多くの時間を費やしました。ハヤブサは驚異的な視力を持っていることから「ホルスの目」は守護と健康の象徴とされ、その形が7つの象形文字に使われています。また、太陽神ラーもハヤブサの姿で描かれることがありました。サッカラにある巨大な埋葬地の地下墓地からは、ミイラにされたハヤブサやそのほかの猛禽類が多数発見されています。

日本の北海道地方の先住民アイヌ民族は、ハヤブサは天国の鳥であり、礼儀正しく頼めばすぐに願い事を聞き入れてくれると信じていました。また、ハヤブサの爪は貴重なお守りで、蛇にかまれた傷に効くとされていたのですが、それにはお守りを傷口に貼り、さらに適切な祈りを捧げなければなりませんでした。

上界のシンボル

新世界にはハヤブサにまつわる数々の神話が存在します。北米大陸ミシシッピ川流域に住む民族は、ハヤブサを宇宙の3つの領域の1つである上界の強力なシンボルと見なしていました(ほかの領域は人間が住む中界と、混沌と闇が支配する下界です)。鳥人の霊的な存在を代表するハヤブサは、使者として上界と中界を自由に行き来し、常に下界の霊と戦っていたとされています。部族の人々は半鳥人の衣装とお面をつくり、ハヤブサの霊とつながり、交信する手段として儀式の踊りを舞いました。ハヤブサが戦争のときに味方してくれると有利だからです。部族の首長が亡くなると、半鳥人の葬儀が行われ、遺体は鳥の形に敷きつめた無数のビーズの上に寝かされたといいます。

もちろんハヤブサ属の鳥たちの持つ圧倒的な狩りの腕前も称賛の的でした。あるギリシャの寓話では、ハヤブサがサヨナキドリ(*Luscinia megarhynchos*)を捕らえて空高くまで連れて行き、めそめそ泣くサヨナキドリをたしなめるのですが、この話は運命の力と運命を非難することの無意味さを象徴しているといわれています。ハヤブサはサヨナキドリにこんな手厳しい言葉を浴びせました。「自分よりも強い者と肩を並べようとして、争いに負けるだけでなく、屈辱を受け、痛手まで負うのは愚か者のすることだ」。一方、ゲール人の民話の中には、ハヤブサがミソサザイの長旅を助けるという、決して現実的とはいえませんがもっと心温まる話もあります。

多才なハヤブサたち

現代のタカ狩りでは、なかなか純粋なハヤブサを見かけなくなってきました。多くの鷹匠は交雑種を好み、求めている特徴を持った種どうしを掛け合わせます。人工授精によって、体の大きさが極端に異なる鳥どうしや、自然界では遭遇するはずのない離れた場所に生息している鳥どうしでも掛け合わせることが可能になりました。また、交雑種は繁殖できる場合も多いので第3の種の特徴を持つ第2世代の交雑種をつくることも可能です。こうした「多才な」ハヤブサ属の鳥たちは、ハヤブサの先祖の特性を非常に多く引き継いでいます。そのほか人気の鳥にはたとえばシロハヤブサやコチョウゲンボウ(*F. columbarius*)などがいて、シロハヤブサは体の大きさや力、白または銀色がかった羽を持つための遺伝子で貢献。コチョウゲンボウとの交雑種は並外れた敏しょう性と加速力を持ち、低空での追跡に秀でています。

北米でもヨーロッパでも、殺虫剤により思わぬ被害に遭ったり、自分の土地の狩猟鳥を猛禽類から守ろうとする地主によって殺されたりしたため、野生のハヤブサの個体数は深刻なレベルまで減ってしまいました。しかしながらその後、ハヤブサの数は急速に回復しつつあります。というのも過去数十年間でハヤブサは都市部で生活する方法を覚え、険しい岩山ではなく建物に巣をつくり、街中にいくらでもいるハトを補食するようになったからです。この素晴らしい鳥の歴史の新しい章が始まりを告げたといえるでしょう。

イスカ

アトリ科（Fringillidae）

キリスト教の民話によると、イスカは磔(はりつけ)になったキリストを助けようとするまで、くちばしがまっすぐだったといわれています。くちばしが交差するほど曲がってしまったのは、キリストを十字架に磔るために刺されたくぎを抜こうとしたためです。この様子をヘンリー・ワーズワース・ロングフェローは『The Legend of the Crossbill(イスカの伝説)』の中でこう描写しています。

血に染まりながら疲れも見せず
止まることなく、くちばしを動かす
十字架から救世主を自由にしようと
創造主の息子を解放しようと

緋色なのはオスのイスカだけで、メスはオリーブ色です。中央ヨーロッパでは赤いオスのイスカを「火の鳥」と呼び、鳥かごで1羽飼っていれば家が火事になることはないといわれています。

交差するくちばし

比較的細身で優雅なナキイスカ(*Loxia leucoptera*)から大柄でがっしりした、くちばしの大きいハシブトイスカ(*L. pytyopsittacus*)まで、イスカ属には5種ほどの鳥がいて、主な違いは体の大きさです。最もよく見られるのは中くらいの大きさのイスカ(*L. curvirostra*)(写真左)でしょう。ユーラシアと北米に広く分布しています。いずれの種も下のくちばしが上向きにカーブし、上のくちばしが下向きにカーブして交差するという目立った特徴があります。くちばしの左側で交差している鳥もいれば、右側で交差している鳥もいて、ドイツの言い伝えではくちばしが左側で交差しているイスカを飼うとその家に住む男性の、右側だったら女性の風邪やリウマチが治るといわれているのです。さらにイスカが残した水を飲むとてんかんが治るともいわれています。

変わった形のくちばしを持つ鳥のほとんどに当てはまることですが、イスカも食べるものや習性がかなり独特です。イスカは松ぼっくりだけを食べるのですが、強い足でしっかりとつかんでこじ開け、中の種を食べます。また、遊牧民のような生活をしていて、松ぼっくりがよくなっている場所を見つけたら、そこで繁殖します。1年の早い季節に卵がかえることもしばしばで、キリスト教徒たちには、クリスマスに巣をつくり、イースターにはヒナの産毛が生えそろうといわれています。

結婚相手を占う

その昔ヨーロッパでは未婚女性がバレンタインの日に最初に見た鳥がイスカだと、議論好きな男性と結婚するといわれていました。これは恐らくイスカの群れは松林で次の餌を探し回りながら、しわがれたような声でずっと話していることから来たのでしょう。

ゴシキヒワ

アトリ科(Fringillidae)

間違いなくヨーロッパで最も美しい鳥の一つであるゴシキヒワ(*Carduelis carduelis*)は、嬉しいことにどこにでもいる上に見つけやすい鳥でもあります。そんなゴシキヒワの魅力をさらに高めているのが、心地よい笑い声のように聞こえる楽しい鳴き声です。ビバルディはフルート協奏曲『ごしきひわ』のアレグロのパートでゴシキヒワのさえずりの陽気なリズムを再現しようとしました。少女がバレンタインの日に初めて見た鳥がゴシキヒワだったら大金持ちと結婚するという言い伝えがありますが、これはゴシキヒワの翼にある金の棒のような模様に由来しているのかもしれません。

ゴシキヒワはルネサンス期の芸術作品、なかでも聖母と幼いキリストを描いた作品にたくさん登場します。その理由はとても一言では説明できませんが、古代ギリシャの神話上の鳥で、見るだけであらゆる病気が治るという「カラドリウス」にかかわっていることは確かです。ルネサンスの芸術家の多くがこの象徴的な鳥を健康と癒やしのシンボルとして絵画に描いているのですが、それにはこうした特性を体現している実在の鳥をモデルにする必要がありました。そこで最初にカラドリウスのモデルにされたのはイシチドリ(*Burhinus oedicnemus*)でした。どうやらこの鳥の黄色い大きな目に癒やしの力があると考えられていたようです。また、時には黄色い目立つ羽を持ったほかの鳥がカラドリウスだと考えられることもありました。金色の翼を持つゴシキヒワが芸術作品のカラドリウスのモデルとして最も人気を集めるようになったのもそのためです。また、ゴシキヒワの顔が赤いのは、キリストがかぶらされたイバラの冠を外そうとしたからだというもう1つの物語によって、ゴシキヒワとキリストのつながりはさらに深まりました。ゴシキヒワが癒やしの象徴とされるのは、とげのあるアザミやオニナベナの種を顔に傷を負わずに食べることができるからかもしれません。

北米に生息するオウゴンヒワ(*Spinus tristis*)のオスはほぼ全身が黄色です。イロコイ族の間には、この目がくらむような色にまつわるすてきな民話が残っています。この物語によると、あるときアライグマが悪さをしたため、お仕置きをしようとキツネがアライグマを追いかけていました。ところがアライグマは難を逃れるために木に登ってしまったので、キツネはアライグマが下りてくるまで木の根元で待つことにするのですが、そこでうっかり眠ってしまいます。そのすきにアライグマは木から下りると、逃げる前にキツネの目にねばねばした樹脂を塗って開けられないようにしてしまいました。目を覚ますと何も見えなくなっていたかわいそうなキツネは、助けを求めます。すると茶色い小鳥たちがキツネのまわりに集まってきて、くちばしで樹脂を取ってくれました。再び太陽の光が見えるようになったお礼に、キツネは黄色い花の汁を鳥たちのくすんだ茶色の羽に塗り、日光の色にしてあげたということです。

右:ジョン・グールド著『イギリス鳥類図譜』(1873年)に掲載された手彩色リトグラフ。色鮮やかな羽を持った2羽のゴシキヒワがオニナベナの種を探す様子が描かれている

アビ

アビ科（Gaviidae）

北米の田舎に広がる野生の森や川、湖を背景にうれしそうな声でのびのびとヨーデルを歌うように鳴くハシグロアビ（*Gavia immer*）。北米では「common loon（一般的なアビ）」と呼ばれるこの鳥の鳴き声は聞けばすぐにわかるほど特徴的で、あらゆる人々に愛され、とりわけ夜明け前後に耳にすると心に響きます。ハシグロアビが鳴くのは、つがいがきずなを強めるための行動の一環で、繁殖期以外はほとんど鳴きません。ところが、メイン州のアルゴンキン族によると、ハシグロアビは世界の創造神クロスカップ（別名グルースカップ）の使者であり、クロスカップがハシグロアビにこの特別な鳴き方を教え、自分に用があるときはいつでも鳴いて呼ぶようにといったとされています。

アビ類は水鳥で魚を捕ることにかけてはずばぬけて優秀です。流線型の体で水深50メートル以上まで潜ることもできます。ところが、足を推進力にして泳ぐのに適した体型に進化したため、陸を歩く姿はぎこちなく、飛び立つのも一苦労。水面を延々と走らなければ体が浮きません。ただし、いったん離陸してしまえば、後は力強く飛んでいけます。アビ科の5種の鳥はすべて北部地方の内陸の湖に巣をつくり、なかには北極圏にすむものも。繁殖が終わると美しい模様の羽から非繁殖期用のずっとくすんだ茶色の羽に生え替わります。アビがすむ湖はたいてい冬の間凍ってしまうので、寒い季節は海で暮らしているようです。

雨の歌

天気を予想できると思われている鳥はたくさんいますが、アビ（*G. stellata*）（写真左）もそんな鳥の1種です。スコットランドのオークニー諸島やシェットランド諸島、フェロー諸島では、アビが長く物悲しい鳴き方をするときは雨が降り、短くもっと「クワックワッ」という感じに鳴くときは晴れるといわれています。スコットランドではいまでも「雨のガン」という地元での愛称で呼ばれることも。ロシアの言い伝えでは、アビが創世神話の重要な役を演じています。世界が水に覆われたとき、深くまで潜って泥をくわえて持ち帰り、その泥から乾いた土地がつくられたというのです。デラウェラ州のレニ・レナペ族の言い伝えでは、大洪水の際にアビが陸地を探して生存者を助けたとされています。

魂を導く鳥

アビは昔から北極圏や亜北極地域に住んでいたさまざまな部族の伝統的祈とう師、シャーマンと結びつけられていました。シャーマンが霊的世界の最も深い所に入るためには、動物の霊の助けが必要で、アビはシャーマンの旅を助けられる霊的な道案内だと考えられていたのです。シャーマンが亡くなると、調度品などと共にアビの頭蓋骨も墓に入れられました。下界の最も深いところへ向かう死者の最後の旅を導くためです。

繁殖期のハシグロアビ（写真下）の羽は目を見張るものがあります。頭は光沢のある黒、首のまわりには白いしま模様があり、体の上側はチェスボードのような白黒の模様になるのです。色がついているのは、真っ黒な顔についた火のような明るい緋色の目だけです。生息地の数々の文化において、ハシグロアビは優れた視力と結びつけられています。イヌイットの民話では、目の不自由な少年がハシグロアビに誘われて水中を泳ぎます。そして、3回潜って水面に出てきたとき、目が見えるようになっていることに気づきました。このお礼に少年はハシグロアビにネックレスをプレゼントしました。ハシグロアビはいまでもこのネックレスをしています。別の物語では、くすぶる火のそばでハシグロアビがワタリガラスに会います。当時、白い羽を持っていた2羽は、すすでお互いの体に模様を描くことにしました。まずワタリガラスがハシグロアビに素晴らしい模様を描きます。その後、2羽は役目を交代するのですが、ワタリガラスは落ち着きがなく、イライラしていて、ハシグロアビの描いた模様を気に入りませんでした。ついに業を煮やしたハシグロアビは、ススをワタリガラスにかけてしまいます。こうしてワタリガラスは黒くなりました。ワタリガラスは仕返しにハシグロアビの足に熱い木炭を投げつけたため、ハシグロアビは足が不自由になり、陸上で苦労することになったということです。

上:ジョン・ジェームズ・オーデュボン著『アメリカの鳥類』(1827?1838年)に掲載された版画。成長したオスとメス、ヒナの3羽のオオハムが描かれている

番犬代わりのアビ

アビ類にまつわる言い伝えの多くは、にぎやかでよく姿を見せる夏場の習性に関する話です。たとえばフェロー諸島などのようにハシグロアビが越冬に来るだけで、繁殖活動をしない地域では、ハシグロアビは海の上を泳ぎながら翼の下で卵を温める、さらには海中に巣をつくるという発想が生まれました。こうした地域の人々は、ハシグロアビの卵がどれほどまずいか知らないでしょう。それでも昔は盛んにハシグロアビを狩っていて、いまでもいくつかの地域ではアビ猟が行われています。ハシグロアビの肉は卵よりもわずかにましな程度ですが、防水の羽に覆われた皮は温かい耐候性の衣服をつくるためによく使われてきたのです。とりわけオオハム(*G. arctica*)は、頭から首まですっぽり覆う温かい帽子「カーパス」に使われてきました。

アビの変わった利用法を見つけた人もいました。ハシグロアビは一見、家庭でペットとして飼うのには向いていなそうですが、グリーンランドでは、ときどきハシグロアビの足にロープを結び、屋根につないで番犬代わりに使っているのです。ハシグロアビは誰かが家に近づいたら鳴きます。アラスカのコユーコン族も家のまわりにハシグロアビを置いていますが、生きているアビよりもはく製が好まれます。彼らの目的は防犯ではなく、家の装飾だからです。

サヨナキドリ（ナイチンゲール）

ヒタキ科（Muscicapidae）

英語圏で最も愛されている詩の1つは、ジョン・キーツの『夜鶯（やおう）によせるオード』でしょう。書かれたのは1819年。当時のイングランドでは、サヨナキドリの歌声はいまよりもずっと身近なものでした。この詩はその歌を耳にした人々が受けるやや物悲しくも愛らしい印象から始まります。

わが胸は痛く　微睡を迫る痺れがわが五感を
刺す、さながら　毒人参を煎じて飲み
もしくは　麻酔を致す阿片を幾何か　今しがた　残りなく
呷りて　忘却の川へ向い沈み果てし如くに。
お前の幸ある命運を羨み思う故にはあらで
お前の幸福に包まれ余りにも幸あるがため
お前が、軽やかに羽ばたく翼を持てる森の精よ、橅の緑　深くして
数知れず蔭を重ねし　佳き音にひびかう処にありて、
暢びやかに喉を張り夏を歌う　その幸福に。
（『キーツ詩集』キーツ著、宮崎雄行編、岩波書店、2005年）

夜でも日中でもサヨナキドリ（*Luscinia megarhynchos*）（写真右）のさえずりを耳にすれば、誰でもその流れるような旋律の美しさや力強さ、次から次に変化するテンポや歌の雰囲気の虜になることでしょう。ヨーロッパおよびアジア西部原産で、アフリカに渡るサヨナキドリは、生まれつき内気でなかなか姿を見せません。それでも古代ギリシャの人々はなんとかサヨナキドリを捕らえ、早朝でも元気なこの鳥にあやかろうとその肉を食べたり、歌の才能を手に入れようと舌を食べたりしました。あるギリシャ神話によると、テレウスに手込めにされ、残酷な復しゅうをしたピロメラはサヨナキドリにされ、テレウスはヤツガシラに変えられたとされています（83ページ参照）。別の神話では、義姉妹の子供を殺そうとして誤って自分の息子を殺してしまった女王アエドンがいつまでも悲しみと後悔の念を歌いつづけられるように、ゼウスによってサヨナキドリに変えられます。

サヨナキドリに関する最も変わった言い伝えの1つは、ヘビを恐れるあまり、襲撃に備えて、夜の間もうっかり眠らないようにバラのとげに寄り掛かっているというものです。オスカー・ワイルドはこの話をテーマに短編小説『ナイチンゲールとバラ』を書きました。青年が若い女性に赤いバラを贈って求愛しようとする話で、この青年を応援するためにサヨナキドリはバラのとげに体を押しつけながら最高に美しい歌をさえずり、ついにはその傷によって命を落としますが、その代わりに、バラの茂みには最高に美しいバラが咲いたということです。

コマドリ

ヒタキ科(Muscicapidae)

2015年、大きな誤りが正されました。ヨーロッパコマドリ(*Erithacus rubecula*)(写真左)(英国で「Robin(コマドリ)」といえばこの鳥を指します)が、国民投票に勝って正式に英国の国鳥に選ばれたのです。ヨーロッパコマドリは何十年も前から事実上国鳥の地位を確立していたようなものですが、この日最終選考に残ったほかの9種の鳥のいずれかに負けていれば、永久に国鳥の地位を否定されることになったかもしれないのです。結局のところ、投票はヨーロッパコマドリの圧勝でした。一部の評論家はヨーロッパコマドリの「小さいイングランド人」気質(なわばり意識がとても強いのです)が勝因だとしていますが、ただ単にこのかわいらしい小鳥はとても身近で誰でも知っているうえに人間を怖がらず、魅力的だから選ばれたのでしょう。

ヨーロッパコマドリはユーラシアに広く分布していますが、興味深いことに生意気なほど人なつこく、園芸家の後についてまわり、鋤の持ち手に止まったり、美味しい虫を投げてもらえるのを待ったりするのは英国にすむヨーロッパコマドリだけです。ほかの地域では気が小さく森に隠れるように暮らしているため、通常あまり注目されてはいません。そのため、ヨーロッパコマドリの言い伝えのほとんどは英国で生まれたもので、人間の身近な仲間として扱っています。

最も目につくヨーロッパコマドリの特徴は胸の赤い模様で、顔全体から腹部近くまで広がっています。赤い胸を誇示するのはライバルのコマドリに対する強力な合図であり、コマドリどうしがよく行うなわばり争いでは、闘牛で使う「赤布」に相当する赤い胸を見せるか隠すかが重視されます。キリスト教の民話では、ヨーロッパコマドリの赤い胸についてもツバメやイスカ、ゴシキヒワ(*Carduelis carduelis*)といった赤い顔の鳥と同じように独自の説明をしています。ヨーロッパコマドリも十字架に欠けられたキリストを救うため、ほかの小鳥たちと先を争うようにイバラの冠をはずそうとして、血に染まってしまったというのです。その血がキリストの血か自分の血かは定かではありませんが、恐らくそれは重要ではないでしょう。赤い胸の由来についての別の話の中には、地上の人々のために天国から火を運んでくる途中で焦げてしまったという説もあります。また、火に関連する別の話では、寒い馬小屋の中で生まれたばかりのキリストの体を温めようと、消えかかっている燃えさしに風を送って再び火をおこそうとして燃えたというものもあります。

英語でヨーロッパコマドリを意味する「Robin」は昔からある男の子の英語の洗礼名で、鳥に対して使われるようになるずっと前から存在していました。もともとヨーロッパコマドリは英語で「Redbreast(赤い胸)」と呼ばれていたため、古い野外観察ガイドではいまでもこの名前が使われています。英国ではよく見かける鳥を、名前の前に人間の名前を加えた愛称で呼ぶことがあるのですが、ヨーロッパコマドリも愛情を込めて「Robin Redbreast」というニックネームで呼ばれました。ちなみにスズメは「Philip Sparrow」、シジュウカラは「Tom Tit」、ミソサザイは「Jenny

Wren」です。ヨーロッパコマドリの場合、最終的に人間の名前だけで呼ばれるようになりました。

冬の物語

昔からヨーロッパコマドリはクリスマスや冬全般と縁の深い鳥とされています。19世紀英国の郵便配達は赤い制服を着ていたので「redbreast」と呼ばれていました。その結果、ヨーロッパコマドリの絵柄のクリスマスカードが人気を博するようになったのです。かつてはコマドリ自身が郵便配達をしているという奇抜な絵の描かれたカードがたくさんありました。また、キリスト教由来ではない冬にまつわる伝説もあります。この話では、コマドリが衰えゆく年の王であるミソサザイを殺して新年(栄えゆく年)の王の地位を手に入れます。一方、イングランドに昔から伝わる童謡『誰がコマドリ殺したの?』の起源や解釈については諸説あり、コマドリが象徴しているとされる人物もさまざまで、ロビン・フッドもその1人です。

ヨーロッパコマドリは虫を食べる鳥の中では珍しく、英国で越冬します。ウグイスやツバメ、イワツバメ、ヨーロッパアマツバメ、サヨナキドリ(*Luscinia megarhynchos*)など、昆虫を食べる鳥の多くは、冬の間たくさんの虫を見つけられる国々へと南下します。ところがヨーロッパコマドリのほとんどは、昆虫などの無脊椎(むせきつい)動物がなかなか手に入らない冬の間も移動しません。代わりにベリー類などの植物を多く食べるようになり、より幅広い方法で餌を探すようになるのです。庭に設置されている金網でできた鳥の餌入れのところへやって来て、シジュウカラやフィンチなどもっと機敏な鳥用につくられた餌入れにぶら下がる方法を覚えます。また、自動車のフロントグリルにぶつかってつぶれたハエをあさり、庭仕事をしている人などを見かけると普段以上について回るようにもなります。そのうえ、雪の多い丘にできたわだちに雪の下から掘り返されたミミズなどの餌がいないか探し回ることも。それでも16世紀から愛されつづけている英国の童謡に歌われているように、コマドリにとって寒さの厳しい冬は深刻な問題です。

きたかぜぴゅうぴゅう　ふいてます
もうすぐゆきが　ふってくる
そしたらこまどり　どうするの?
かわいそうな　こまどりさん
こまどりきっと　なやのなか
じぶんでじぶんを　あっためる
あたまをはねに　つっこんで
かわいそうな　こまどりさん
(『マザー・グース・ベスト』谷川俊太郎訳、草思社、2002年)

葬儀屋コマドリ

　ヨーロッパコマドリから連想されるのは好感の持てるものがほとんどですが、昔からコマドリが家に入ってくるのは死の前兆とされてきました。この言い伝えは、16世紀に書かれた『Babes in the Wood（森に入ってしまった子供たち）』という不安をあおる物語と関連しているのでしょう。2人の子供たちが森で迷って死んでしまうという話で、コマドリは子供たちにつき添い、遺体を葉でつつんで心温まる葬儀を行います（この様子を描いた下の挿絵は1879年のランドルフ・コールデコットの作品）。これは昆虫を探して食べるために木の葉を裏返し、人間（または体の大きい哺乳類）の後についていき、足で踏まれてひっくり返された木の葉の下を物色するというヨーロッパコマドリの習性そのものです。

　英国とアイルランドには、ヨーロッパコマドリを殺すとその人も同じ目に遭い、コマドリの卵を割ると自分の持っている高価なものも壊れるという迷信があります。この迷信がこれらの地域のコマドリとその巣を守るのに役立ったことは間違いないでしょう。また、その年初めてコマドリを見たときには願いごとをすることも忘れてはいけません（ただし願いごとの途中でコマドリが飛び立ってしまうと1年間不運に見舞われるといわれています）。

ペリカン

ペリカン科(Pelecanidae)

ほかの鳥とは異なるペリカンの特徴はなんといってもあの巨大なくちばしと大きな袋でしょう。ペリカンにまつわる神話のほとんどはこの特徴から生まれたものです。米国のユーモア作家ディクソン・ラニアー・メリットの滑稽五行詩の名作もペリカンを称賛。この詩はこう始まります。「ペリカンという鳥は素晴らしい。くちばしに入る食べ物の量は腹に蓄えられる量より多い」。動物園や絵本で子供たちにもおなじみのこの鳥は、こっけいなイメージを持たれていることもしばしばです。ところがこれとは対照的に宗教においては変わった意味を与えられています。

ペリカンは世界中に分布しているため、昔から人間と接触してきました。ペリカン科には旧世界にすむ種が5種いて、ヨーロッパ南東部、アフリカ、アジアから東はシベリア中央部や中国、南はインドネシア、ニューギニア、オーストラリアまで、浅い湖や河口にすんでいます。一方、新世界のペリカンは3種。アメリカシロペリカン(*Pelecanus erythrorhynchos*)と大型で褐色の羽を持つペルーペリカン(*P. thagus*)、ペリカン属唯一の海鳥カッショクペリカン(*P. occidentalis*)で、それぞれ北米、南米、南北アメリカ大陸およびカリブ諸島沿岸に生息しています。

くちばしの役割

種によって、大型の水鳥であるペリカンは体長1.8メートル、体重15キログラム、そしてくちばしの長さは鳥類最長記録を持つコシグロペリカン(*P. conspicillatus*)のように47センチメートルにも達します。ペリカンのくちばしは非常に便利な「漁網」の役目を果たしています。淡水にすむ種は協力し合いながら漁をすることもしばしばです。魚を浅瀬に追い込むと、それぞれのペリカンが口を大きく開けて魚を包囲し、捕らえます。そして、必ず魚と一緒に口に入った水を出してから、くちばしと広がったのど袋を持ち上げて獲物をのみ込むのです。

古代エジプトで書かれた王族の葬儀に関する文献によると、ペリカンは守護の力とされ、魚に姿を変えてナイル川に身を隠している敵をくちばしですくうことができると考えられていたようです。モモイロペリカン(*P. onocrotalus*)、ハイイロペリカン(*P. crispus*(イタ))、コシベニペリカン(*P. rufescens*)はいずれもよく知られている種で、来世で死者を守るとされていました。また、ペリカンは黄泉国まで死者を安全に送りとどけ、その上、墓から太陽の下に出られるようにできるとも考えられていたようです。いまから3500年以上前に書かれた『ヌウのパピルス』のあるまじないは、次の言葉で終わっています。「ペリカンはわたしのために口を開けてくれる。わたしが日中外に出て、行きたい場所に行けるようにしてくれているのだ」。

右:ジョン・ジェームズ・オーデュボン著『アメリカの鳥類』(1827~1838年)に掲載されたアメリカシロペリカンの挿絵。印象的で見まごうことのないくちばしと横から見た姿が描かれている

ペリカンは手に入る餌ならカモのヒナなど何でも食べます。、2006年にはロンドンのセントジェームズ・パークでハトを食べているところを目撃されています。ところが、アリストテレスの推定とは裏腹に貝は食べません。紀元前4世紀に書かれた『動物誌』にはこう書かれています。「川に生息するペリカンは表面が平らで滑らかで大きなコンケー〔食用二枚貝〕を飲み込んで、胃の前にある部分でそれを熟成させてから〔一度〕吐き出すが、これは、開いた貝の肉を取り出して食べるためである」『アリストテレス全集9 動物誌 下』アリストテレス著、金子善彦、伊藤雅巳、金澤修、濱岡剛訳、岩波書店、2015年)。ですが、これは後年の年代記編者の思い込みと同じくらい事実からは程遠いものでした。

「信心深い」ペリカン

かえったばかりのペリカンのヒナは親鳥が吐き戻したものを食べますが、1週間もすると母親ののど袋にすっぽり入りそうになりながら、その中の餌を直接食べるようになります。この光景が歪曲され、ペリカンが自分の子供を殺したなど、変わった言い伝えが生まれました。同じく興味深いことに紀元前からある伝説によると、食糧不足になるとペリカンの母親は自分の体に穴を開けて子供にその血を飲ませるといわれていました。ペリカンは通常、くちばしを胸に近づけて立っているので、このような発想が生まれたのでしょう。また、血はモモイロペリカンのくちばしの縁が深い紅色であることに由来しているのかもしれません。

2世紀にアレクサンドリアで書かれた初期キリスト教の文献『フィシオロゴス』は、この話にスピリチュアルな意味を持たせています。ペリカンの子供たちが反抗したため、親鳥が子供たちを殺してしまうのですが、3日後、母鳥が自分の体に傷をつけ、その血で子供たちを生き返らせるのです。これはキリストの死と復活についての寓話といえるでしょう。旧約聖書におけるペリカンのイメージはほかの肉食の鳥と同様、汚れた「嫌悪すべきもの」とされていましたが、キリストが世界を救ったように自分の子供たちを救う「信心深い」鳥という新しいイメージに取って代わりました。13世紀のドミニコ会修道士で、哲学者、神学者でもあったトマス・アクィナスは「敬けんなるペリカン、主イエス」に1滴で世界を救えるというその血で汚れを清めてくれるように懇願します。

美しい調べを奏でる創造主？

メキシコのソノラ州に住むセリ族にとって、新世界のペリカン（恐らくアメリカシロペリカン）は世界の創造主であり、原始の海底から熱心に泥を集めてきたとされています。ほかのアメリカ先住民はカモがこの役を務めたとしていますが、巨大なくちばしを持つペリカンのほうが適切な候補といえるでしょう。また、さらにありそうもない話ですが、ペリカンは「神秘的な知恵を持ち、美しい声でメロディーを奏でる」と描写されていました。古代ペルーではペリカンの骨で笛をつくっていましたが、ペリカン自身が美しい歌をさえずるという話は知られていません。それどころか繁殖期に「ムー」とか「ハーウー」といった音や低いうなり声を上げる程度で、歌をさえずることすらないのです。

上:ペリカンの母親が自分の胸をつつきその血をヒナに飲ませたという伝説はキリストの象徴としてしばしば使われる。パリのサン・シュルピス教会にあるこの彫刻は、その好例といえる

シェイクスピアの『リア王』には、親のありがたみをわかっていない扱いにくい子供たちについて、リア王が「この肉が産んだのだからな、あの親の血を吸うペリカン共を」と言い放つ場面があります(『リア王』シェイクスピア著、福田恆存訳、新潮社、1967年)。一方、自分の胸をつつく親鳥は、高貴な自己犠牲を表す力強いシンボルとして紋章に描かれるようになり、現在でもキリスト教圏の各地で家紋および教会や大聖堂にあるステンドグラスの窓などで見られます。オックスフォード大学のコーパス・クリスティカレッジもケンブリッジ大学のコーパス・クリスティカレッジも紋章にペリカンが描かれています。「コーパス・クリスティ」は「キリストの体」という意味なので、この紋章ができたのでしょう。

クジャク

キジ科（Phasianidae）

クジャクの求愛行動は地球上で最も美しいといえるでしょう。オスはメスの関心を引こうと、いくつもの目のような模様がある青と緑の上尾筒を扇状に広げて見せながら揺らします。この光景は何千年にもわたって人々を魅了し、数々の神話や言い伝えを生み出してきました。

冠羽を持つオスがこうした美しいディスプレイをするのは、インド・スリランカ原産のインドクジャク（*Pavo cristatus*）（写真左）と、東南アジアの熱帯雨林で見られるマクジャク（*P. muticus*）の2種で、両者は近縁関係にあります。どちらの種も約200本ある細長い上尾筒は1メートル以上に達し、その下にあるずっと短い本物の尾で支えています。メスのマクジャクはオスに似た羽を持っていますが、オスのような尾筒はなく、インドクジャクのメスは茶色と黒の地味な鳥です。

初めて中東やヨーロッパに輸出された種で、マクジャクよりもにぎやかなインドクジャクは、原産地の野生環境にあるとき、木がまばらな疎林で餌をあさり、常食のベリー類に加えてヘビや齧歯類も食べます。恐らく3000年前までにはインダス渓谷で飼育が始まり、紀元前10世紀ごろ中東に紹介されたようです。旧約聖書の中の最初の『列王記』には、イスラエル王国の支配者であったソロモン王（紀元前970～931年頃）が「……金、銀、象牙、サル、クジャク」を受け取ったと記されています。

注意深い「目」

クジャクは紀元前4世紀には古代ギリシャでも知られるようになり、保護されていました。『動物誌』の中でアリストテレスは、クジャクの繁殖について詳しく記載し、秋には上尾筒が抜け落ち、春になるとまた生えてくることにも触れています。ところが、アリストテレスも「妬みやすく、美を愛するもの（たとえばクジャク）がいる」と記し、虚栄心が強いという印象を植えつけました。

左:クジャクが女神ユノに「自分の声はサヨナキドリのように美しくない」と不満を訴えるイソップ寓話の一場面を描いた1910年頃のフランスの絵はがき

それから数世紀後、大プリニウスは著書『博物誌』の中で同じようにこう指摘しています。「専門家たちは、この動物は見栄っ張りであるばかりでなく、また意地が悪いと述べている。ガチョウはつつましやかだと言われているのに」(『プリニウスの博物誌 2(第7巻～第11巻)』プリニウス著、中野定雄、中野里美、中野美代訳、雄山閣、1986年)

ガンと同じくクジャクもギリシャの女神ヘーラー(ローマ神話における名前はユノ)の聖鳥です。ローマ神話でユノはしばしばクジャクと共に描かれています。神話によると、クジャクがヘーラーの馬車を引き、ヘーラーの神殿にはクジャクの群れが飼われていました。また、ヘーラーは百の目を持つ巨人アルゴスに、珍しい白い子牛の見張りをさせていましたが、この子牛が盗まれてしまい、アルゴスの目をむしり取ってクジャクに与えたため、目のような模様ができたという伝説もあります。この物語と目玉模様のおかげで、クジャクは注意深い鳥だと思われるようになりました。

一方、初期のキリスト教では、主にあの見事な羽が抜け落ちてまた生えてくることに注目し、クジャクはキリストの復活の象徴とされました。また、クジャクは永遠の命とも結びつけられています。クジャクは「不朽の」肉体を持つため、その肉は腐敗しないと信じられていたのです。5世紀前半聖アウグスティヌスは著書『神の国』の中で、クジャクの肉を30日間腐らせずに保存できたと記しています。最近までローマ教皇はイースターの際、ローマの信者の頭の上で、注意深くすべてを見守っている教会の象徴として、ダチョウの羽の間にクジャクの羽の目玉模様をあしらった扇を振る伝統もありました。

幸運の羽

古代中国では、クジャクの羽を忠実な仕事をした役人に褒美として与えていました。伝説によると、ある将軍が森に身を隠していたとき、野生のクジャクたちは珍しく声を上げなかったため、敵は誰もいないと思い込んで去って行ったことから、クジャクへの感謝のしるしとして、この伝統が始まったそうです。少なくとも19世紀までクジャクの羽は階級の証しとされ、さらに王族はクジャクの羽でつくった衣服をまとっていました。ところがイングランドの民話では、家の中にクジャクの羽を置くこと自体、不吉とされていました。というのも、恐らくその「邪悪な目」との関連で、クジャクの羽は不運を招き、死をももたらすと考えられていたからです。演劇界にはいまでもこの迷信が残っていて、多くの役者がクジャクの羽を持って舞台に上がってはならないと信じています。

クジャクの王

ヒンドゥー教において、クジャクは古代から重要な役割を演じてきました。クジャクのパルバニは軍神ムルガン(別名スカンダ)の乗り物であり、クジャクはうぬぼれが強いと考えられていましたが、ムルガンがパルバニの虚栄心を抑えていたとされています。同様に芸術の女神サラスヴァティーもプライドに影響されないことを示すためにクジャクに乗り、クジャクを支配しました。また、ヒンドゥー教で最も広くあがめられている神クリシュナは、クジャクの羽を身につけています。これはクリシュナが笛で奏でた美しい音楽のお礼にクジャクの王から贈られたものだそうです。

当初、古代メソポタミアで発達したゾロアスター教以前の宗教の流れをくむヤジディ教を信仰する中東のヤジディ人の間では、クジャクの王または天使のマラク・ターウースが、偉大なる創造者の最初期の形態であり、7大天使の1人とされています。一説によると、マラク・ターウースが宇宙の真珠に座っていると真珠が爆発し、物理的な世界が生まれたとのこと。激しい地震を抑えるために派遣されたマラク・ターウースは世界に宇宙の光線を与え、その光線が生命を生み出しました。そして、マラク・ターウースの肉体は虹のように7つの色を持つクジャクになります。ところが、人間に神の教えを授けようとしたクジャクは冥界に追放され、悔恨の涙が地獄の火を消すまで解放されませんでした。何世紀にもわたり、ヤジディ人はその信仰により迫害を受け、「悪魔の信者」と思われてきましたが、現在もクジャクの王をあがめています。

中世イランの作家アズ＝エディン・エルモカデシの詩では、クジャクが神の寵愛を失ったことに触れ、虚栄心とのつながりを繰り返し、さらにクジャクの美しい羽とは不釣合いな耳障りな声と爪のある足を取り上げました(英語訳ではなぜかクジャクはメスとして訳されています)。「クジャクは知っています。美しくても、誇り高くても、自分は天国にふさわしくないことを(中略)恐ろしい爪を見てクジャクは思い出します。どのような罪を犯し、どのように冥界に落ちたかを。そして、ハッとしたクジャクと目が合ったとき、そのぞっとするような声が天に訴えかけるのです」。

キジ

キジ科（Phasianidae）

15世紀にフランスのリールでキジ祭りが開かれ、キジがつかの間の栄光を享受したことが歴史に残っています。このときブルゴーニュ公フィリップ3世は生きたキジに聖なる誓いを立て、オスマン帝国へ派遣するため軍隊を招集しました。このときを除くと、近い関係にあるクジャクとは違い、西洋においてキジは基本的にその羽と肉の価値しか認められてきませんでした。フランスの作家ボルテールが「神々のための料理」と呼んだキジは、いまでも重要な狩猟鳥です。

最も個体数の多い種、コウライキジ（*Phasianus colchicus*）（写真左）は、ジョージア（旧グルジア）のコルキス（Colchis）にあるファシス川（Phasis）（現リオニ川）から名づけられました。そして、古代ギリシャ人がヨーロッパに持ち込み、食用に飼育下で繁殖させるようになり、ローマ人もキジの味を好むようになったのです。西暦47年には皇帝クラウディウスがローマでいわゆる「フェニックス」を一般公開したとされていますが、この鳥は恐らくチベット東部から来たキンケイ（*Chrysolophus pictus*）でしょう。

神聖でエキゾチックな鳥

チベット、ネパール、中国西部の人々は、キジを殺すことは罪であり、不運を招くと信じています。仏教寺院のまわりでは、キジは昔から聖なる鳥として保護を受けてきました。その中には体の大部分が白いため、雪をかぶった山での生活や正しさ、善良さ、高潔の象徴とされるシロミミキジ（*Crossoptilon crossoptilon*）もいます。

東南アジアには、100の目を持つ巨人アルゴスにちなんで名づけられた2種のエキゾチックなキジがいて、いずれも美しく、野生ではなかなか見られないことで知られています。オスのセイラン（*Argusianus argus*）は翼羽に金色の目玉模様を持ち、求愛ディスプレイの際には見事な扇形にその羽を広げます。米国の鳥類学者ウィリアム・ビービは173センチメートルに及ぶ世界最長の上尾筒を持つ、さらに珍しいカンムリセイラン（*Rheinardia ocellata*）について、「筆舌に尽くしがたい驚異」と記しています。

イングランドの人類学者ウォルター・ウィリアム・スキートは19世紀にマレー半島のキジを研究し、ある地元の伝説を記録しています。数千年前キジはくすんだ茶色の鳥でした。あるときキジは羽に色を塗ってくれるように友だちのカラスに頼みます。カラスはキジの願いを聞き入れ、変化に富んだ美しい模様を描きました。そして、カラスも羽に模様を描いてほしいとキジに頼むのですが、キジが断ったためけんかになり、カラスに黒いインクが掛かってしまいます。それ以来、キジとカラスは犬猿の仲になってしまったということです。

オウム

インコ科(Psittacidae)、ホンセイインコ科(Psittaculidae)

虹色の羽と耳障りな鳴き声、かぎ状に曲がった力強いくちばし、人間の声をまねする才能は、古代から人々を魅了しつづけるオウムならではの特徴といえるでしょう。約5000年前のものと見られる洞窟壁画にもブラジルのコンゴウインコの姿が描かれています。また、紀元前1500〜1200年に書かれ、世界の起源を説いている古代サンスクリットの『リグ・ヴェーダ』にもオウムに関する記述があり、オーストラリア先住民に伝わるドリームタイムの伝説では、緑色のインコ、ユコペと青いオウムのダンタムは世界をつくったワシ、バンジルの助手とされています。

オウムの体の大きさはさまざまで、インドネシアやパプアニューギニアに生息するアオボウシケラインコ(*Micropsitta pusio*)はわずか10センチメートルですが、南米中央部から東部にかけて生息しているスミレコンゴウインコ(*Anodorhynchus hyacinthinus*)は1メートルにも及びます。オウム目(インコ目)には実に364もの種が存在します。これらの鳥たちは熱帯および亜熱帯に分布していますが、たとえばイングランド南東部でおなじみのワカケホンセイインコ(*Psittacula krameri*)のようにより温暖な地域に生息地を急速に拡大しているものもいます。ほとんどの種は南半球、特に南米およびオーストラレーシア(オーストラリア、ニュージーランド、ニューギニアおよび近海の諸島)の熱帯地域に生息しています。

おしゃべりの才能

古代ギリシャ人がインドから西洋にオウムを持ち込みました。これは恐らくワカケホンセイインコとより体が大きいオオホンセイインコ(*P. eupatria*)でしょう。オオホンセイインコはアレクサンドロス大王にちなんで英語では「Alexandrine Parakeets」と呼ばれています。アレクサンドロス大王の家庭教師アリストテレスは、オウムに備わった物まねをする才能について語っています。オウムは人間のような声帯を持っていないのですが、ほかのほとんどの鳥と同じように、気管の拡張した部分である鳴管を呼気で振動させて音を出しているのです。

ワカケホンセイインコとヨウム(*Psittacus erithacus*)をペットにしていた古代ローマ人は、これらの鳥たちに心を奪われました。大プリニウスはこう記しています。「この鳥は自分の主人に挨拶をする。そして教えられた言葉を繰り返す」(『プリニウスの博物誌 2(第7巻〜第11巻)』プリニウス著、中野定雄、中野里美、中野美代訳、雄山閣、1986年)。この才能は野生におけるオウムの習性にも関連しています。鳴き鳥と同じように野生のオウムは仲間の種の鳴き方をまねして習得し、群れと連絡を取り合うために耳障りな声で一連の発声を行います。そして、生まれたときから人間に飼われていて、ほかの鳥がまわりにいない場合は人間の出す音をまねるようになるのです。

上:ヤン・ファン・エイク作『ファン・デル・パーレの聖母子』。幼児のキリストが中世美術における聖母マリアのシンボルであり、神の言葉であるオウムを手に持っている

オウムは鳴禽類に比べるとおしゃべりが得意で、非常に賢い鳥です。カナダにあるマギル大学のルイ・ルフェーヴル教授によると、オウムはあらゆる鳥の中で最も体に対する脳の割合が大きいとのこと。ヨウムは5歳児の知能と2歳児の情緒的能力を持っているといわれています。動物どうしのコミュニケーションの専門家であるアイリーン・ペッパーバーグの指導を受けた才能に恵まれたオウム、アレックスは、約100語を理解し、色や素材、形の違いを簡単に区別できたそうです。

オウムはとても訓練しがいのある鳥です。器用で曲芸的なことができるのも、その理由の1つ。野生のオウムは強いくちばしと対趾足(2本の趾が前、2本が後ろを向いている)を駆使して、ものをつかんだり木に登ったりして、果物や種や芽を探します。飼育されているオウムは教えれば、たとえばカードをめくったり、宙返りをしたり、滑ったり、ロープを登ったり、穴に硬貨を入れたり、輪投げをしたりします。ローマ人はペットに芸を教えるのを楽しみました。火山の噴火で失われた古代ローマの町ヘルクラネウムで溶岩の中に保存されていたある絵には、インコがミニチュアの二輪馬車を引き、バッタが御者を務めている様子が描かれていましたが、これは風刺画の可能性が高いでしょう。バッタに芸を仕込むのはオウムより手が掛かったはずです。

キリスト教とオウム

初期のキリスト教では知能の高いオウムを別の理由で称賛していました。オウムはきれい好きな鳥と思われていたため、純潔そのほかの聖なる特質と結びつけていたようなのです。また、人間の言葉をただまねするだけではなく、オウムは神の言葉を指し示しているとも考えられていました。西暦468年、シリア正教のアンティオキア総主教だった縮絨工のペトロは、この言い伝えを巧に利用します。ペトロは東方正教会の古い賛美歌で「聖なる神、聖なる勇毅、聖なる常生の主」と神に呼びかける聖三祝文に「我らのために十字架に架けられし」という文言を加えて物議を醸していたのですが、ペットのオウムにもこれを教え込んで言わせたのです。

色とりどりのオウムはエデンの園を描いた絵などに登場。また、ヤン・ファン・エイクの『ファン・デル・パーレの聖母子』(1436年)(左図)に見られるように、中世のころには聖母マリアの処女懐胎の象徴とされるようにもなりました。

南米でのイメージ

古代ペルーおよびマヤの人々は、オウムの鮮やかな色が空や太陽、光、金、神々と結びつけてきました。1500年以上前にペルーのナスカ砂漠に刻まれたナスカの地上絵にもコンゴウインコの姿が描かれています。空からしか見ることのできない地上絵は、空の神々に向けて描かれたと考えられています。マヤ文明のキニチ・カクモ(火のオウム)という神はメキシコの町イサマルの守護神とされ、毎日コンゴウインコの姿になって町を訪れては供物を食べていたそうです。

鮮やかな青、赤、黄色のコンゴウインコなどの羽は珍重され、古代ナスカおよびインカ、マヤの人々によって南米および中米で取引されました。コンゴウインコの羽を編んだひもに結びつけ、それを何層にも重ねて布に縫いつけて優雅なマントやチュニックをつくったのです。また、羽は頭飾りや扇、ベルト、飾り房にも使われました。

オウムとコンゴウインコはペットとしても飼われていました。ブラジル先住民ボロロ族は死者の魂がコンゴウインコの姿になって帰ってくると信じていて、いまでもコンゴウインコを飼っています。コンゴウインコは森だけでなく山奥の洞穴にも巣をつくるのですが、洞穴はボロロ族にとって先祖を埋葬する神聖な場所であるため、決して野生のコンゴウインコが殺されることはありません。

愛の鳥

オウムに話し方を教える技術はインド古代の経典『カーマ・スートラ』にも記されています。また、オウムは愛とも結びつきの強い鳥です。ヒンドゥー教の愛または欲望の神カーマはオウムに乗っています。伝統的なヒンドゥー教の結婚式では、オウムのヴァーハナ(乗り物)の絵を花嫁の足に描くことがあります。

オウム自身はおおむね一夫一妻で、愛情深いつがいになり、お互いに羽繕いしたり、あたかも「キス」しているかのようにくちばしを優しく絡ませたりします。社交的で愛情深いことで知られるボタンインコ属の鳥たちが「ラブバード(愛の鳥)」と呼ばれているのもうなずけます。

芸術作品の象徴として

世界各地にいる鳥たちの姿や飛行能力、鮮やかな色彩は、はるか昔から芸術的インスピレーションの源でした。オーストラリア北東部にある先住民がつくった岩絵で、最も古い洞窟壁画の1つには大きなエミュー(*Dromaius novaehollandiae*)が描かれています。東洋文明においても西洋文明においても、古代から同様に鳥は象徴としてさかんに使われてきました。

古代中国の戦国時代(紀元前475〜221年)(諸説あり)のものと思われる墓所から出土した帛画(絹の布に描かれた絵画)には、死者の人柄を象徴しているとされるサギ(恐らくカラシラサギ(*Egretta eulophotes*)でしょう)の姿も見られます。これはサギが完全性と気高さと結びつけられていたからでしょう。ほかの帛画には死者を天国へと導くと考えられていた伝説の鳥フェニックスが描かれています。

古代エジプトの鳥たちは、象形文字や象徴、アフリカクロトキ(*Threskiornis aethiopicus*)の頭と人間の体を持つトートなどの神の姿として、エジプト文明の言語や宗教、文化の一部となりました。また、人間の魂は人間の頭を持つ鳥「バー」として棺などに描かれています。一方、古代ギリシャの墓石にはほかのどの動物よりも鳥(特にハト)の姿が見られます。鳥には空を飛ぶ能力があるため、来世へと向かう死者たちの自然界における同行者とされたのでしょう。

神々の聖鳥

神々をそれぞれの聖鳥と共に描く宗教もあります。たとえばヒンドゥー教の創造神であるブラフマーは品位と洞察力の象徴であるハクチョウまたはカモを連れています。一方、古代のアンフォラやフレスコ壁画およびその後の西洋芸術では、オリンピアの主神ゼウスはイヌワシ(*Aquila chrysaetos*)と共に描かれました。このころから現在と同じようにワシは権力の象徴だったのです。ローマの硬貨にはユノとクジャクが描かれ、鉄器時代のかぶとなどの埋蔵品には、古代スカンジナビアの神オーディンとオーディンに使える2羽のワタリガラス(*Corvus corax*)、フギンとムニンの姿がありました。

アメリカ先住民は彫刻を施した仮面など、儀式で使う道具に意匠化したワタリガラスやワシなどの鳥を描きました。一方、アステカの神ケツァルコアトルは16世紀に書かれた文献『Codex Telleriano-Remensis(テレリアノ・レメンシス写本)』に掲載されているように、美しいケツァール(*Pharomachrus mocinno*)と巨大なヘビが合わさった羽のある恐ろしい姿をしていました。

伝統的な東洋芸術においては、特定の鳥たちが明確な意味を持つことはあっても、それは必ずしも宗教的な意味ではありませんでした。中国の作品では、赤い若いオンドリは悪を追い払うとされ、日本では太陽の象徴とされていました。また、中国でも日本でもツルは長寿の象徴であり、カモやガンはほぼ一雄一雌のため、結婚の喜びを表すとされています。

……鳥たちは芸術的
インスピレーションの源でした。

キリスト教の中の鳥

キリスト教の宗教芸術においてはほかの鳥たちがスポットライトを浴びています。旧約聖書の大洪水における使者または精霊の代表とされたハトは、最もよく知られている例かもしれませんが、これは実にさまざまな鳥のシンボルのごく一部にすぎません。中世以降こうしたイメージは、とりわけ教育水準が低くて聖書が読めない人々に宗教的概念や言い伝えを効果的に伝えるようになりました。

中世に書かれた手書き文献やルネサンス芸術において広く描かれていたゴシキヒワ（*Carduelis carduelis*）は子供のころのキリストと関連づけられ、磔刑も予言したといわれています。また、とげのあるアザミの種を好んで食べる習性のおかげで、キリストのイバラの冠からとげを抜いたといわれるようになりました。クジャクは美しい羽が生え替わることから、復活の象徴とされることもしばしばです。夜明けを告げる若いオンドリは、キリストを知らないと嘘をついたことを忘れないためにときどき聖ペトロと共に描かれますが、魂の目覚めの象徴とされることもあります。

ワシは天国の一番近くまで飛べると信じられてきたことから、ワシの聖書台は、キリスト自身が神の言葉だという福音記者ヨハネの主張を象徴しています。また、ペリカンはかつて自分の血で子供を生き返らせたと信じられていたため、ペリカンの聖書台や彫刻、寓意画はキリストが世界のために自ら犠牲になったことを表しています。

現在では、鳥たちが持つ宗教的イメージは薄れてきたかもしれませんが、確固としたメディアイメージを持つ鳥もいます。たとえばハトはいまでも愛と平和の象徴ですし、野生の美しい景色の中で撮影されたほかの鳥たちは、ますます危機にさらされる自然界を体現しているといえるでしょう。

トキ

トキ科（Threskiornithidae）

一部の鳥たちは偉大なイメージを押しつけられています。アフリカクロトキ（*Threskiornis aethiopicus*）は古代エジプトの知恵と知識の神で、書記の守護者トートの化身とされ、その評判はほぼ全身が白い羽に覆われ、長細く下に向かってカーブしているくちばしの形によるところが多いようです。サギに似た姿の水鳥アフリカクロトキは「トキ」と名のつく26種の鳥の1種で、温帯から熱帯まで世界中に生息。くちばしが三日月型のため、月に結びつけられ、時には小さいヘビまで捕まえるその能力が評価されています。紀元前7世紀ころから、トキは寓意画や象形文字、宝飾品、奉納のシンボルとして、さまざまなところに描かれるようになりました。

アフリカクロトキはナイル川の水位が上がり始めるころにエジプトに渡ってくるため、予知能力を持つ善良な鳥だと考えられていました。毎年起こる洪水はエジプトにとってなくてはならないものだったからです。湿地を干拓し、土地を開墾したため、エジプトのアフリカクロトキは絶滅してしまいましたが、古代エジプトの時代には数多く生息していたため、作物を食い荒らすバッタや人間にとっては有毒な巻貝などの有害生物を大量に食べてくれていました。トキのくちばしはとても感覚が鋭いため、泥や軟らかい土、湿地にくちばしを刺して餌を探し、視覚よりも触角で餌を見つけられるのです。

トキの頭を持った神で、止まり木に止まるトキの姿で描かれるトート神の信仰の中心地はナイル川沿いの肥沃な平野の最も上流で、ナイル川東岸にあるヘルモポリス（古代エジプトのクヌム）でした。トキ信仰の聖域はエジプト各地に点在し、ヘルモポリス、サッカラ、テーベで膨大な数の鳥のミイラが見つかっています。

怪物を殺すトキ

古代の文献で2番目に触れられている全身が黒いエジプトのトキは、恐らくブロンズトキ（*Plegadis falcinellus*）でしょう。これはトキ科の中で最も広く分布している種です。紀元前5世紀ギリシャの歴史家ヘロドトスは、トキがシナイ半島のある地域で巨大な翼を持つヘビを打ち負かしたと伝えています。古代の人々はこの神話だけでなく、さらに突飛な発想も受け入れていました。アフリカクロトキがくちばしを使って自分で自分に水かん腸をしたというのです。ブロンズトキは尾のつけ根の腺から出る油を集めて羽に塗るので、きっとその様子を見た人が勘違いしたのでしょう。

近縁種のオーストラリアクロトキ（*Threskiornis moluccus*）は現代の怪物オオヒキガエル（*Rhinella marina*）を殺すことで知られていますが、南米およびカリブ海の熱帯地方にすむショウジョウトキ（*Eudocimus ruber*）（写真右）は、もっぱらその美しさで伝説をつくりました。ちなみにこの鮮やかな色は赤い甲殻類を食べることによるものだそうです。

ハチドリ

ハチドリ科(Trochilidae)

ハチドリはまさに自然の驚異です。非常に小さいこの鳥の存在は奇跡的であり、まばゆいほどの美しさを備えています。鮮やかな色彩の羽に日光を反射させながら、止まったかと思ったらまた前へ後ろへと動き、花から花へとめまぐるしく飛び回ります。その様子を肉眼で観察するのは至難の業です。これを最もうまく表現したのは、英国のコメディアン、ジョン・フィネモアでしょう。フィネモアは自分のラジオ番組のコントで横柄な教授を演じ、進化論を説きます。「地球上のすべての生物は無作為に起こる突然変異と自然淘汰の産物である。ただし、ハチドリだけは例外だ」。そして、当惑するインタビュアーにこう説明するのです。「ハチドリのような空飛ぶ宝石をつくれるのは、どう考えても全能の神だけだろう」。

この魅力的な鳥のバラエティーを堪能したければ、中米か南米、カリブ海を訪れるのが一番ですが、米国南部にもいろいろな種類のハチドリが生息していますし、ノドアカハチドリ(*Archilochus colubris*)(右図)は遠隔地まで渡るため、夏にはカナダの大草原でも見られます。鳥類の画家ジョン・ジェームズ・オーデュボンはノドアカハチドリを「きらきら光る虹のかけら」と呼びましたが、それでも熱帯にすむほかの種に比べると色彩に乏しいと言っています。街中でも餌台をつくって砂糖水を入れておくと喜んでやってくるので、間近で観察することもできます。

太陽の象徴

ハチドリにまつわる民話の多くは太陽と関連づけられています。アステカ人はハチドリの神、ウィツィロポチトリを太陽と戦の神として祭っていました。また、マヤ人の間ではハチドリは太陽の化身とされ、常に月を誘惑しようとしていると考えられていたようです。さらにモハーヴェ族に残る物語では、かつて人々は地下の洞窟に住んでいましたが、あるときハチドリを放って太陽を探させ、外の世界に出ることができたとされています。一方、コチティ族に伝わる話では、同じテーマが逆に描かれています。コチティ族の先祖が神である偉大なる母に忠誠を尽くさなかったため、神は激怒して地上に厳しい干ばつをもたらしました。

Nº 10.
PLATE 47.
Ruby-throated Humming Bird. Male 1. F 2. Young 3.
TROCHILUS COLUBRIS.
Plant, Bignania radicans
Vulgo, Trumpet Flower.

ところが、ほかの動物たちが死んでしまったにもかかわらずハチドリは元気にしています。というのもハチドリはハチミツが蓄えられている地下の世界へ続く秘密のドアを通ることができたのです。偉大なる母がハチドリのためにそのドアを開いておいたのは、ハチドリだけが偉大なる母への忠誠心を失っていなかったからでした。これを知った人々は忠誠心を取り戻し、偉大なる母は干ばつを終わらせたということです。

花の力

ナバホ族の言い伝えによると、ハチドリはかつてカラスほどの大きさでくすんだ色の羽を持っていましたが、たくさんの花を壊してしまった罰としていまの大きさに縮められてしまったそうです。これはかなり酷な罰のように思えます。というのもハチドリは花粉を媒介する鳥で、むしろ花にとってはありがたい存在だからです。もっとも、ハチドリの中には蜜泥棒と呼ばれるこそくな行動をする種もいます。筒状に長い花の場合、同じくらい長いくちばしを持った鳥（または長い舌を持ったガ）でないと蜜まで届かないのですが、くちばしの短いハチドリはずるをして花びらのつけ根のところに穴を開けて直接蜜を吸ってしまうのです。もっとも、ナバホ族の伝説に登場するハチドリは、体が大きすぎて動きもぎこちなかったので花を壊してしまったのかもしれませんが。いずれにしても、ハチドリを小さくした神は代わりに鮮やかな数々の色を与えたということです。

ハチドリをタバコの花と結びつけている文化もあります。一部の種のタバコにとってハチドリは受粉に欠かせない存在なのです。チェロキー族には、失われたタバコの苗を探すためにシャーマンがハチドリに変身した話が残っています。また、ハチドリは赤い花に強く引きつけられる傾向があり、プエルトリコには、ライバル同士の部族出身の恋人たちがいつも一緒にいられるように、ハチドリと赤い花に変えられるという話が残っています。アパッチ族の「風のダンサー」と「明るい雨」は恋人同士でしたが、あるとき風のダンサーが殺されたため離ればなれになってしまいました。ところが、風のダンサーはハチドリに生まれ変わり、花の咲き誇る牧草地を散歩する彼の花嫁、明るい雨のもとへ飛んできて話しかけるのです。

小さな戦士たち

とても小さな体にもかかわらず、ハチドリは勇猛な戦士で、自分よりも大きな鳥でもかまわずに追い払います。そのため戦争や勝負の象徴とされることもしばしばです。ハチドリの姿で描かれるアステカの神ウィツィロポチトリは、もともとウィツィルという名の人間の戦士でしたが、戦いで命を落としたとき彼が倒れた場所から1羽の背中が黒いハチドリが飛び立ちました。この様子に勇気づけられた彼の兵士たちは攻撃を続けて敵を打ち破ります。また、アステカの人々は、戦場で命を落とした人々は必ずハチドリに生まれ変わり、永久に天国の花園を飛び回る（そして、昔の習性でときどきお互いに戦う）と信じていました。

医者の鳥、神の鳥

　ジャマイカの国鳥はとりわけきびやかで比較的体の大きなフキナガシハチドリ(*Trochilus polytmus*)(写真上右)です。オスは全身が玉虫色に輝くエメラルドグリーンで、首筋には立ち上がった冠羽があり、非常に長い外側尾羽をゆらゆら揺らしながら空を飛びます。地元では「医者の鳥」と呼ばれていますが、その理由は明らかではありません。羽の模様から昔医者が着ていた燕尾服と山高帽を連想するからか、あるいは「手術用メス」のようなくちばしで花を「切開」しているように見えるからかもしれません。南米およびかつてはカリブ海の島々にも住んでいた先住民のアラワク族は、この鳥を「神の鳥」と呼び、死者の魂の生まれ変わりだと信じていました。

　また、キューバの島々にすむ別のハチドリ、マメハチドリ(*Mellisuga helenae*)は体調5センチメートルの世界最小の鳥です。キューバの言葉でハチドリは「zunzuncito(「わいわいがやがや騒ぐ小さい生き物」というような意味)」と呼ばれています。地元の神話では、ハチドリは「グアニン」と呼ばれる金と銀と銅の合金が生物に姿を変えたものだと思われていました。

　数種のハチドリは遠隔地への渡りをするのですが、本当の生態がわかるまで、世界のほかの地域の渡り鳥と同様、沼の泥の中で冬眠すると考えられていました。もっとも、大半のハチドリはじっとしていることが多いのです。たとえばアンデス山脈にすむ青と白と緑の羽を持つ美しいエクアドルヤマハチドリ(*Oreotrochilus chimborazo*)は最も高いところにすむハチドリで、最高で標高5300メートルまで生息が確認されています。こうした高いところにすむハチドリは、さまざまな方法で寒い環境に適応してきました。たとえば夜は無活動状態になってエネルギーを節約します。このとき脈拍は活動時の毎分1200回から実に毎分50回まで減り、呼吸も遅くなり、体温も急激に下がります。つまり実際のところ冬眠中と似た状態になるのです。

ルリツグミ

ツグミ科（Turdidae）

「ブルーになる」といえば憂うつになることを指しますが、そんな青色の羽を持つツグミ科の鳴き鳥ルリツグミは、原産地の米国だけでなく、世界各地で幸せの象徴となっています。このテーマは少なくとも1つの演劇、オペラ、そして数々の歌に取り上げられ、時には決してルリツグミが見られることのない「ドーヴァー海峡の白い崖」が舞台になることもありました。

新世界では渡りをするルリツグミが3種見られます。ルリツグミ（*Sialia sialis*）はロッキー山脈の東側、カナダ南部から南はニカラグアまで、チャカタルリツグミ（*S. mexicana*）はブリティッシュコロンビア州からメキシコまで、ムジルリツグミ（*S. currucoides*）はアラスカからメキシコにかけての森や草原、山地に生息。いずれもオスのほうが鮮やかな色をしています。ルリツグミとチャカタルリツグミは胸が赤ですが、ムジルリツグミは上側が目の覚めるようなコバルトブルーで下側は淡青色です。

人々に愛される春と太陽、風の鳥

アメリカ先住民にとってルリツグミは聖なる春の象徴であり、その歌声が冬を連れ去るとされていました。また、ナバホ族とプエブロ族はルリツグミを朝日に結びつけ、一方でチェロキー族は風と関連があり、天気をコントロールできると信じていたようです。また、ズーニー族とホピ族の間では、季節の移り変わりからの連想で思春期の象徴でもありました。ホピ族のある通過儀礼では、若い未婚女性が小さいルリツグミの羽を細く切ったリュウゼツラン科の植物ユッカの茎に結びつけた「乙女の祈りの棒」をつくります。アリゾナ州中央及び南部に住むピマ族の伝説の中には、くすんだ茶色だったムジルリツグミが色を手に入れる話があります。あるときムジルリツグミは魔法の湖を見つけました。そして、流れ込む川も流れ出る川もないこの湖で5日間水浴びしたところ、現在の鮮やかな青い羽になっていたということです。

米国へやって来た最初期の入植者たちはルリツグミに心を奪われ、親しみを込めて「青いコマドリ」と名づけました。その上、ルリツグミは作物を食い荒らすイナゴなどの害虫を食べてくれるありがたい鳥でした。以来、丸みを帯びた魅力的な体型と美しい歌声を持つこの鳥は人気を博し、神聖な鳥のような扱いを受けるようになりました。

ルリツグミは木のうろや建物のすき間に巣をつくるのですが、こうした場所はより攻撃的な外来種のイエスズメ（*Passer domesticus*）やホシムクドリ（*Sturnus vulgaris*）も好むため、営巣地をめぐる争いとなり、ルリツグミは絶滅の危機にひんしていました。そこで、これを聞いたアメリカの人々が立ち上がります。そして複数の巣箱を置いた「ルリツグミの小道」を全米各地につくり、数万個の巣箱を設置したのです。その結果、ルリツグミの個体数は再び増え始めています。

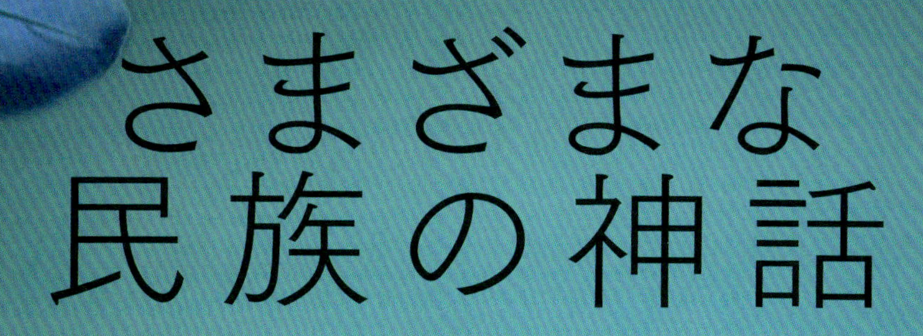

美しい鳥や珍しい鳥の中には、
動物園でしかお目にかかれないものや、オオハシとかワライカワセミのように、
もっぱら子供向けの本の主人公として登場するような鳥もいます。
オーストラリア、アフリカ、南米のそうしたエキゾチックな鳥、たとえば飛べないヒクイドリや、
ヘビのような見た目で知られるヘビウ、華麗なケツァールなどは、
現地の人々の想像力をかき立て、さまざまな神話が生まれるもととなり、
その美しい羽は神聖な儀式にも用いられました。
一方、西洋諸国は交易を通じてそういった見事な羽を略奪しましたが、
その規模があまりにも広範に及んだため、
美しい楽園の鳥の一部は地上からほぼ一掃されてしまいました。

ワライカワセミ

カワセミ科(Alcedinidae)

ワライカワセミ属にまつわる言い伝えの主役といえば、ワライカワセミ(*Dacelo novaeguinea*)(写真下)です。カワセミの中でも体の大きな種類で、木の上にすみ、大きな頭に長いくちばし、ずんぐりした楔形(くさび)のどっしりした姿を特徴とします。一身に脚光を浴びているのは、その独特の鳴き声に誰もが心を奪われずにはいられなかったからです。オーストラリア大陸東部の森や高木林地原産の種で、オーストラリア南西部やタスマニア、ニュージーランドにも移入されています。

白と褐色の羽を持つワライカワセミは、同じ属のそれほど有名でないワライカワセミたちに比べ、色合いの美しさでは確かに見劣りします。ですが、その声は実に独特です。同じ地域にすむやや小型のアオバネワライカワセミ(*D. leachii*)や、主にニューギニアに生息するチャバネワライカワセミ(*D. gaudichaud*)、あまり鳴かないアルーワライカワセミ(*D. tyro*)には、思わずつられて笑ってしまうような鳴き声はありません。

モーニングコール

派手な笑い声は何千年も前から人々の想像力をかき立ててきました。アボリジニの言い伝えでは、神秘的なドリームタイム(アボリジニ神話における創世記)に、早くもワライカワセミが登場します。この世に最初の光が現れたのは、エミュー(*Dromaius novaehollandiae*)の卵が空に投げられ、その黄身が薪に火をつけて、下界を照らしたときでした。そのとき以来、ワライカワセミが神々の目覚まし時計の役を果たすようになったのです。

上:オーストラリア、ノーザンテリトリーのダーウィンの北に位置するティウィ島の壁画。1羽のアオバネワライカワセミが中央に大きく描かれている

世界に昼の光が毎日確実にもたらされるように、空の精霊たちは夜の間に薪を集めました。そして、うっかり寝過ごさないようにワライカワセミに頼んで毎朝起こしてもらい、火をつけるのを思い出させてもらっていたのです。ワライカワセミは1日も休むことなく、忠実にその務めを果たしました。そこで、アボリジニの人々は、誰であれその笑い声をふざけてまねることを禁じました。ワライカワセミが腹を立てて務めを投げ出し、世界が暗闇に逆戻りしてしまうことを恐れたからです。

もちろん、大声で「クー、クー、クー、クー、カー、カー、カー」と鳴くとき、彼らはほんとうに笑っているわけではありません。1羽で鳴くときも声をそろえて鳴くときも、これはなわばりを主張するさえずりで、近づくなとほかの鳥に警告しているのです。

ワライカワセミは木のうろや、シロアリが樹上につくった塚に穴を開けて巣をつくります。一夫一婦制と考えられていて、卵は多くても3個。オスとメスが共同で抱卵と子育てをします。また、先に生まれたきょうだいたちが子育てを手伝うこともあります。ワライカワセミは協働的な社会システムを持っていて、その群れを支配するペアだけが卵を産むからです。

ワライカワセミは主として肉食性で、止まっていた木からサッと舞い降りて、昆虫や甲殻類、小さなヘビや哺乳類、ほかの鳥などの獲物に襲い掛かります。また、人に慣れやすく、すぐに人が与えた肉片を食べるようになります。生息地が失われているにもかかわらず種として繁栄しているのは、独特の鳴き声のおかげで愛され、保護されているからでしょう。その声は歌や本、映画、さらにはビデオゲームを通じて有名になり、世界的な名声を不動のものにしています。

ヘビウ

ヘビウ科(Anhingidae)

アメリカヘビウ(*Anhinga anhinga*)(写真)が泳ぐとき、水面に見えるのはそのヘビのような優美な頭と首だけです。そのため、一般に「スネークバード」として知られています。飛び立つと、細長い頭と首にそぐわない、長く幅広い翼と櫂(かい)のような奇妙な尾羽が露わになって、そのシルエットはヘビからドラゴンに一変します。民間伝承では決まって邪悪な存在とされ、ブラジルのトゥピ族は「悪魔の鳥」と呼びました。またインカ人からは「サララ」という名で呼ばれ、地獄の最も邪悪な生き物の1つと考えていました。

大きくて黒みがかった短剣のようなくちばしをしていますが、実際のところこの鳥が危険なのは、餌食となる魚に対してだけです。米国南部から南米大陸の大部分に見られるアメリカヘビウには、アジアヘビウ(*A. melanogaster*)、アフリカヘビウ(*A. rufa*)、オーストラリアヘビウ(*A. novaehollandiae*)というほかの地域にすむ近縁種が3種いて、いずれも同じような細くてS字形の首を持ち、やはり「スネークバード」というニックネームで呼ばれます。ヘビは多くの文化で根深い疑いの目で見られているため、外見がヘビに似た姿の鳥は、そのとばっちりを受けているわけです。

悪霊とドラゴン

「アンヒンガ(*Anhinga*)」という奇妙な属名(それに種名)は、トゥピ族の言葉、「アインガ」から来たといわれています。「アインガ」は森の悪霊を指すのにも使われますが、実際は「小さな頭」という意味です。トゥピ族はヘビウを邪悪な鳥と見なしたわけですが、もっと北のメキシコや米国南部では、翼を持った伝説のヘビ「湖の怪物」の生きたモデルと考えられています。このドラゴンのような異様な生き物の体長は15メートルにも及び、水中で寝ていないときは、家畜をさらったり農夫を襲ったりして、大混乱を引き起こすといわれていました。

この「怪物」は、ウロコだらけの体に、大きな翼と水かきのある足が生えたヘビの姿で表現されます。湖から飛び立とうとする場面が描かれることが多いのですが、翼を広げて立っている姿で描かれることもあります。これはヘビウのいつもの姿勢です。近縁のウと同じく、ヘビウの羽にはほとんどの水鳥が持つ耐水性がないので、「体を乾かす」必要があるのです。これは進化の失敗のように見えますが、実は利点となります。浮力が減るため、水中で易々と泳ぐことができるのです。ただし、「洗濯物を干している」かのような異様な姿勢が、なんとなく不気味な印象を強めていることは事実です。

キーウィ

キーウィ科(Apterygidae)

ニュージーランドには固有の哺乳類はほんの一握りしかいません。世界の他の地域では、哺乳類が生態学的な役割の多くを担っていますが、ニュージーランドでは鳥類がこれを引き受け、繁栄し多様化してきました。大型で草食性の有蹄哺乳類の代わりに、ニュージーランドには巨大な(いまは絶滅している)モア(別名 恐鳥)がいました。肉食動物としては、恐ろしい(やはり絶滅した)ハルパゴルニスワシ(*Harpagornis moorei*)などがいましたが、これは鳥のライオンともいうべき存在で、現存するどの猛禽類よりも大型でした。そして、敏感な鼻をフンフン鳴らしながら地面をあさるハリネズミのような哺乳類の代わりにいるのが、キーウィです。このなぜか人の心を引きつける鳥はニュージーランド人にこよなく愛され、その名はニュージーランドという国と国民、両方の代名詞となっているほどです。

国のシンボル

キーウィが最初にニュージーランドのシンボルとしてお目見えしたのは、巨大な姿に成長するキーウィを描いた1904年の風刺漫画かもしれません。ラグビーの試合でニュージーランドがイングランドとウェールズの合同チームに圧勝したときのことです。そして1917年には、「キーウィ」はニュージーランド国民を指す言葉としても広く知られるようになっていました。一方でキーウィは、生息数が少なく夜行性なので、偶然見かけることは極めてまれです。5つの種すべてが絶滅危惧種に指定され、ノースアイランド・キーウィ(*Apteryx mantelli*)(写真上)など3種は、保護活動にもかかわらず数が減り続けています。

マオリの言い伝え

マオリ族には、かつてはほかの鳥のように飛べたキーウィが翼を手放したわけを説明する素晴らしい話が伝わっています。いろいろな鳥が出てくるその話によると、森の木々が根元から虫に食われて死にかかっていたため、森の神タネマフタが鳥たちを呼び集めて、誰かこの脅威と闘って木々を救ってくれないかと頼みました。まず3羽が次々に断りました。トゥイ（エリマキミツスイ）は森の奥の暗闇が怖いから、プケコ（ニュージーランドセイケイ）は森の地面の冷たさと湿気が嫌いだから、カッコウのピピファラウロアは巣づくりでとても忙しいから、というのがその理由でした。しかしキーウィは、「いいですよ」と答えました。たとえ再び日の光を見ることができなくなるとしても、引き受けましょうと言ったのです。この犠牲的な行為が認められて、キーウィは鳥の中で一番愛されるようになりました。そしてほかの3羽も、手助けを拒否した罰として姿や習性を変えられてしまいます。トゥイには臆病者のしるしとして喉に白い羽が与えられ、プケコはそれ以来ずっと、冷たくて湿った沼地にすまなければならなくなり、ピピファラウロアは二度と巣づくりができず、ほかの鳥の巣を使うようになったのです。

風変わりな体

キーウィは世界のあちこちにいる大型の飛べない鳥たち——ダチョウ、レア、エミュー、ヒクイドリ——の小型の親戚です。属名の「*Apteryx*」は「翼がない」という意味で、長い髪の毛のような羽がずんぐりした体を覆っているため、まったく翼がないように見えます。また、普通はくちばしのつけ根にある鼻孔が長いくちばしの先端にあるため（下図）、ほかの大部分の鳥と違って鋭い嗅覚を持っています。そして、とりわけ変わっているのが卵です。体内で成熟するのに30日もかかり（ニワトリはたったの1日）、ようやく産み落とされるときには、重さが親鳥の体重の20〜25％にもなるのです（ニワトリでは約2％）。大きな卵に押されて消化器官がぺちゃんこになるため、産む前の2、3日、メスは何も食べることができないほどです。

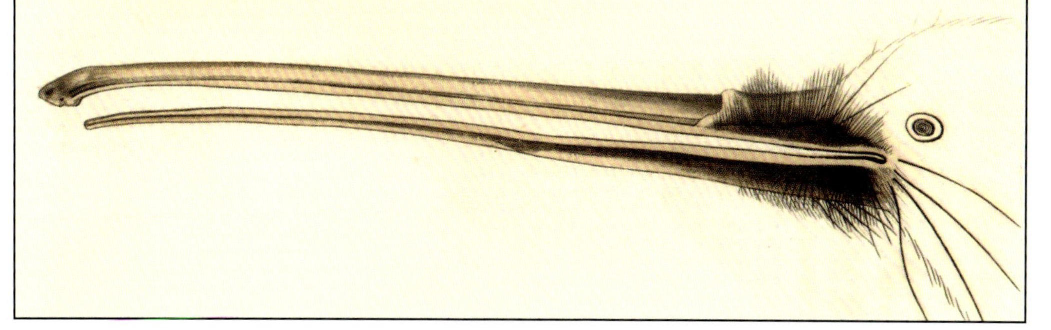

キーウィのくちばしが長くなった理由については、別の言い伝えもあります。それによると、タネマフタは地面に落ちた葉を掃除してくれる者を探していました。やはり、キーウィ以外の鳥にはみな、手伝えない口実がありました。キーウィはすでにタネマフタのお気に入りでしたが、この頼みを快く引き受けたことで、さらに気に入られるようになりました。そして、褒美として地面の食べ物をあさるのに便利な長いくちばしを与えられます。一方、断った鳥たちのうちティエケ（セアカホオダレムクドリ）は、罰として背中を焼かれ赤くなってしまったそうです。

呼び名の歴史

「キーウィ」はマオリの言葉ですが、ニュージーランドの鳥の多くがそうであるように、親しみやすいマオリ語の呼び名が英語名としてそのまま定着しています。キーウィの5つの種のうち、3つはやはりマオリ語の呼び名でも知られています。希少な「ロウィ」はオカリト・ブラウン・キーウィ（*Apteryx rowi*）、「ロロア」はオオマダラキーウィ（*A. haastii*）、「トコエカ」はサザン・ブラウン・キーウィ（*A.australis*）を指します。「トコエカ」は「杖を持ったウェカ」という意味で、キーウィが長いくちばしをしていることを指しています。「ウェカ」と呼ばれるニュージーランドクイナ（*Galliralus australis*）は、やはり飛べないニュージーランド産の茶色い鳥ですが、短いくちばしをしているのです。

さまざまな言い伝えから、マオリ族がキーウィを、正直、謙虚、誠実、献身、勇気など多くの美点の持ち主と見ていることがよくわかります。現在のマオリ族はキーウィの保護者を自認しています。かつて、キーウィはマオリの人々にとって食糧源であり、その羽は儀式用のローブ（カフ・キーウィ）を飾るものでしたが、希少な鳥であることがわかってからは、狩られることはなくなり、カフ・キーウィに使う羽は自然に死んだキーウィから採取されるようになりました。

ニュージーランド文化とキーウィ

キーウィという鳥自体は希少種であるにもかかわらず、現代のニュージーランド文化ではキーウィが至る所に顔を出します。朝食にはキーウィ印のベーコンを食べ、キーウィ銀行に口座を開き、公営宝くじは「ゴールデンキーウィ」でした（いまは新しいギャンブルゲームの「インスタントキーウィ」に変わっています）。そして夜、テレビ放送が終わるときには、あくびをするキーウィのアニメがスクリーンに現れて、視聴者をベッドに追い立てます。けれども奇妙なことに、ほかの英語圏の国々と違って、ニュージーランド人はあのおいしい果物（*Actinidia deliciosa*）をキウイフルーツとは呼びません。彼らにとってあれは「チャイニーズ・グースベリー」なのです。実は中国原産であることを考えると、こちらのほうが正確な呼び名といえるかもしれません。

左：ニュージーランドのオークリー動物園入り口に立つ、マオリの森と鳥の神タネマフタの巨大な彫刻。
彼はほかのどんな鳥よりもキーウィを寵愛した

ワトルバード

ホオダレムクドリ科（Callaeidae）

ニュージーランドにはホオダレムクドリ科に属する種が古くから生息しています。肉垂（ワトル）を持つカラスの仲間で、希少種ではあるものの数が回復しつつあり、マオリ神話では魔力を持つ半神半人のマウイとつながりがあります。ノースアイランド・コカコ（*Callaeas wilsoni*）（右図）とその近縁種であるサウスアイランド・コカコ（*C.cinereus*）が、伝説に出てくるコカコの現代版です。後者が最後に目撃されたのは2007年で、いまは絶滅したと考えられています。マウイが太陽と格闘して、もっとゆっくり動いて昼間を長くするように説き伏せたとき、コカコはそのふっくらした肉垂に水を満たして運び、マウイの喉の渇きを癒しました。ノースアイランド・コカコは、青灰色の羽に黒い顔、短く強靭なくちばしの両側に垂れる濃青色の肉垂を持つ大型の鳴き鳥です。木管楽器を思わせる声の持ち主で、夜明けによく広葉樹の高い梢から、忘れられないような美しい歌声を響かせます。

言い伝えでは、コカコの親切に対する褒美として、マウイは果物や葉、花、シダ、コケ、昆虫といったお気に入りの食べ物を探すのに役立つ長く丈夫な脚を与えました。コカコは長い距離を滑空するのは得意で、木々の間を渡ったり、小峡谷に下りたりすることができますが、高く舞い上がるのは不得意です。翼が短くて丸みを帯びており、機能を半分しか果たさないからです。昔は、森の下のほうに暮らしていれば安全だったかもしれません。高いところを飛ぶワシやハヤブサやチュウヒから身を守れますし、地上には肉食哺乳類がいなかったからです。ところがヨーロッパ人と一緒にネズミやオコジョが入って来ただけでなく、毛皮交易を始めるためにオーストラリアからフクロネズミが持ち込まれ、コカコの生存がひどくおびやかされるようになりました。現在、安全な地域での繁殖計画が功を奏し、個体数は徐々に回復しています。

ノースアイランド・サドルバック（*Philesturnus rufusater*）およびサウスアイランド・サドルバック（*P. carunculatus*）はいずれもセアカホオダレムクドリ属で、ワトルバードと同じ科に属する小柄な森の鳥ですが、やはり絶滅の危機に瀕しています。赤く肉厚の肉垂を持つ光沢のある黒色の鳥で、背中から尾にかけて赤褐色をしています。頑丈な脚で跳び回りますが、短い距離しか飛べません。地表近くの穴で休んだり巣づくりしたりするので、簡単に哺乳類の餌食になってしまいます。

騒々しく「ティー・ケケケ」と鳴くため、マオリ語でティエケと呼ばれるこの鳥は、神話によるとあまり従順な鳥ではないようです。マウイが水を求めたとき、ティエケはこれを拒否しました。そのため太陽と闘ったばかりだったマウイが燃えるような手でティエケをつかんだので、羽が焦げ、背中にくっきりと鞍形の焦げ跡が残ったのだそうです。その後マウイはサドルバックを水に投げ込みました。このときから水鳥と見なされるようになり、その鳴き声の調子から、天候が荒れるか晴れるかを予測することができるといわれています。

下:鮮やかな色の肉垂を見せているノースアイランド・コカコのつがい。ウォルター・ローリー・ブラー卿著『A History of the Birds of New Zealand(ニュージーランド鳥類史)』よりヨン・ゲラルド・キューレマンスによる挿絵

プアーウィルヨタカ

ヨタカ科(Caprimulgidae)

夜行性の鳥にはどこか神秘的なところがあります。鳴き声にはなじみがあっても姿かたちはよく知らないことが多く、謎めいた雰囲気に一役買っているのでしょう。ヨタカ科のいくつかの鳥同様に、英語のWhip-poor-willという名はその鳴き声に由来します。オスの鳴き声は3音の歌のように聞こえ、どの音も音程は同じですが、後の2つは間隔が短いのです。日が暮れた後、風がなく月が明るいとき、その歌を何時間も繰り返します。北米の田園地帯では、休みなくさえずるプアーヨタカの声が、心浮き立つ暖かい夏の夜の到来を告げる風物詩となっています。

生と死の歌

プアーウィルヨタカ(*Antrostomus vociferus*)は渡りを行うヨタカで、北はカナダ東部(夏のみ)から、南はメキシコにかけて見られます。姿の見られる地域の多くで、その鳴き声は死や災厄の前触れだと信じられており、去りゆく魂をこの鳥が感知し、つかまえることができるとされています。ジェイムズ・サーバーはこうした言い伝えにひねりを加え、ヨタカの鳴き声で寝られない男を主人公にした短編小説『ホイッパーウィル』を書きました。男はやがて不眠症のために正気を失い、家じゅうの人間を殺したあげく自殺してしまいます。もっと楽しい言い伝えでは、その鳴き声は誰かが結婚する予兆とされます。また、ユート族はこの鳥を、カエルから月をつくった夜の神と考え、モヒガン族は、マキワスグ——魔力を持つ小さな人たち——がプアーウィルヨタカの姿となって夜の森を移動するのだと信じていました。

ほかの多くのヨタカと同じく、姿はなかなか目にすることができません。声はすれども姿は見えずという、そのギャップを埋めるために、彼らの夜の活動について突拍子もない民間信仰が生まれました。科の名前である「*Caprimulgidae*」は「ヤギの乳を吸う者」という意味で、ヨタカが夜の闇に紛れてヤギの乳房から乳を飲むという、突飛ではあるものの広く信じられている話を反映しています。一方、ロバート・フロストは1915年の『Ghost House(幽霊屋敷)』という詩で、この鳥の行動を正確に描写しています。

> プアーウィルヨタカがやって来て、大きな声で鳴く
> 不意に沈黙したかと思うと、くっくっと喉をならして、パタパタと飛び回る

プアーウィルヨタカやその他のヨタカは夜の虫を食料とし、しなやかな翼で音もなく極めて敏捷に追いかけます。

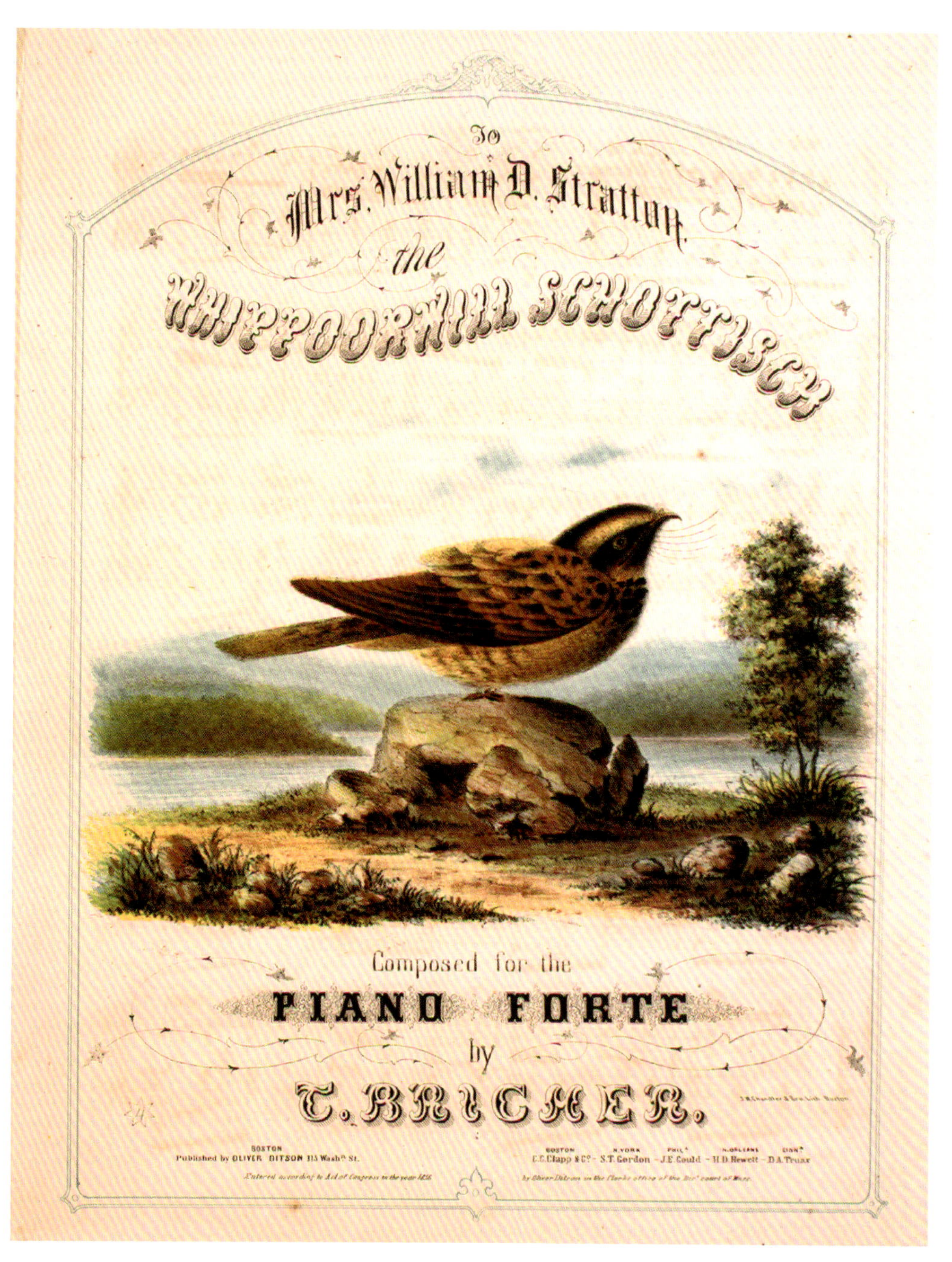

上:1856年に発表されたT・ブリチャーによるピアノ曲「ホイッパーウィル・ショッティッシュ」は、プアーウィルヨタカの歌がどれほど昔から米国の人々の心をとらえてきたかを示すほんの一例

1924年のポピュラーソング「私の青空(原題は「ブルーヘヴン」)」に、この鳥が登場しています。この曲は何十人もの歌手がカヴァーしてきました。冒頭の歌詞、「プアーウィルヨタカが鳴いている、日暮れが近い、わたしはわたしのブルーヘヴンへ急ぐ」が、この歌の夢見るような雰囲気を見事に表現しています。この1節によって、米国の人々にとっての魅惑と夜のシンボルとしてのプアーウィルヨタカの地位は、不動のものとなりました。

ショウジョウコウカンチョウ

ショウジョウコウカンチョウ科（Cardinalidae）

ショウジョウコウカンチョウ科には、ずんぐりした小型の種子食鳥からなる多くの種が含まれ、すべて南北アメリカ大陸の固有種です。ただし、ショウジョウコウカンチョウ（cardinal）として知られるのはそのうちほんの数種類で、その中でも普通はノーザン・カーディナル（*Cardinalis cardinalis*）（写真左）を指します。オスは鮮やかな深紅色で、黒い仮面をつけたような顔に、とがった冠羽をしています。メスはもっと茶色がかっていますが、やはり仮面のような模様と冠羽があります。どちらも民家の庭によくやって来るので、メイン州からメキシコまでの北米の人々にはなじみ深い鳥です。

人目を引くうえによく見かけるため、言い伝えに特によく登場するのも頷けます。アメリカ先住民の言い伝えによれば、もとはくすんだ茶色だったのが、困っているオオカミを助けたあとで、いまのような色合いを獲得したのだそうです。このオオカミはずるがしこいアライグマを追いかけているうちに、流れの急な川に誘い込まれました。命からがら急流を脱し、もうろうとして土手に倒れていると、踏んだり蹴ったりとはこのこと、アライグマに川の泥でまぶたを塗り固められてしまいます。意識を取り戻し、目がみえないことに気づいたオオカミは、驚きと絶望のあまり遠吠えをします。それを聞きつけたのがショウジョウコウカンチョウです。大きな肉食獣が助けを乞う姿に心を動かされて、泥をつつき落としてやりました。するとオオカミがそのお礼に、ショウジョウコウカンチョウを赤く塗ってくれたのです。「絵の具」は森の中心にある特別な岩から染み出すふしぎな赤い物質で、絵筆はかんだ小枝でした。新しい上着に鼻高々のショウジョウコウカンチョウは、あちこち飛び回って友達や家族に見せびらかしました。こうして、田園地帯で一番よく見かける鳥になったというわけです。

男らしさの象徴

チェロキー族の男たちは、意中の女性の好意を勝ち取るまじないとして、次のように唱えます。「わたしはレッドバードのようにハンサムだ。わたしはレッドバードのように男らしい」。オスのショウジョウコウカンチョウが見せる求愛のディスプレイと、連れ合いへの気遣いに感銘を受けてのことでしょう。ショウジョウコウカンチョウと結びつけられるその他の特性には、用心深さ、庇護意識、天候を予測する力などがあります。また、上に向かって飛ぶ姿を見かけるといいことがあるそうです。

とりわけロマンティックなのがチョクトー族の言い伝えで、彼らの間ではこの鳥は仲人としてよく知られています。あるとき1羽のショウジョウコウカンチョウが、美しいけれど孤独な乙女を偶然に見かけ、助けになりたいと思いました。その後、同じように孤独な若い戦士に遭遇し、乙女の連れ合いにふさわしい高潔な若者だと判断して、策略を用いて彼女の家まで誘い出します。当然の成り行きとして、2人はたちまち恋に落ちたということです。

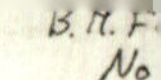

ヒクイドリ

ヒクイドリ科（Casuariidae）

ニューギニアのある部族にとって、エミューに似たこの奇妙な鳥、ヒクイドリは鳥の姿でこの世に戻って来た先祖の女性であり、また別の部族にとっては原始の母です。とはいえ（少なくとも人間に対する）優しさは、ヒクイドリの気質にはありません。1926年に1件、この鳥による死亡事故の記録があり、その後も危険を冒して近づきすぎた人々を襲ったため、むしろ性格の悪い凶暴な鳥として広く知られていますが、実際のところなわばり意識は強いものの非常に臆病な鳥でもあります。

ヒクイドリのあらゆる特徴の中で最も恐ろしげなのは、ウロコに覆われた脚と足、それに内側の趾（あしゆび）の鋭い鉤爪でしょう。森の中を時速48キロメートルものスピードで走り、空中に約2メートルも跳びあがることができ、自分やヒナを護るためなら相手を蹴ったり引き裂いたりして獰猛に戦います。

上：ヨン・ゲラルド・キューレマンス（1842〜1912年）による挿絵はヒクイドリの頭部の際立った特徴をよくとらえている。太い鉤爪のある足（右）は恐るべき武器になりうる

首の色にまつわる言い伝え

ニューギニアおよびクイーンズランドのオオヒクイドリ(*Casuarius casiarius*)はヒクイドリ中最大の種で、オーストラリアにすむ唯一のヒクイドリです。体高は2メートルに達し、大きなメスは体重60キログラムにもなります。現存する鳥類の中では3番目に背が高く、2番目に重い鳥です。また、ニューギニアおよび周辺の島では、オオヒクイドリより小型で低地にすむパプアヒクイドリ(*C. unappendiculatus*)と、おもに高地にすむコヒクイドリ(*C. bennetti*)も見られます。

これら3種の外見はだいたい同じですが、オオヒクイドリはよく目立つ赤い2つの肉垂と明るい青色の首が特徴です。パプアヒクイドリは顔が青色で、首に赤色または黄色の肉垂が1つあります。コヒクイドリは肉垂がなく、光沢のある青色の首に赤い斑点または縦じまがあります。首のこの凝った色合いについては、ニューギニアのケワ族に不思議な話が伝わっています。何でもこの模様はある年老いた女性を助けたお礼にもらったものだというのです。その老女は男につかまってタロイモ(根菜の一種)を食べさせられ、ひどい消化不良を起こしていました。そこでヒクイドリが縄を切り、男を鉤爪にかけて殺した後、老女の腹部を蹴って、苦しめていた塊茎を吐き出させてやったのだそうです。

飛べない食いしん坊

ヒクイドリの翼は小さくてほとんど無いに等しく、両側の主翼羽がそれぞれ5～6本の羽柄に縮んでしまっています。それでも、パプアニューギニアの北海岸にあるモロベ州の先住民の伝説によると、かつては力強い飛翔を見せていたということです。親友のサイチョウ(恐らくパプアシワコブサイチョウ(*Rhyticeros plicatus*)のことでしょう)と木のてっぺんにある一番おいしい果実を取り合い、よく勝ちを収めていました。これを嫉んだサイチョウは残酷な競争を思いつきます。共に翼を折ってから、どちらがうまく飛べるか見てみようというのです。そして、乾いた枝を2本折り、翼を折ったように見せかけましたが、ばか正直なヒクイドリはまんまと引っ掛かって自分の翼を折ってしまい、それ以来飛べなくなったのだそうです。

ヒクイドリは、食べ物を探して雨林の中を歩き回る際に身を護れるように、硬くてごわごわした黒い羽をもち、楔形の体をしています。どの種も頭に何らかの形の「かぶと状の突起」がありますが、これはかつて考えられていたように頭蓋骨が膨らんだものではありません。ケラチン質に覆われたハニカム構造(ハチの巣のように正六角柱を隙間なく並べた構造)の硬い外殻の内部に、空洞と結合組織の集まりがあるのです。この突起については、密生した森の植物をかき分けるのに役立つとか、聴覚を補助する共鳴装置だとか、専門家によって見方はさまざまです。生殖上の役割があるのだという考え方もあります。突起の大きさが雌雄で違い、求愛行動中の大きな鳴き声を増幅させるためか、見込みのありそうな相手のほうに突起を向けるように見えるからです。

乙女と男の変身譚

このような異様な姿の鳥には「ハクチョウの乙女」のような伝説はありそうもないと思われるでしょうが、それがあるのです。パプアニューギニアに伝わる話によると、ある狩人が5羽のヒクイドリが羽を脱ぎ捨てて美しい姉妹になるのを目撃してたいそう驚きました。狩人は姉妹が水浴びをしている間に一番下の妹の羽を奪い、その娘を捕まえて家に連れ帰り、結婚します。やがて男の子が生まれましたが、娘はある日、隠してあった羽を見つけて逃げてしまいました。その後はもとの姿でしか目撃されることはなかったそうです。

アボリジニにはもっと血なまぐさい言い伝えがあります。「ゴーンドイエ」、「グンデュイ」、「グンドゥル」などさまざまな名前で呼ばれるオオヒクイドリは、かつてはクイーンズランドのマレー川のほとりに住む、シラミだらけの卑劣な男でした。あまりにも怠惰なこの男は狩りにも行かず、子供を捕まえて食べていました。土地の部族はその報復に、夜も寝られないほどのシラミを取り除いてやるという口実で男を自分たちの野営地に誘い出し、眠り込んだ男の両腕を切り落としてしまいます。飛び起きて命からがら逃げだそうとした男は、発育不良の翼を持つヒクイドリの姿に変わっていたそうです。

雨林の救い主

ヒクイドリは昔から、オーストラリアとニューギニアの雨林に住む先住民にとって、民間信仰や生活、儀式に欠かせない存在でした。何世紀もの間、その硬い羽は儀式や装飾、戦のかぶりものに用いられ、骨や鉤爪から道具や短刀が作られ、鳥そのものが広く取り引きされました。

けれども、ブタやイヌなど、よそから入って来た動物に卵やヒナを襲われただけでなく、生息場所が奪われたり交通事故にあったりした結果、次第に絶滅の危機に瀕するようになっています。この状況はヒクイドリと森の双方の保護活動家にとって悩みの種です。というのも果実食のヒクイドリは消化されなかった種を何百個もふんの形で運ぶことができるため、雨林の保全に役立ちます。種の一部は大きすぎて、ほかの動物では同じようにしてばらまくことができません。この風変わりな鳥の生存は、文化上極めて重要であると同時に、そのすみかである雨林の保全と密接に結びついてもいるのです。

右:ヒクイドリの羽でできた儀式用の羽根冠を着けた、インドネシア、パプア州のアスマット族の男性

羽を身につける

何千年も前から、人間は羽を身にまとい、鳥たちの美しい装いをまねようとしてきました。装飾品として身につける羽は権力や地位、霊性、性的関心のしるしであり、高級なファッションでもあったのです。羽をあしらった品々は例外なく特別なもので、しばしば宗教的な意味合いを含みました。古代エジプトの法と正義の女神マアトは、トレードマークのアフリカダチョウ(*Struthio camelus*)の羽で下界の魂を裁いたのに対して、プエブロ族にとってワシの羽は命の息吹のシンボルでした。また、アメリカ先住民の文化では、羽は空気や風、雷の神々を表し、ケルトのドルイド僧にとっては、空の神々の力と知識を求めて祈る際の助けとなるものでした。

頭に羽を飾るのが好まれるのは、多くの文化で、頭が力の座であり魂の入れ物であるとされているからでしょう。この上なく豪華なかぶりものの1つに、16世紀のアステカ帝国の支配者であるモンテスマ2世の冠があります。高さ116センチメートル、幅は175センチメートルもあり、恐らくカザリキヌバネドリ(*Pharomachrus mocinno*)のものと思われる緑色の尾羽とルリカザリドリ(*Cotinga nattererii*)の尾羽がそれぞれ500本以上使われ、さらにベニイロフラミンゴ(*Phoenicopterus ruber*)の赤みがかったピンク色の羽とリスカッコウ(*Piaya cayana*)の先端が白い羽も組み込まれていました。

権威の象徴と戦士のしるし

サハラ以南のエボシドリ科の鳥から採取したカラフルな羽は権力を表し、いまでもスワジランドの王やマサイ族の戦士が身につけています。20世紀になるまで、中国の官吏は帽子につけた羽の違いで、さまざまな称号や特権、権威の程度を示していました。たとえば清王朝(1644～1912年)では、皇子はクジャク(クジャク属(*Pavo*)に属する種)の羽を誇示し、最高ランクの貴族たちには特別な栄誉のしるしとして、クジャクの目玉模様の羽が3枚与えられました。また、羽は皇帝への忠誠の象徴でもありました。

羽は伝統的に戦士の装束にも用いられています。アフリカではハゴロモヅル(*Grus paradisea*)の羽の頭飾りは勇敢さのしるしでした。ニューギニアではいまでも、羽をまとった男たちが自分の地位を主張するための踊りをします。羽はオウムやヒクイドリ(オオヒクイドリ)、フウチョウから採取され、とりわけカタカケフウチョウ(*Lophorina superba*)の青い羽がよく用いられます。

西部劇でおなじみの羽をふんだんに使った典型的な戦士の羽根冠は、スー族が考案したものだとされています。多くの部族にとって、名誉ある戦士のしるしとして最も尊重されるのはイヌワシ(*Aquila chrysaetos*)の羽でした。羽の1本1本がその戦士が行った勇気ある行為を表していて、必ず殺した鳥ではなくわなで捕えた鳥の羽を採取します。イヌワシのほかには、ハクトウワシ（*Haliaeetus leucocephalus*）、シチメンチョウ（*Maleagris galloparvo*）、ダイサギ（*Ardea alba*）、ツル（ツル属の種）の羽が使われました。

スー族の戦士の羽に赤い点が1つついていれば、敵を1人殺したことを意味しました。赤い筋1本は1人の頭の皮をはいだことを、1本の羽の先が斜めに切り落としてあるのは敵の喉を切り裂いたことを表しています。こうした羽根冠の様式は部族によってさまざまです。たとえばイロコイ族は平たい帽子を好み、それを裂いた羽で覆いましたが、アルゴンキン族は羽を1本、ニューイングランド地方のモヘガダ族は2本、頭に着けました。

神秘的な意味

神と交信できる霊的な仲介人であるシャーマンは、羽を使って権威と神秘性を示しました。ヒンドゥー教の最高神であるシュリ・クリシュナが着けているインドクジャク（*Pavo cristatus*）の羽は美と知識を意味し、明るい色は幸せと繁栄を、暗い色は悲しみと災難を表します。一方、オーストラリア先住民の「クルダイチャ（死刑執行人）」は、殺人犯を処刑する儀式の際、人間の血で羽を貼りつけた非常に不吉な履物をはきました。

こうした羽を使った装飾品は、美しい鳥の生存をおびやかし、時には絶滅をもたらすことさえあります。ニュージーランドではホオダレムクドリ（*Heteralocha acutirostris*）の羽を族長の羽根冠に用いたことが、この鳥の絶滅の一因となりました。また、ハワイでは最高位の象徴である酋長のマント1枚をつくるのに9万羽以上の鳥が使われたと推測され、ハワイミツスイ（*drepanis pacifica*）とキモモミツスイ（*Moho braccatus*）はそうした使用が原因で絶滅したとされています。その一方で、ベニハワイミツスイ（*Drepanis coccinea*）のように、見事な羽が絶えず人を魅了してきたにもかかわらず、生き残っている種もいます。

死をもたらすファッション

17世紀の西洋社会では高い地位にある男性がステータスを誇示するためにダチョウの羽を帽子に飾りましたが、18世紀フランスでは高級娼婦が持つシラサギの羽はエロチシズムの象徴とされました。そして、1890年には羽をまとう流行が最高潮に達します。保護活動家たちの懸命の努力にもかかわらず、20世紀初めの20年間に、年間3万羽以上のフウチョウの皮がニューギニアやモルッカ諸島からヨーロッパや北米に輸出されました。いまもなお、鳥たちは違法な狩りの犠牲になりつづけており、特に夏の求愛行動のために美しい羽に変わる時期に危険が増します。

カケス

カラス科(Corvidae)

カナダ球界のトップチームは、いまのところ国内唯一のメジャーリーグチームであるトロント・ブルージェイズです。アメリカのコミックスにも、空を飛べて体を小さくできるブルージェイと呼ばれるスーパーヒーローがいますし、小型ヨットレースに使われる米国製のヨットにも、ブルージェイと呼ばれる種類があります。ブルージェイ(アオカケス)(*Cyanocitta cristata*)(写真左)が北米文化のこれほど幅広い分野に顔を出すのは、少しも意外なことではありません。どこでも見られるなじみ深い鳥で、青と白の羽とけたたましい声、それに粋な冠羽で、すぐに見分けがつくからです。

いたずら者のカケス

カケスはカラス科の中でも一番華やかで、カラフルな鳥が多く、たいていは凝った色合いの羽を持っています。北米先住民の言い伝えでもアオカケスは特に目立ち、コソ泥やトリックスター、弱い者をいじめる役として登場することが多いようです。死者の国へのアオカケスの冒険を描いた物語では、あらゆる幽霊に際限のない悪ふざけをしかけます。一方で自分の庇護下にあるものを守るときには、大胆不敵で忍耐強く、タフで誠実です。

アメリカ大陸のもう1種類のカケス、北のほうにいるカナダカケス(*Perisoreus canadensis*)は「ウイスキー・ジャック」の愛称で親しまれています。これはアルゴンキン族の鳥の精霊である「ワイセケジャク」がなまったものかもしれません。ワイセケジャクは実はカケスではなくツルの精霊のようですが、性格は確かにいたずら好きで、全体的にカケスにそっくりです。この精霊は魔法で世界を創造しますが、壊滅的な大洪水を起こしてもいます。

クリー族はカナダカケスをもっと罪のない精霊と見ています。やはりいたずら者ではあるものの、あまりにも遊び好きで愉快なので、どこか憎めないのです。現在カナダカケスは「キャンプ泥棒」の愛称で呼ばれています。キャンプ地周辺ではまったく人を恐れず、手から餌を食べるようになり、しまいには、ちゃんとしまっておかなかった食べ物はなんでも失敬して行くようになるからです。横断歩道を無視して道路を渡ることを英語で「カケス歩き」と言いますが、アメリカ大陸のカケスと各地の親戚たちの傍若無人ぶりから来た言葉かもしれません。

英国およびヨーロッパのバードウォッチャーには、カケス(*Garrulus glandarius*)はあまり評判がよくありません。姿は美しいのですが、人が近づくのを見るとけたたましい叫び声を上げるからです。古代ケルト語では「スクリーハグ・コル(森の絶叫者)」と呼ばれていました。

ミチバシリ(ロードランナー)

カッコウ科(Cuculidae)

俊足でたくましく、見たところ恐れ知らずのオオミチバシリ(*Geococcyx californianus*)(写真右)は、どんな逆境にも負けず生き残るタイプです。最高速度は時速42キロメートル。ワーナー・ブラザースのアニメに登場するロードランナー(図)が決まってワイリー・コヨーテから逃げおおせることからすると少し遅いように思われますが、これでもたいていの敵よりは十分に早いのです。アニメと違って、ビーッビーッという音ではなく、ハトのような優しいクークーという声を出しますが、その声とカラスサイズの体に似合わぬ無慈悲な殺し屋です。自分より大きな獲物でも、長くて分厚いくちばしでしっかりくわえ、岩や地面にたたきつけて殺します。そして、鳥のヒナやサソリ、昆虫、小型哺乳類はもちろん、毒を持ったヘビやトカゲまで食べてしまいます。

メキシコと中米北部にすむ小型の近縁種コミチバシリ(*G. velox*)は、くちばしはもっと短いものの、やはり飛ぶより走ることに慣れた鳥特有の長い脚を持っています。高速になると、ミチバシリは頭と尾を地面とほぼ平行にして疾走します。小さくて丸みを帯びた翼を使うのは、肉食動物から逃れるために短くパッと飛ばなければならないときだけです。

どちらの種も茶色い縞模様の羽をしており、昔からすんでいるほこりっぽい沙漠によく溶け込んでいますが、強い日光のもとでは、ブロンズ色を帯びた緑色っぽい玉虫色に輝きます。またどちらの種も、警戒しているときに立ち上がる独特の冠羽と長くて先端が白い尾を持っています。

アパッチではリーダー、マヤでは「カモ」

アパッチ族のある言い伝えでは、ミチバシリが、おしゃべりなマネシツグミや自慢屋のアオカケス、きれいなムクドリモドキといったライバルを蹴散らして、鳥たちのリーダーに選ばれました。けれどもマヤ人の伝説ではかつてはとても美しい鳥だったのに、ケツァールの残酷な策略のせいで美しさを失ったことになっています。当時はとても平凡な鳥だったケツァールは、マヤの鳥たちの王の座を狙っており、一時的に羽を貸してくれるようミチバシリに頼みました。こうして借り物の豪華な羽に身を包んだケツァールが王に選ばれましたが、ケツァールはその羽を二度と返さず、ミチバシリは裸同然、餓死寸前の状態で取り残されました。これを憐れんだほかの鳥たちが羽をくれた結果、いまのようなまだら模様の茶色い姿になったということです。

X形の足跡

ミチバシリには、アメリカ先住民を魅了し強い印象を与えた特徴がもう1つあります。それは独特の足跡です。カッコウ科の他の鳥の多くと同じく、ミチバシリも「対趾足類（たいしそくるい）」、つまり2つの趾が前方を向き、もう2つが後方を向いています。これは地面との間の摩擦と安定性を高める配列で、ミチバシリは空より地面にいることが多いため、カッコウ科のほかの種より、このX形の足跡がよく目につくのです。ミチバシリの足跡は、この鳥の守護力、強さ、よく知られた勇気とスピードを祈願するために使われました。また、この形からは逃げた方向がわからないため、災厄をかわす神聖なシンボルとしても用いられています。

この鳥の姿が、紀元900～1400年頃にニューメキシコに住んでいたホルナダ・モゴヨン族の岩絵に見られます。鳥や動物を描いたスリーリバー遺跡の多くの洞窟絵画のなかに、独特のX形の趾をしたミチバシリがくちばしからヘビをぶらさげているように見える姿が、岩の表面に刻まれているものがあるのです。

プエブロ族には、この鳥の羽をXの形に交差させたものをクレードルボード(子供を背負うための木枠)に留めつけて幼い子供を守る伝統がありましたし、その他数多くの儀式に、X形の羽が用いられました。

米国南西部のズーニー族は交差させたミチバシリの羽を雨乞いの儀式に用いました。またナバホ族の間では、頭の皮を奪ったことを祝うスカルプ・ダンスにも用いられ、成人の儀式の1つでした。ハミルトン・A・テイラーによる『Pueblo Birds & Myths(プエブロの鳥と神話)』(1979年)によれば、「スカルプ・キッカー(頭皮を蹴る人々)」は交差した小さな羽をモカシンにつけて勇気をもらい、頭の左側には交差した大きな羽を挿したそうです。

サンタフェの24キロメートルほど北にあるナンベ・プエブロでは、いまも残るテワ族のほとんどが名目上はカトリックで、先住民の儀式がキリスト教の万霊祭と結びついています。死者はよいことだけでなく危害をもたらすこともあるので、年に1度だけ、村に帰って来ることが許されました。高齢の男性が1人指名されて死者に食べ物を持って行くのですが、邪悪な霊から身を守るため、左足と左手に炭でミチバシリのX形の足跡のしるしをつけなければなりませんでした。

ニューメキシコにあるまた別の歴史的なプエブロであるコチッティでは、葬送の儀式中に地面を引っかいてX形の足跡でできた輪を描き、死者または死者を表す青トウモロコシの穂を囲むようにしたという記録が残っています。死者への供物を入れた葬送用の陶器には、ミチバシリの足跡をかたどった模様が見つかっています。また、悪霊が近づかないように、ユッカにX形のしるしをつけたものが祭壇に供えられました。

たくましく生き残る

ミチバシリの敏捷性がいかんなく発揮されるのは、自分の2倍もの長さがあるガラガラヘビの毒牙を巧みに避けるときです。その敏捷性も称賛されました。リウマチ疾患を治すことに専念したプエブロ族のソサエティ「シュマクウェ」のリーダーは、ミチバシリ氏族の出身でなければなりませんでした。かつてはミチバシリの羽が広く用いられ、一部の部族はその性質を我がものとするために肉を食べたそうですが、こんにち、ミチバシリの敵は車や飼い猫と、コヨーテのような野生の肉食動物です。こうした脅威があったり生息地の一部が失われたりしていますが、ミチバシリはたとえ過酷な環境であっても耐え抜くことができます。

たとえば、酷暑の砂漠で体内の水分を保ち過熱を防ぐために、塩分を尿としてではなく両目の前にある腺から分泌します。また、口を開けてハアハアあえぐことで、喉にある舌骨筋と舌骨を震わせて熱の発散を高めます。氷が張るような気候には耐えられないかもしれませんが、砂漠の冷える夜にも、体温を下げてやや休眠状態に入ることで、たいていは体温を維持できます。朝になれば背中を太陽に向けて立ち、羽を逆立てて、濃い色の地肌にぬくもりを吸収させます。

どちらの種もいまのところ絶滅の恐れはありません。オオミチバシリは米国南西部からアーカンソー、ルイジアナ、ミズーリと、東方へ着実に生息地を拡大しています。バードライフ・インターナショナルによれば、コミチバシリも失われた生息地を埋め合わせるように、新しいすみかを見つけているようです。

エミュー

エミュー科(Dromaiidae)

世界で2番目に背の高い鳥、エミュー(*Dromaius novaehollandiae*)(写真右)は、生息する唯一の国であるオーストラリアと、文化的にも歴史的にも分かちがたく結びついています。立てば2メートル近く、重さが55キログラムにもなるエミューは、何千年も前から代々すんできた土地をいまもゆったりと走り回っています。飛べないヒクイドリやアフリカのダチョウ、南米のレア、ニュージーランドのキーウィといった走鳥類の仲間たちと同じく、大陸塊が分離していまの形になる前の超大陸、ゴンドワナにいた飛翔力のある祖先から進化したと考えられています。

オーストラリアのアボリジニのドリームタイム(創世期)神話の1つでは、エミューの卵が空に投げられて割れ、そのたっぷりした黄身が太陽に火をつけて、世界を照らしたことになっています。アボリジニの生活と文化において、エミューはとても大きな存在です。肉は重要な食糧源で、羽は祭式に用い、骨は儀式に用いたり武器として用いたりしました。アボリジニの天文学では、銀河の中に見える星座に「空のエミュー」と名づけていたほどです。

飛べない代わりに得たもの

エミューは地面を最高時速48キロメートルもの速さで走ることができます。ラテン語の属名である「*Dromaius*(エミュー属)」は、「競争または走ること」を意味するギリシャ語「dromos」から来ています。長くて羽のない脚は先端が3つの趾(あしゆび)に分かれ、すべて前方を向いていて、中央の趾は長さ15センチほどで鋭い爪がついています。

左:1920年代に撮影された「エミュー・マン」。オーストラリア先住民アボリジニの神聖な鳥のシンボルを演じているところ

なぜエミューは翼を失ったのか

ドリームタイムの神話では、鳥たちのリーダーであるエミューのディニューアンは、かつては力強く飛ぶことができました。ところが、ヒクイドリの物語（181ページ参照）同様に、やはり嫉妬深いライバル、オーストラリアオオノガン（*Ardeotis australis*）のグーンブルグボンにだまされて、飛べない鳥になってしまったのです。グーンブルグボンは自分の翼を畳み、切り落としたように見せかけながら、切り落とした翼こそ支配者にふさわしいとディニューアンを説得します。地位を奪われるのではないかと恐れたエミューは自分の翼を切り落とし、連れ合いにもそうするように勧めました。

ノガンたちに愚かさを笑われたディニューアンは仕返しをしようと考えました。2羽だけ残してあとのヒナたちを隠すと、家族が12羽もいるなんて、とグーンブルグボンをあざけりました。自分のように大きくなりたいならヒナの数を制限するしかない、そうすれば、残ったヒナにもっとたくさん食べさせてやれる、というのです。そこでグーンブルグボンは2羽以外のヒナを殺してしまいました。それ以来、オーストラリアオオノガンは2個しか卵を産まなくなり、エミューは2度と飛べなくなったのだそうです。

ウロコに覆われた脚の起源も、ドリームタイムの言い伝えで説明されています。昼ができる前、世界が暗く寒かったとき、エミューのディニューアンがカンガルーのボーラの妻になりましたが、ふたりは気性が合いませんでした。ディニューアンは落ち着きがなく活動的だったのに対し、新婚の夫のほうはゴロゴロしているほうが好きだったのです。彼女がいじっていた木の葉が顔の上に落ちたとき、彼は苛立ちのあまり、ついに起き上がって彼女と共に暗闇の中を旅に出ました。ようやく空き地にやって来ると、ボーラが夜を押し戻して日光を露わにしたので、ディニューアンはやっと自由に走ることができました。けれども、暗い中で木々を押し分け、丸太につまずきながらよろめき歩いたため、彼女の長い脚は擦り傷で赤剥けになっていました。それで、いまのようなウロコに覆われた脚になったということです。このアカカンガルーとエミューのカップルはいまも一緒にいるところが見られます。共に非公式の国章に採用され、オーストラリアの紋章で一緒に盾を支えているのです。

なんという女性！

ドリームタイムの神話に出てくるエミューのディニューアンがしばしば女性で、迫力あるキャラクターなのには、ひょっとすると意味があるのかもしれません。ただし、面倒見のよい母親という描写は、真実には程遠いようです。メスのエミューは夏または秋の求愛期間中、パートナーに対する支配権を握っています。羽の色が黒っぽくなるのが、つがう準備ができたというしるしです。また、普段はしわがれた唸り声ですが、この時期は喉から鈍い太鼓のような音も出します。巣はオスのエミューが単独でつくるのが普通です。メスは光沢のある大きな緑色の卵（写真右）を5～15個産みますが、それを60日ほど温めるのはもっぱらオスです。

この間、律儀なオスはめったに巣を離れず、ほとんど食べず糞もしません。蓄えた脂肪で命をつなぎ、草の露を飲んでしのいでいる間に、体重が3分の1も落ちてしまうこともあります。なかには一緒に子育てをするカップルもいますが、ほとんどのメスは卵を産むとどこかへ行ってしまい、同じ年に別のオスとつがうことさえあります。

ヒナがかえり、最初の3カ月は保護色の縞模様をまとって育つ間、父親は気性が荒くなり、ほかのエミューや、時には母親さえ、ヒナに近づけまいとします。そして7カ月ほどヒナと過ごして、餌の取り方を教えます。

エミューの天敵

旺盛な繁殖力が、エミューの生き残りに有利に働いてきました。また、野生では19年、飼育すれば40年生きることができます。数少ない天敵の1つがディンゴですが、追われたエミューは跳びあがって追跡をかわし、蹴ったり踏みつけたりして、ディンゴをやっつけてしまうこともしばしばです。それより恐ろしい敵がオナガイヌワシ（*Aquila audax*）で、特にヒナや若鳥には危険な存在です。走り回りながらあちこち方向を変え、巧みに身をかわさなければなりません。その他の敵としては、卵を盗もうとするオオトカゲやイヌ、野生のブタなどがいます。

実物大

先史時代の生き物のような姿の鳥が本来の生息地で生きつづけていることは、ことによると驚くべきことかもしれません。オーストラリアには最大72万5000羽の野生のエミューがいます。さらに、肉や卵、羽、油、皮を採るためにほかの国々で多くのエミューが飼育されており、米国だけでも100万羽にのぼります。

グンカンドリ

グンカンドリ科(Fregatidae)

フリゲート艦は速さと機動性を特徴とする戦艦で、高速で敵艦に襲い掛かり、相手がもたもたしている間に制圧できるように設計されています。グンカンドリにもそれと共通する特徴が見られ、海鳥でありながらきわめて敏捷に飛び回って、自分よりのろまな鳥たちから食べ物を横取りする姿が目撃されています。また、羽が濡れるほど深く海に入ることなく、海面から獲物をさらうことができます(実際、ほかの海鳥と違って海面を泳ぐことは決してありません)。いまはあまり使われませんが、カリブ海のイングランド人船員が「軍艦鳥」という同じような名前をつけていて、イングランド人探検家のウィリアム・ダンピア(1651~1715年)による『新世界周航記』に出てきます。5つある種はすべて赤道周辺とその南方の島々で繁殖し、繁殖期でないときは大洋を巡って長距離を移動することもあります。オスのオオグンカンドリ(*Fregata minor*)については数百マイル、時には数千マイル飛んだという記録もあります。

グンカンドリはとても目を引く生き物です。ありえないほど長い翼で優雅に飛び、オスの奇妙な喉袋は、求愛のディスプレイ中に膨らませると真っ赤な風船のように見えます(写真左)。イースター島の人々にとっては重要な崇拝対象で、「タンガタ・マヌ(鳥人)」を表した絵によく見られます。「鳥人」は半分鳥、半分人間の生き物で、喉袋など明らかなグンカンドリの特徴を示す姿が、絵や彫刻に描かれています。繁殖期が始まるとき、最初に海鳥の卵を取った男はそれを後援者に捧げます。するとその男は「タンガタ・マヌ」とされ、1年間、特別な力を与えられるのです。この風習が始まったのは16世紀と考えられますが、そのころ、この海鳥はグンカンドリでした。ところが1世紀ほどの間にグンカンドリの数はすっかり減ってしまいました。毎年卵を産むとは限らず、産んでも1度に1個だけなので、人間によるこうした略奪が深刻な打撃となったのです。その結果、まだ豊富にいたセグロアジサシ(*Onychoprion fuscatus*)が好んで用いられるようになりました。この風習は19世紀中頃にすたれ、現在イースター島にはもう、海鳥の大きなコロニーは見られません。

美と献身

ハワイ語ではグンカンドリを「イワ」といい、神の使いとしていくつかの言い伝えに登場します。その務めのなかには、天国から赤ん坊を選んで、人間の夫婦に届けて育てさせることも含まれます。グンカンドリの優美で気品ある姿は大きな憧れのまとで、魅力的な異性を見つけたときには、「イワが絶壁に舞い上がる」というような言い方をすることがあります。ギルバートおよびエリス諸島の先住民には、グンカンドリの巣からヒナをさらってペットとして育てる習わしがあります。この鳥がイヌと同じくらい忠実であることには定評があり、仕事に出る飼い主について行き、帰宅する時間まで仕事場の上で旋回しているのだそうです。

ミツオシエ

ミツオシエ科（Indicatoridae）

ノドグロミツオシエ（*Indicator indicator*）にまつわる話については、どこまでが事実で、どこからがフィクションなのか判然としません。実際に見られる行動があまりにも変わっているため、神話か伝説のように聞こえてしまうのです。けれども、報告されたある種の行動については、現実に触発されたものであるとはいえ、空想に基づくつくり話であることは確かです。

アフリカのサハラ以南では、エチオピアおよびケニアのボラン族やタンザニアのハッザ族のような部族が、野生のミツバチの巣を探す際に昔からノドグロミツオシエの助けを借りてきました。ハチミツ狩りを始めるときに特別な笛を吹くと、ミツオシエに出会えるチャンスが2倍になるのだそうです。ミツオシエは大きな声で鳴きながら飛んで、ハンターを巣に「案内」します。巣は普通、木の穴にあるので、ハンターは巣のところまで登ってハチを煙で追い出せば取り出すことができます。ミツオシエの後について行けば、ハチミツ狩りにかかる時間を大幅に短縮できるというわけです。

しきたりでは、鳥に巣をひとかけら与えなければならないことになっています（鳥はそこから卵や幼虫をついばむわけです。ハチミツは食べません）。そうしないと、次回は仕返しに、毒ヘビとか隠れたライオンとか、危険が潜む場所に連れていかれるといわれています。空腹なほうが巣を探しつづけるだろうと思うのか、誰もが鳥に褒美を与えるわけではありませんが、巣の一部が必ずいくらか残るので、それが鳥の分け前となります。

案内が得意なメス

巣に案内する行動は、大人のメスや若鳥によく見られるようです。メスのノドグロミツオシエにはもう1つ、カッコウのように別の鳥の巣に卵を産む托卵という変わった習性があります。里親として使われる鳥は、数種のカワセミ、ハチクイ、ゴシキドリ、キツツキなど38種類にものぼると報告されていますが、若いメスは必ず、自分が育てられたのと同じ種を里親とします。つまり里親の選択はメスの血統を通じてずっと伝わっていくということです。ひょっとすると、オスよりメスのほうが案内行動をしやすいのは、こうした学習能力が備わっているからかもしれません。

ミツオシエと人との間のつながりが続くためには、一貫性のある強化が必要です。いまは開発に伴って田舎でも砂糖が買いやすくなり、野生のミツバチの蜜に頼らなくてもいいので、案内行動はめったに見られなくなっています。やがて消えてしまうかもしれません。

右：ミツアナグマを野生のミツバチの巣に案内したミツオシエが、幼虫と卵を食べようと待っているところ。動物の協調行動の一例として度々報告されていますが、裏づけとなる観察記録はない

WALTER A WEBER

577

コトドリ

コトドリ科(Menuridae)

姿の美しい鳥もいれば、声が素晴らしい鳥もいますが、コトドリ科で2種だけ生き残っているコトドリ(*Menura novaehollandiae*)とアルバートコトドリ(*M.alberti*)のように、その両方に恵まれた鳥もわずかにいます。オーストラリアの森にすむこれらの臆病な鳥たちは、その姿とすぐれた物まねで世界的に知られています。どちらの種もオスは素晴らしい尾羽を持っていますが、コトドリという一般名の由来は、コトドリのオスの外側の尾羽が大きく湾曲して、竪琴のような形になっていることにあります。求愛のディスプレイ中、オスが上側の白い尾羽の層を扇のように広げて前方に倒すと、それが薄いブライダルベールのように頭と背中を覆います。それ以外は茶色がかった灰色で、ビクトリア州、ニューサウスウェールズ州、クイーンズランド州南東部の雨林に生息しており、タスマニアにも移入されています。赤茶色のアルバートコトドリはビクトリア女王の夫君であるアルバート公にちなんで名づけられ、その生息地はクイーンズランド州南東部とニューサウスウェールズ州北東部という狭い範囲に限定されます。

コトドリは古くからオーストラリアにすんでおり、やや小型の先祖の化石が残っています。クイーンズランド州北西部にあるリバースレイで発見され、メヌラ・ティアワノイデス(*M. tyawanoides*)と命名されたこの化石は1500万年前のものと推定されます。アボリジニの人々はコトドリをベレク・ベレクとかバランガラと呼んで、ずっと昔から愛し敬ってきました。たとえば、ニューサウスウェールズ州東部のダラワル族はコトドリをトーテムの1つとしています。

物まねの名人

コトドリは身の回りの音をまねますが、その技を学ぶにはおよそ1年かかります。どちらの種もオスのほうが巧みで、コトドリ(*M. novaehollandiae*)のオスは最高の物まね名人です。20種類もの鳥の鳴き声はもちろん、コアラやディンゴといった動物の声も正確に再現できるといわれています。また、時にはチェーンソー、車のエンジン、防犯ベル、携帯電話などの音さえまねることがあります。

とても興味深い鳴き声ですが、目的は人を楽しませることではありません。ほかの鳥と同じく、コトドリもなわばりを認めさせるために歌うのであって、地域特有の方言が生まれているようです。コトドリに魅せられて10年に及ぶ研究を行った人がいて、なわばりを主張する歌の場合、たとえ別の場所に移動させたとしても、アクセントが保持されることがわかっています。タスマニアでは、ビクトリア州から移入されたコトドリが、何世代にもわたって50年以上も、方言を正確に保持しました。

左:コトドリが見事な尾羽を見せているところ。ジョージ・ショーおよびフレデリック・ポリドア・ノッダー著『The Naturalist's Miscellany(博物学者の雑録)』より、リチャード・ポリドア・ノッダーによる版画

オスは繁殖の最盛期である6月から8月にかけて一番精力的に鳴きますが、複雑なレパートリーは、ライバルを負かしてつがいの相手を勝ち取るための手段の1つでもあります。扇のように広げた尾羽で華やかなディスプレイを演じながら、声を張り上げ震わせて、続けざまに20分も歌います。すべては周囲を取り巻いているメスのためです。メスは見かけと発声の技の両方で、相手を選びます。

コトドリ（*M. novaehollandiae*）はなわばり内に10～15個のディスプレイ用の塚をつくって、順番に訪れます。土を掻き集めてつくった塚は高さ15センチ、幅90センチにもなることがあります。アルバートコトドリはディスプレイの舞台として、生えている植物を踏みつけて平らにした場所を使います。どちらの種もオスは数羽のメスとつがいますが、親としての役目をそれ以上果たすことはありません。

メスはシダや小枝、樹皮、コケなどで地面や岩、木の切り株の上にドーム形の巣をつくり、卵を1個産みます。普通は6週間以内にヒナが孵り、10週間以内に巣立ったヒナはその後9カ月ほど母鳥のもとにとどまります。

山火事を防ぐ消防士

美しさと並外れた物まねの才能だけでは不足だというように、ある科学的研究によって、いまやコトドリ（*M. novaehollandiae*）には環境に有益な生き物という地位まで与えられています。ビクトリア州メルボルンにあるラ・トローブ大学の最近の研究によって、この鳥が地面で餌をあさることで、山火事の危険を減らすらしいとわかったのです。

コトドリは大きな足と長い趾で腐葉土層を引っかき回し、昆虫やクモ、カエルといった脊椎動物や無脊椎動物を探して腐植質を掘り起こします。その結果、落ち葉の分解が早まって、燃えやすい枯葉の量が減るというわけです。延焼の原因となるシダや草の成長も抑えられます。というわけで、国のシンボルとして何十年も前から切手や硬貨、紙幣、バッジ、ロゴマークに用いられてきたコトドリが、今度は「消防士」としても認められることになったのです。といっても、この鳥はきっと脚光を浴びることは望まないでしょう。オーストラリアの詩人、ジュディス・ライトの「コトドリ」という詩にあるように、いつも孤独を好む鳥だからです。

そっと秘密にしておいたほうがいいものもある。
たとえば、歩く寓話のような鳥は
畏敬の念に満ちた心の中にだけすまわせるほうがいい。

精霊からの褒美

アボリジニのドリームタイム神話には、コトドリの歌の才能の由来を説明する物語があります。昔、あらゆる生き物が同じ言葉を話し、まったく争いのない平和な暮らしを送っていました。ある日、彼らは集まって「カラバリー」を開くことにしました。これはいまも続く踊りと音楽の祭典で、アボリジニの人々はドリームタイムの出来事を演じます。生き物たちはとても楽しい時を過ごしましたが、それもいたずら好きなカエルがほかの生き物の声をまねし始めるまででした。カエルは踊っているツルのブロルガ（オーストラリアヅル）（*Antigone rubicunda*）の声をうまくまねしながら、ずんぐりしたウォンバットの踊りをばかにしました。

エミュー（*Dromaius novaehollandiae*）の発育不良の翼をあざ笑ったのをはじめ、カエルがブロルガの声を使ってほかの動物や鳥をばかにすると、ほかの生き物たちもやり返しました。世界が始まってから初めての争いが勃発し、悪態がさらに飛び交いました。コトドリだけが和平を呼びかけましたが、誰も耳を貸しません。

ひどい騒ぎに気づいた精霊たちが、生き物たちから共通の言葉を取り上げ、別々の言葉を与えました。騒ぎを起こした張本人であるカエルは、罰として聞き苦しいゲロゲロ声にされました。けれどもコトドリは、仲裁しようとしたことで大きな褒美をもらいます。あらゆる生き物の言葉を話せる唯一の存在となったのです。

マネシツグミ(モッキングバード)

マネシツグミ科(Mimidae)

「アオカケスは好きなだけ殺していいよ、もし撃てるならね。でも、忘れちゃいけない。モッキングバードを殺すのはいけないことだ」。多くの人々に愛され、史上最も重要な小説の1つ、1930年代のアラバマを舞台にしたハーパー・リーの『アラバマ物語』(原題: To Kill a Mockingbird(モッキングバードを殺すこと))の中で、弁護士のアティカス・フィンチは子供たちにこう説きます。モッキングバードを殺すのがいけないことなのは、彼らは「わたしたちを音楽で楽しませること以外は何もしない。庭の草花を食い荒らしたりしないし、トウモロコシ倉庫に巣をつくったりもしない」からです。モッキングバードは、純粋で悪意のない登場人物たち、特に、レイプの罪を着せられ、人種差別主義者の陪審員によって有罪判決を受けるトム・ロビンソンを象徴しています。

上:映画『アラバマ物語』(1962年)でアティカス・フィンチ役を演じるグレゴリー・ペックとトム・ロビンソン役を演じるブロック・ピーターズ

マネシツグミの舌

上記のくだりやこの小説のほかのところで言及されるのは、ほぼ間違いなくマネシツグミ(ノーザン・モッキングバード)(*Mimus polyglottus*)でしょう。これが北米大陸で普通に見られる唯一の「物まね鳥」で、ほかの15種ほどはもっと南か、大小さまざまな島からなる島嶼(とうしょ)部だけにすんでいるからです。マネシツグミは長い尾をしたスマートでハンサムな灰色の鳥で、社交的な性格です。米国ではよく見かける鳥として広く愛されており、アーカンソー、フロリダ、ミシシッピ、テネシー、テキサスの各州で州鳥に選ばれていますが、これは南部と西部に特に多く生息していることの表れでしょう。

マネシツグミは雌雄共に熱心によく鳴き、ほかの何十種類もの鳥の声をほぼ完璧に模倣します。またその歌には、40種近い鳥のさえずりや地鳴きの声だけでなく、扉がきしむ音からイヌの吠え声まで、幅広い音が含まれることが確認されています。彼らの物まねの才能は北米では他に類を見ないもので、多くの神話を生み出しました。「多くの舌」という意味の学名(*polyglottus*)がつけられたのも、アメリカ先住民の間で「異質な言葉を話す鳥」というような名称で呼ばれるようになったのも、この習性のためでしょう。ホピ族は部族に伝わる歌をよく学べるようにと子供にマネシツグミの舌を食べさせました。

右:ジョン・ジェームズ・オーデュボンの『アメリカの鳥類』(1827～1838年)の挿絵。巣を襲うガラガラヘビをマネシツグミの群れが追い払おうとしている様子

また、ズーニー族にも似たような習わしがあります。マネシツグミを生きたままつかまえて舌を切り取り、それを幼い子供の唇に押しつけるのです。それから鳥を放してやりました。そのうちにまた舌が生え（残念ながらこれは誤った思い込みでしたが）、そのとき子供は話しはじめるだろうと考えられたのです。

真実を告げる鳥

アメリカ先住民に伝わる多くの物語で、マネシツグミは出来事の真相を歌で知らせると信じられています。1つの例として、サンタ・アナ族には、キツネとシマリスがいたずらでウサギをだまし、湖に飛び込ませた話があります。しかしウサギの姿を見失ってしまったキツネとシマリスは、ウサギがおぼれてしまうかもしれないと焦り飛び込んで助けようとします。そのときマネシツグミが、ウサギは自分で這い上がって逃げて行ったと教えたのです。

もっとも、知らせを伝えてはいけないときには、マネシツグミを黙らせなければなりません。ズーニー族の間にはこんな話が残っています。あるときズーニー族の女性がホワイトバイソンにさらわれてしまいました。そこで、彼女を救出するため、動物たちは女性が捕らわれているところまで夫を案内することにします。鳥たちはマネシツグミに、計画をホワイトバイソンに教えないようにと言いました。けれども、プアーウィルヨタカはマネシツグミを信用せず、確実に黙らせたほうがいいと考えて、唾を吐きかけて眠らせたということです。

歌の先生

ホピ族は、自分たちの儀式の歌はもともとマネシツグミの精霊から教えられたものだと信じています。ホピ族の男性は必ず4つの「ソサエティ」のいずれかに属していて、各ソサエティはそれぞれ独自の信仰体系を持ち、異なる神やその神にまつわる神話を支持しているのですが、すべて部族全員が地下の世界に捕らわれていた時代に生まれたものとされています。どのようにして地上の世界に出ることができたのかについてはいろいろな言い伝えがありますが、その1つによると、脱出路を見つけ、さまざまな歌で部族を導いて光のもとに連れ出してくれたのはマネシツグミでした。「タオ（歌い手）」のソサエティは、そうした歌をいつまでも記憶し、伝えていく責任を負っています。

同じホピ族の話の別のくだりでは、世界のあらゆる言語は、地下世界から脱出した次の夜にマネシツグミから教えられたことになっています。マネシツグミはこれを特別な魔法でやってのけました。部族のさまざまなキャンプ地を移動しながら、各グループに特有の本質的な要素を採取して、それらをすべてバックスキンの袋に貯めていきました。すべてのキャンプから集め終わると、袋をあらゆる部族の長のところに持ち帰って、これを埋めてその上で火を焚くように言いました。その通りにすると、翌朝目覚めた部族にはもはや共通の言葉はなく、さまざまな言葉を話しているのでした——さながら「多くの舌」という学名を持つマネシツグミのように。

ダーウィンとマネシツグミ

チャールズ・ダーウィンが、ガラパゴス諸島で多様化したフィンチたちの間の変異に着目し、観察結果から進化論の証拠を提示したのは有名な話です。一方、彼はその諸島のマネシツグミについても調べています。帰国して1年が過ぎたころ、さまざまな島で採集したマネシツグミの標本がすべて同じ種というわけではないことにようやく気づいて、それぞれの出所を詳しく記録しておかなかったことを深く後悔したのでした。現在、ガラパゴスでは明確に区別できるマネシツグミが4種確認されています。ダーウィンはそのうち3種の標本（写真右）を採集していました。多様なガラパゴス・フィンチ同様に、4種はすべて、何千年も前に南米本土から渡ってコロニーをつくった共通祖先の子孫でした。ガラパゴスのマネシツグミはカリスマ性のある集団で、島を訪れる人間をまったく恐れず、すぐに偵察に来ます。地域の野生動物にとってはいくらか困った存在でもあり、海鳥の卵を食べたり、アシカやウミイグアナの傷から血を飲んだりします。

右：ダーウィンが採集してラベルをつけたガラパゴスの3種類のマネシツグミ。左から右に、チャールズまたはフロリアナマネシツグミ（*Mimus trifasciatus*）、サンクリストバルマネシツグミ（*M.melanotis*）、ガラパゴスマネシツグミ（*M.parvulus*）

カササギヒタキ

カササギヒタキ科(Monarchidae)

カササギヒタキは並外れて美しい小さな鳥で、よく人目を引き、民間伝承では大いに褒めたたえられています。この科には100余りの種が含まれ、南アフリカおよびアジアからオーストラレーシア、さらにはハワイを含め太平洋のさまざまな島々にまで広く分布しています。多くは鮮やかな色合いや派手な模様をまとい、なかには冠羽や長い尾、くっきりした色のむきだしの肌からなるアイリングを持つものもいます。

こうした特徴をすべて示す種の1つがカワリサンコウチョウ(*Terpsiphone paradisi*)です。オスには体の2倍以上の長さの尾と、よく目立つとがった冠羽、青い「メガネ」があります。頭は黒ですが、胴体の羽は白か赤褐色のどちらかです。スリランカではこの鳥は人間の泥棒が鳥の姿に変えられたものだと考えられています。何が盗まれたか、その色でわかるといわれていて、赤褐色の鳥は「ジニ・ホラ(火盗人)」で、白い鳥は「カプ・ホラ(綿盗人)」だそうです。

日本で見られるサンコウチョウ(*T. atrocaudata*)も長い尾と青いメガネの美しい鳥ですが、白いタイプはいません。日本人はその鳴き声を「ツキ・ヒ・ホシ(月・日・星)、ホイ・ホイ・ホイ」と聞きなしています。サンコウチョウは「3つの光の鳥」という意味です。

木の良し悪しを見極める

ハワイのハワイヒタキ(ハワイヒタキ属(*Chasiempis*))はずっと地味な外見にもかかわらず、土地の民間伝承では重要な存在で、よく似た種が3ついます。伝えられている特性の1つに、どの木を使うべきかをカヌーのつくり手に教えるという習性があります。何の木であれ、ハワイヒタキがつついた木は病んでいて昆虫の幼虫がいっぱいなのに対して、よい木には見向きもしないというのです。昆虫を食べることから、健全な作物の女神であるヒナ・プク・アイの使いともされています。ハワイ固有の鳥の一部は狩猟が盛んに行われたせいで絶滅してしまいましたが、ハワイヒタキはこうして大事にされていたため、影響をあまり受けませんでした。

カササギヒタキ科の17の属のうちで特に目立っているのが、ニューギニアのエリマキヒタキで、「*Arses*」という属名を享受しています(こういう言い方が適切かはわかりませんが)。ただし、この属名がラテン語で「芸術」を意味する「ars」から来ているのか――それならこの目もあやな鳥たちにぴったりですが――、それほどうれしくない何か(イギリス英語で「arse」は尻の意)と関連しているのかは、定かではありません。

右:インド生まれの英国人画家マーガレット・ブシュビー・ラセルズ・コックバーン著『Neilgherry Birds and Miscellaneous(ニルギリの鳥類その他)』(1858年)より、著者による挿絵。カワリサンコウチョウの尾と色がオスとメスで明確に異なることを示している

Bird of Paradise Flycatcher Male & Female
Muscipeta Paradisea
288 Jerdon

フウチョウ（ゴクラクチョウ）

フウチョウ科（Paradisaeidae）

上：オオフウチョウの華やかな羽を見事に表現したフランソワ・ルヴァイヤンによる挿絵。自著の『Histoire naturelle des oiseaux de paradis et des rolliers, suivie de celle des toucans et des barbus（フウチョウ、ブッポウソウの自然史およびオオハシ、ゴシキドリの自然史）』（1806年）より

マゼランの探検隊が16世紀にオーストラレーシアから初めてオオフウチョウ（*Paradisaes apoda*）の皮を持ち帰ったとき、「とても信じられない」というのがおおかたの反応でした。これほど色鮮やかで精緻な羽を持つ鳥など実在しないと思われていたのです。剥製にする際、先住民が両方の翼と足を取り除いていたことも、そうした印象をさらに強めていたようです。そのため、これは「神の鳥」で、その雲のような黄金の尾羽によって空中に浮かんでいるのだろうと考えられました。地上には決して降りずに永遠に空を漂い、死んだときだけ地上に落ちてくるというわけです。種の学名である「*apoda*」は「足がない」という意味で、そうした考えを反映しています。

41の種からなるフウチョウ科はカラス科と近縁関係にあります。黒い羽のカラスと、エキゾチックな極彩色の羽をまとった華やかなフウチョウ。これほどかけ離れた鳥が近縁関係にあるとはちょっと想像できませんが、すべてのフウチョウが目を見張るような鳥というわけではないのです。たとえばカラスフウチョウは精緻な羽を持たず、黒っぽい色でカラスのようです。フウチョウの大部分の種はニューギニアにすみ、生息地である森は人が容易に近づくことができません。そのため神秘的な雰囲気が何世紀にもわたって損なわれることがなく、天の鳥というストーリーをいっそうもっともらしく思わせることとなりました。いまでも、多くの種は生物学的にも生態学的にも事実上未知のままです。

盛装して踊る鳥たち

ゴクラクチョウという通称にふさわしいフウチョウ科の鳥であっても、華やかな彩りと装飾を持つのはオスだけです。そうした装飾を手の込んだ歌と踊りからなるディスプレイで見せびらかして、メスの気を引きます。これにあやかろうと、ニューギニアの先住民のなかには死んだフウチョウの羽で体を飾る人々もいて、そうした羽は儀式の踊りのためのかさばった複雑な衣装の一部になっています。

かなりの重量のある装飾を身につけて踊ることで、男たちは肉体的な力強さを証明して見せます。生きているオス鳥がメスのために演じているときにしているのと、ほとんど同じことをしているわけ

火の鳥

フェニックス（不死鳥）は火の中で生まれ火の中でよみがえる伝説上の鳥で、太陽と深いつながりがあります。西洋における不死鳥の概念の起源はギリシャ神話ですが、ロシア、チベット、中国、日本など、世界の多くの地域によく似た話があります。実在するいくつかの鳥が不死鳥伝説と結びつけられてきました。翼と足のないフウチョウの皮を初めて見たヨーロッパ人は、これこそ現実に存在する不死鳥かもしれない、太陽と共に永遠に空にすんでいるのだろうと考えたのでした。

です。一見生存に不利に見える行動や形態（ハンディキャップ）を積極的に示すことが、結果的に生存や繁殖に有利になるとされる進化のハンディキャップ理論では、交尾の機会を巡って激しい競争のある種の場合、「好みのうるさい側」（通常はメス）が、最も明白な重荷を背負った相手を好むのではないかと考えられています。重い飾りにもめげず生き残り、ディスプレイを演じられるのは良好な健康状態と適応度の証明であり、それをもたらす優秀な遺伝子を持っていることを示すからです。フウチョウの一部は集まって求愛行動をする種です。つまり、オスたちが決まった場所（レック）でディスプレイを競い、そこへやって来て観察したメスたちが、最も印象的に演じ、最も印象的に盛装した踊り手と交尾します。

脚がない理由

自分の部族が使うためであれ、また交易のためであれ、フウチョウを殺したハンターたちは、この鳥が生きているときには脚も翼も備えていることをもちろん知っていました。それらを取り除いたのは、羽の素晴らしさを際立たせるためと、飾りとして使いやすくするためです。そのうえで、棒に刺しておくのが普通でした。ところが、脚がないことについての非現実的な説明が、イングランド人探検家のウィリアム・ダンピエールによってヨーロッパにもたらされました。彼は17世紀に、脚と翼のないフウチョウの皮がモルッカ諸島のアンボン島で売られているのを目にしました。探検隊が聞かされた話によると、その鳥はナツメグを食べるために島に飛んできたのですが、濃厚な食べ物に酔って意識を失い、地面に落ちたところを、アリに脚と翼を食われてしまったのだということでした。アイルランドの作家トマス・ムアも、17世紀のペルシャを舞台にした叙事詩『ララ・ルーク』の中で

それとなくこれに触れています。

香辛料の取り入れどきに墜落したあの黄金の鳥たち
庭のあたりで、あのかぐわしい果実に酔って
その香りが夏の大潮を越えて彼らを引き寄せたのだ。

神秘から生まれた物語

ニューギニアには、フウチョウに囲まれて森にひとりで住んでいた男の悲しい話が伝わっています。ある日、男のもとに1人の女がやって来て2人は結ばれ、やがて娘が生まれました。ところがこの結婚を快く思わない兄弟が幸せな夫婦の隠れ家に来て、美しいフウチョウの1羽を弓矢で殺してしまいました。激怒した男はその兄弟を殺して、妻と娘のもとを去りました。焚き火から採った炭を使って、彼は自分を「カランク」つまりオナガカマハシフウチョウ(*Epimachus fastosus*)に変えたのです。鎌状にカーブした黒いクチバシと、それによく合う、下向きにカーブした長い尾を持つ驚くほど美しい黒と緑の鳥です。鳥になった男は山のほうへ飛び去って、二度と戻りませんでした。

フウチョウの神秘的な繁殖生活に関するマレーの神話には、メスが飛びながら卵を産むというものがあります。卵が地面に落ちて割れると、中からすっかり羽の生えそろった若鳥が出て来て、自分で身を守れるのだそうです。別の奇妙な言い伝えでは、メスがオスの背中の上に卵を産むと信じられています。一部の種のオスは背中と尻に羽がたっぷり生えてクッションのようになっており、それが巣に使えそうに見えるからでしょう(実際はフウチョウのメスは巧みに隠された巣をつくり、そこに卵を産みます。一部の種では、卵を産んでからヒナが巣立つまでに1カ月もかかりません)。

こうした考えはいまから見れば奇妙ですが、これらの鳥がどのように暮らしているのか、まったくわからなかったことから生まれたのでしょう。耕作地や村にすむ見慣れた鳥と違って、フウチョウはほぼ例外なく、特に調査の困難な島の、人を寄せつけない深い森にすんでいました。その上、生息地はきわめて限定されていました。並外れた美しさと印象的な求愛のダンスがなかったら、ほとんどの種は地元民にも探検家にも注目されることはなかったでしょう。ひょっとするといまでも完全に未知のままだったかもしれません。なにしろ、1998年から2008年の間にニューギニアでは1000種を超える生物が新たに発見され、そのうち100以上が脊椎動物なのです。もしかすると、もっと素晴らしいフウチョウが発見を待っているかもしれません。

左:パプアニューギニアで毎年開催されるマウント・ハーゲン・カルチュラル・フェスティバルで、フウチョウの羽を連ねた華やかな装束をまとったある部族の女性

コガラ

シジュウカラ科（Paridae）

コガラ属（*Poecile*）の鳥は北米では「チッカディー」と呼ばれますが、英国では「ティッツ」と呼ばれ、かつては小さな生き物全般、時には少女を指す言葉でした。米国では7種のコガラのうち数種が庭によく来る鳥として広く愛されており、「チッカディー」は親愛の情を示す呼び名として、特にガールフレンドや子供によく使われます。

一番よく見られるコガラはアメリカコガラ（*Poecile atricapillus*）（写真）で、カナダおよび米国北部では小鳥の餌台の常連です。黒と白と灰褐色の羽からなるくっきりした模様と大胆で小生意気な性格の持ち主で、ほかの小鳥の多くが暖かな南に行ってしまう冬には特に人気があります。この鳥は19世紀の詩人ラルフ・ワルド・エマーソンの詩、『シジュウカラ』にも登場しました。

そっと、――しかし運命はこの方向を指し示していた、
このような終油の儀式にすばやくやって来るものがあり、
すぐそばで小さな声が囀（さえず）った、
陽気で礼儀正しく、楽しげな歌声、
チックチカディーディー！
健全なる心と陽気な喉から発する快活な調べ、
まるでこう言うよう、「やあ、こんにちは！
気持ちよい午後ですね、旅のお方！
ここでお目にかかれてうれしいです、
一月には来る人とて稀なので。」
（『エマソン詩選』小田敦子、武田雅子、野田明、藤田佳子訳、未来社、2016年）

名前の由来

「チッカディー」というのは、そのよく響く鳴き声をまねた呼び名のように思われますが、語源学上の説はそれとは異なり、チェロキー族が使う呼び名の「チギリイ」から派生したのではないかと考えられています。チェロキー族はコガラを好み、この鳥を真実と知識、それに幸運または悪運のお告げと結びつけました。チェロキー族の伝説には、通りかかる人々を待ち伏せして殺す残忍な魔女の話があります。1羽のコガラが魔女の肩に止まって大声で鳴き、居場所を教えたので、部族の人々は魔女をやっつけることができました。別の部族では、この敏捷な小鳥の舌が2つに裂けていて、冬の間は3つに裂けると信じられていました。繁殖期が近くなると鳴き方が変わることから、そうした考えが生まれたのでしょう。通常の鳴き方は「チック・ア・ディー」ですが、アメリカコガラの歌にはさまざまなリズムがあり、「ハイ・スウィーティー」というふうに書かれることもよくあります。

別のアメリカ先住民ミクマク族には、コガラが出てくる創世物語があります。片方は善人、もう片方はそれほど善人でない2人の兄弟が、「ウォルティス」と呼ばれるゲームで、世界の行く末について賭けをしました。勝ち負けの象徴としての桃の種を勝ち取れるかどうか競うゲームです。その桃の種は片面が黒、片面が白で、まるでアメリカコガラの頭のようでしたが、ほんとうにコガラに変わって飛んで行ってしまいました。こうしてゲームは中断され、善人であるほうが決して負けないようにできたのだそうです。

北米では、この鳥自体が間違いなく勝者です。バードライフ・インターナショナルによれば、北米のコガラで絶滅危惧種に指定されているものはなく、アメリカコガラは特に健闘しているそうです。近年その数は10年で約16パーセントずつ増えていて、この40年で80パーセント以上増加しています。

オオハシ

オオハシ科(Ramphastidae)

オオハシは色もカラフルですが、大型の種では体長の2分の1にもなる巨大なくちばしで、すぐに見分けがつきます。この奇妙な付属物を、中米や南米の熱帯および亜熱帯地域の先住民は魔術的なものと見なしていました。これらの地域ではオオハシ、ヤマオオハシ、それより小型のチュウハシが見られます。

エクアドルのカネロス・キチュア族やジベロ族にとって、そのくちばしは黒魔術の道具でした。その地域にすんでいたのはたぶんシロムネオオハシ(*Ramphastos tucanus*)ですが、魔術師の矢を運んだり、病気をもたらしたりすると信じられていました。女性が妊娠した際には、赤ん坊に魔法をかけられないように、夫がオオハシの肉を食べることを控えるという風習もあったようです。オオハシを生者と霊界との仲介者と見る呪医は、魔術の犠牲者を治すための儀式の最中にオオハシに呼びかけました。

アマゾンのアチュア族はこの鳥をもっと好意的に見て、広い音域を持つ大きなしわがれ声を称賛しました。その声にあやかろうと、母親はオオハシのくちばしを子供のハンモックにつけたほどです。初期フランドル派の画家は楽園の情景にオオハシをよく目立つように描き入れました。また、理由は定かではないものの、20世紀の広告ではギネスビールの特使となっています。

驚くべき生理機能

オニオオハシ(*R.toco*)(写真右)はコモン・トゥーカンとも呼ばれます。大きなくちばしは重さが体重の20分の1ほどしかなく、何層にも重なるタイル状のケラチン(毛や爪、皮膚などを形成するタンパク質)でできた外層が網目構造の骨線維を覆っていて、きわめて弾力性に富みます。くちばしが強靭なおかげで殻や種を砕くことができ、また長いおかげで、体重を支えられないような枝の先の果実をもぎ取ったり、木の穴や巣の奥の獲物を探したりすることができます。体のサイズに比べてあまりにも大きいため、体温調節にも役立っているようです。くちばしへの血流を調節することで、熱をどれくらい放散または保存するか、決められるのです。

ライバルのオス同士はくちばしを絡めて優位を主張することがありますが、求愛中のつがいはくちばしを使って一口分のごちそうをやりとりします。アチュア族の間でオオハシが幸せな恋愛の象徴とされるのは、きっとそのせいでしょう。オオハシにはさらにかわいらしい習性があって、羽のボールのように丸まって木の穴で休みます。最後尾の椎骨3つが融合し、球関節によってその前の椎骨に結合しているおかげで、尾を頭の上にくるりと巻き上げることができるのです。

ヨコフリオウギヒタキ

オウギヒタキ科(Rhipiduridae)

威勢の良さと人によく慣れることが、この印象的な小鳥の特徴です。オーストラリアへの初期のヨーロッパ人入植者から、愛情を込めて「ウィリー・ワグテイル(フリフリしっぽのウィリー)」というあだ名で呼ばれたヨコフリオウギヒタキ(*Rhipidura leucophrys*)は、ユーラシアのワグテイル(セキレイ類)とは関係がなく、クジャクバトの仲間です。背中が黒で腹が白く、カラフルな鳥とはいえませんし、近縁の仲間たちと違って、長い尾を立てて扇のように広げることもしません。けれどもあだ名からわかるように、餌をあさりながら、ほぼ絶え間なく尾を左右に振ります。

この鳥のふるさとであるニューギニアでは、高地のカラム族が「コンマイド」と呼んで、地面を耕したり家畜の群れを追ったりする際にそばに来てさえずってくれるのを歓迎しました。この鳥が豊かな収穫をもたらし、周囲を歩いたり体に止まったりして動物を見守ってくれるといわれていたのです。実際は、人や動物の動きで出てくる虫を食べていたのですが。父系の先祖たちの霊が鳥となって現れたものだとして大事にされ、食料となることはありませんでした。

オーストラリアに伝わる話では、年寄りのワラルーから部族を救った英雄ということになっています。ワラルーはずんぐりした種類のカンガルーです。体が弱って狩りができなくなったワラルーは、困窮したふりを装って、助けに来た者たちをブーメランで殺しました。そこでこの鳥が勇気を奮って、問題解決に乗り出します。長い脚で素早く動き回って一連の攻撃をかわすと、ワラルーのブーメランをつかんで、必殺の一撃をお見舞いしたのです。ワラルーをやっつけて勝利の凱旋をすると、部族の長に選ばれました。

上:オーストラリア・アカカンガルー(*Macropus rufus*)は、ヨコフリオウギヒタキが腰のあたりに止まって虫を食べようと待ち構えていても、まったく気にならないように見える

実は、ヨコフリオウギヒタキは(ワラルーではありませんが)ネコやイヌを攻撃しますし、なわばりを守るときにはオナガイヌワシ(*Aquila audax*)にさえ立ち向かいます。特に、木につくったお椀型の巣を守るためには激しく闘います。卵もヒナも、ほかの鳥やノラネコ、ネズミの餌食になりやすいのです。ライバルとのなわばり争いでは、独特の白い眉斑(びはん)を誇示します。互いに相手をにらみつけるわけです——片方が引き下がるまで。

黒い疑惑

ニューギニアの入植者や先住民と違い、アボリジニ共同体はこの社交的な鳥をあまり信用しませんでした。オーストラリア南東部の一部の部族は、この鳥が悪い知らせを伝えたり、野営地の周りで秘密を盗み聞きしたりすると考えていたのです。この鳥が近くにいるときはくれぐれも口に気をつけるようにといわれていました。オーストラリア北西部のキンバリー高原では、ヨコフリオウギヒタキが霊界と交信するといわれていました。死んだばかりの人を悪く言うと、それを死者に告げ口するというのです。魔力も恐れられました。ノーザンテリトリーの親たちは、鳴き声からティジャリジャーラと名づけたこの鳥を決して傷つけないようにと、子供たちに言い聞かせました。そんなことをすると、恐ろしい嵐をもたらすとされていたからです。

ダチョウ

ダチョウ科（Struthionidae）

ダチョウ（*Struthio camelus*）（写真下）は長い間、神話と迷信によく登場してきました。世界で最も大きく重い鳥で、体高は2.5メートル、大きなオスは体重が156キログラムにもなります。陸上で最速の鳥でもあり、最高時速は72キロメートルに達し、追いすがる肉食動物のほとんどを振り切ることができます。磁器のような巨大な卵は古代から飾り物として珍重されましたし、素晴らしい羽は、はるか昔から多産と精力の象徴でした。

原産地であるサバンナの草原やアフリカの砂漠と半砂漠地帯に古代からすみつき、いまもその生息地を守っていますが、この200年の間に個体数を急速に減らしています。何万年も前から、アフリカの狩猟採集民の食料となってきました。また、卵は水の運搬にも使われ、厚い殻には模様が彫られましたが、これは記号を用いた初期のコミュニケーションだろうと考えられています。

生き残るための仕組み

古代の著述家たちは半分鳥で半分獣のようなダチョウの外見に困惑しました。柔らかくてぼさぼさした羽は他の大部分の鳥と違って互いにかみあっておらず、飛ぶのにはまったく使えません。また、ほかの飛べない走鳥類同様に竜骨突起（胸骨の延長部分）も退化しています。飛ぶためには、翼の筋肉に対しててこの支点の役目をする強力な竜骨突起が必要なのです。

謎多き鳥

いまは絶滅しているダチョウの亜種シリアダチョウ(*S.camelus syriacus*)は、古代アッシリアではいけにえの鳥だった可能性があります。保存されている彫刻版に、ある神様がダチョウの頭を切断しようとしている場面があるのです。ひょっとすると、異様な外見のせいで邪悪なものと見なされたのかもしれません。

旧約聖書のヨブ記は、見当違いも甚だしいことに、ダチョウを自分の卵を遺棄する哀れで愚かな母親にしています。実際には、優位のメスとほかの数羽のメスが、オスが掘った共同の巣穴にそれぞれ7～10個の卵を産み、その後、優位のメスとオスが交代で卵を抱きます。

古代ギリシャやローマの思想家や著述家にとって、ダチョウは明らかに謎だったようです。アリストテレスは紀元前350年頃に書かれた『動物部分論』の中で、次のように首をひねっています。「四足動物ではない限りで翼をもち、鳥ではない限りで空中高く飛ぶことがないのであり、その羽は飛ぶのに役立つものではなく毛髪状であるから。さらに、四足動物である限りで上まつげをもち、頭のまわりの部分と頸の上部は禿げており、したがって、まつげがいっそう濃いが、しかし、鳥である限りで下部に羽がある。そして、鳥のように二足であるが、四足動物のように双蹄である」(『動物部分論・動物運動論・動物進行論』アリストテレス著、坂下浩司訳、京都大学学術出版会、2005年)

また、ダチョウは上まつ毛を持つ数少ない鳥でもあります。このまつ毛が巨大な目の日除けとなり、直径5センチという脊椎動物最大の目を、ほこりや、餌を食べる際の怪我から保護しています。立つと非常に背が高いうえ、大きくて鋭敏な目をしているので、襲ってきそうな肉食動物をすぐに見つけることができます。

2本ある趾(あしゆび)のうち、内側のほうはひづめのようになっているのがわかります。大部分の鳥は4本趾ですが、ダチョウが2本趾なのは、ウロコに覆われた長い脚で素早く走るための適応の1つなのでしょう。この趾で致命的なキックをお見舞いすることもできます。短距離走では時速97キロメートルのチーターから逃げられませんが、もっと長い距離なら負けません。平均時速48キロメートルを30分も維持できるからです。その鍵は靭帯にあります。人間をはじめとする他の生き物では、筋肉や腱がエネルギーを使って、走る際の横揺れを防ぎます。ところがダチョウの靭帯はエネルギーを少しも使わずに体の横方向への動きを制限し、大股で走る際に脚を安定させます。その結果、筋肉は体を前方に押し出すためだけに使われることになり、長距離の持久走に有利になるのです。

深まる謎

アリストテレスの記述から2世紀が経っても、ダチョウの生理機能は謎のままでした。紀元前1世紀に書かれた15巻からなる『神代地誌』の中で、ギリシャの歴史家ディオドルス・シクルスが描画した「ストゥルソカメリ（ダチョウ）」は、足が速く、『ひづめが二股に分かれ』、長い首ともじゃもじゃした羽と狂人な大腿部を持つという、まるでダチョウとラクダを合わせたような奇妙な生き物だったのです。また、そうした生き物が馬に乗った人に追いかけられると、「足元にある石を投げつける」と、突拍子もないことも主張しています。捕えられそうになると砂の中に頭を押し込むが、それは身を隠そうと馬鹿げた努力をしているのではなく、傷つきやすい頭を守るためであるとも説明しています。対照的に、もっと後のローマ人著述家の大プリニウスは、それは隠れようとしているのだと、心から信じていました。

頭を砂に埋めるダチョウは、見て見ぬふりをして問題がひとりでに消えてくれることを願うことのたとえとしてすっかりおなじみですが、実際には、このたとえには何の根拠もありません。ダチョウは、時には頭を地面につけて横たわることがありますが、そうすると遠くにいる肉食獣からうまく身を隠すことができるのです。オスの黒い羽と白い翼はいくらか目立ちますが、メスのもっとくすんだ茶色とクリーム色の羽はよいカモフラージュになり、繁殖期には役立ちます。

鋳鉄製の体？

頭を砂に埋めると信じられていたのは、くちばしを地面に差し込んで硬い小粒を呑みこむ習性を誤解したためとも考えられます。砂粒から大きな小石まで、さまざまなものを呑みこんで、硬い植物質を砂嚢（さのう）の中ですりつぶすのに役立てるのです。こうした習性がちゃんと観察されていたにもかかわらず、ダチョウの消化力は鉄を消化できるほど強いと主張する学者のおかげで、またしても捻じ曲げられました。この誤った信念は紋章の図案にも反映され、ダチョウが蹄鉄や鍵をくわえている姿がしばしば描かれました。シェイクスピアの『ヘンリー6世、第2部』でも、謀叛人（むほんにん）ジャック・ケイドが次のように啖呵を切っています。

> ……ダチョウみてえに鉄食うがいいや、てめえにこの剣ぐさっと呑みこませねえうちは、あばよとは言わねえぞ。
>
> （『シェイクスピア全集19 ヘンリー6世』松岡和子訳、ちくま文庫、2009年）

米国の博物学者アーネスト・インガソールが『Birds in Legend, Fable and Folklore）（伝説、寓話、民間伝承における鳥類）』（1923年）で報告していますが、動物園では多くのダチョウが、「お客が試しに与えた銅のコインなどの金属製品を呑みこみ、消化することも体外に出すこともできずに命を落としている」そうです。これはちょうど1世紀前のことですが、この鳥にそれほどの打撃を与えかねないつくり話が、いまでも広く信じられているようです。

神話の鳥と鳥人

地球上には、多彩な姿を見せてくれる1万種余りの本物の鳥たちがいます。それを思えば、実在しない鳥を祭る神殿にまで思いを馳せるのは余計なことかもしれません。そうはいっても、ほぼあらゆる文化が独自の神話上の鳥類相を持っています。たとえば翼や羽といった鳥らしい特徴をいくらか持ちながら、それを他の動物の特徴と結びつけた奇妙な怪物もたくさんいます。翼を持つ昔の超自然の生き物は、時には神として恐れや畏怖の念を呼び起こさせ、しばしば、神の使いとして天と地の間を飛びまわりました。

巨鳥の伝説

ギリシャ神話のフェニックスは、太陽および火と密接な関連があるとされています。この素晴らしい鳥は通常、金色の豪華な羽を持つ大きなワシの姿で表され、何世紀にもわたる長い寿命を持っていました。人間の不死への願望を象徴する存在で、年老いて死ぬと火で焼かれ、灰の中からよみがえります。同じような伝説の鳥には、やはり死んでよみがえるサギに似たエジプトのベンヌ、暗闇で輝く羽を持つロシアのジャール・プチーツァ（火の鳥）などがいます。

アラビアには伝説の巨鳥、ロックがいます。この肉食鳥は成長しきったゾウを軽々と持ち上げることができ、その卵は人間より大きかったそうです。船乗りシンドバッドの物語に登場して、船員が卵を割って中のヒナを殺した仕返しに、船を破壊してしまいます。それよりはずっと正体が曖昧ですが、アラビアの民間伝承には、「シンナモログス（シナモン鳥）」という、シナモンの小枝で巣をつくる巨鳥も出てきます。大プリニウスはこの鳥を、シナモンの値段をつり上げるためにでっち上げられたものに違いないと考えていました。大変な危険を冒して巣から採ってこなければ手に入らない貴重なものだと思わせようとしたというのです。

アメリカ先住民にも巨大な鳥の言い伝えがあります。ほかの神話上の生き物と同じく、危険で予測のつかない自然の力を表していました。人間は自然の力を非常に恐れていたのです。サンダーバード（雷神鳥）と呼ばれるこの強力な存在は、羽ばたきで嵐をつくり出して動かし、目から稲妻を発します。怒りに満ちた危険な鳥で、人間に変身することができます。スラブ神話の炎の翼を持つ強力な「火のハヤブサ」であるラログは古代のスラブ戦士の紋章にあしらわれていましたが、獰猛でありながら名誉を重んじ、獲物には常に正面から襲い掛かりました。実際のところハヤブサは、よく似たタカのように獲物を待ち伏せし、追跡するよりも、真上から急降下して獲物を仕留めることが多いのです。

奇妙な組み合わせ

神話上の獣には、2つ以上の動物の体をつなぎ合わせたものが非常に多く見られます。普通は、そのまま単独でも特別に称賛されたり、恐れられたりしている動物が使われます。なかでも一番人気があるのはグリフィン（あるいはグリフォン）でしょう。ワシの頭と翼を持つライオンで、最も高貴な鳥と百獣の王が合体した姿をしています。グリフィンはあらゆる生き物の支配者として古代ギリシャの美術や言い伝えに登場。究極の力と勇気の象徴として紋章にも用いられています。

鳥の特徴を持つもっと小型の怪物としては、コカトリスやバシリスクがいます。どちらも爬虫類に似ていますが頭はオンドリで、それぞれイングランドとギリシャの伝説上の生き物です。大きな怪物のような凶暴な力はありませんが、有毒な息を吹きかけたり、相手を凝視して麻痺させたりして敵を倒します。コカトリスはオンドリの産んだ卵から孵化するといわれていました。もしそうした卵を見つけた場合、コカトリスが生まれるのを防ぐには、家に当たらないように屋根の向うに卵を投げなければなりませんでした。

神話上の生き物に鳥の翼をつけ加えて飛ぶ力を与えるというのが、広く見られるテーマです。ギリシャ人が翼のある馬、ペガサスを考え出したのに対し、アステカ人とマヤ人は翼のあるヘビ、ケツァルコアトルを崇拝しました。伝承や伝説には、大天使、ガルーダ、ハーピーなど、天国の、または邪悪な人間と鳥の雑種がたくさん出てきます。重力のくびきから逃れて天高く飛んで行きたいという、わたしたち自身の切望の現れです。魔法または神性を通じて、どうにかしてそれを実現したいと思ったのでしょう。飛行する怪物の中で最も有名なのはドラゴンです。普通ドラゴンの翼はコウモリのように趾（あしゆび）がついていて、羽に覆われてはいませんが、中世の絵画の一部には羽のあるドラゴンも見られます。

英国とオーストラリアの言い伝えには、あきれるほどばかげた生き物、ウーズルム鳥が出てきます。驚きにうまく対処できず、びっくりすると高速で小さな輪を描いて飛び、しまいには自分のお尻に飛び込んで消えてしまうというのです。親戚には、目にゴミが入らないように逆向きに飛ぶウーズルフィンチや、片方の翼しかないために円を描くように飛ぶウィージイ・ウィージイがいます。

いまはフォトショップなどのソフトを使えば、ありえないような動物も簡単に描けますが、それを先取りするような出来事が1950年代にありました。鳥類学者のモーリー・F・J・ミクルジョンが、「ベアフロンテッド・フードウィンク」という合成の鳥をつくったのです。これは、ちらりとしか見えなかったり、鮮明に見えなかったりして、バードウォッチャーがちゃんと特定することができないあらゆる鳥の代表として考えられたもので、一見「ぼやけた外見」をしていました。詰め物をした剥製のベアフロンテッド・フードウィンク――カラスとチドリとカモを縫い合わせたもの――が、1975年にエジンバラの王立スコットランド博物館に展示されました。

ケツァール

キヌバネドリ科(Trogonidae)

目の覚めるような緑の羽のカザリキヌバネドリ(リスプレンデント・ケツァール)(*Pharomachrus mocinno*)(写真右)と力強いヘビを組み合わせると、ケツァルコアトルができます。ケツァルコアトルは空気と光の創造神であり、古代メキシコおよび中米の宗教で最もよく知られた神の1人です。マヤ文明やアステカ文明をはじめ、この地域のさまざまな文化では、翼のあるヘビが崇拝されました。ケツァルコアトルの鮮明な像として最古のものは、メキシコ、ニューヴェンタのオルメック遺跡で発見された紀元前900年の彫刻です。そのような重要な神とのつながりがなくても、カザリキヌバネドリはその生息地全域であがめられ、「世界でもまれな宝石鳥」というようなうやうやしい形容語句で知られています。「ケツァール」という名前はアステカ族の言語であるナワトル語の「ケツァーリ」から来ています。もとの意味は「尾羽」ですが、やがて何か美しいものや貴重なものを意味するようになりました。

富と自由の尾羽

カザリキヌバネドリは中くらいのサイズの驚くほどカラフルな鳥で、メキシコからパナマにかけての低山帯雲霧林にすんでいます。オスはきわめて長い尾羽で有名で、35センチほどの体に対して尾は65センチにもなります。尾羽は背中・胸とともに玉虫色の光沢を帯びた鮮やかな緑色なのに対し、翼は黒で腹は明るい真紅です。尾羽が緑色で長いことから、春や新芽と結びつけられるようになりました。メスはこれよりくすんだ緑色で頭と腹は灰色をしており(下尾だけが赤い)、尾の長さもずっと控えめです。

成熟したオスの素晴らしい尾羽は、かつてはかぶりものやその他の飾りのために非常に需要が高く、高値がつきました。この鳥を殺すことはタブーであり、また捕えておくとすぐに死んでしまうことで有名だったため、オスを生きたままつかまえて、長い羽を引き抜いてから放しました。こうした手荒な扱いを受けて生き延びたとしても、繁殖行動には打撃となったでしょう。メスは一番見事な尾羽のオスを好むからです。

貴重な羽を持っていること、そして捕らわれて生きることを拒否したことで、カザリキヌバネドリは富と自由の両方と結びつけられ、支配者と高貴な生まれの者だけが、その羽を身につけることを許されました。ケツァールの羽で飾られたかぶりものは、かぶる者をケツァルコアトルに結びつけたのです。

上:ボルボニクス絵文書(1519〜1540年頃)の細部。一部はヘビ、一部はカザリキヌバネドリの姿をした神、ケツァルコアトルが、左のシペトテク神に対峙している

美の保存

カザリキヌバネドリは同じ属のほかの鳥たちの存在を完全にかすませています。ほかの4種も同じ地域に見られ、同じような外観をしていますが、もっと小型で尾も短いのです。属名の「*Pharomachrus*」は「長いマント」を意味し、カザリキヌバネドリの素晴らしい尾と、止まっているときに翼を外套のように覆う背中の羽を表しています。「ケツァール」という名を持つ6番目の種はミミキヌバネドリ(イアード・ケツァール)(*Euptiloitis neoxenus*)で、やや離れた関係にあります。この鳥とカザリキヌバネドリは、生息地の森林伐採が原因で、国際自然保護連合(IUCN)が準絶滅危惧種に指定しています。ほかの4種はそれより生息数が保たれています。

数が少なく、いまも減りつづけているにもかかわらず、カザリキヌバネドリは簡単に見ることができます。いくつかの保護地域にはかなりの数がいるからです。有名なうえに美しいため、中米を訪れるバードウォッチャーはこの鳥を「見たい鳥リスト」のトップまたはその近くに置きます。死なないように飼育するだけでなく、なんとか繁殖させる方法がこの数十年の間に発見されたため、いまでは動物園でも見ることができます。

飼育下での繁殖に初めて成功したのはメキシコのトゥストラグティエレスにあるミゲルアルバレスデルトロ動物園で、2004年のことでした。この鳥が命より自由を重んじるという言い伝えには傷がつくかもしれませんが、あくまでも実際的な視点に立てば、絶滅危惧種を飼育し繁殖させる方法を知ることには意義があります。野生状態では、回復不能なほど生息数が低下してしまいかねないからです。とはいえ、自然の雲霧林というケツァールのすみかを保護し、それとともに、あまり有名でも華やかでもないけれど負けず劣らず興味深いほかの多くの野生種を保護することこそ、はるかに優先すべきことでしょう。

戦いと流血

羽に赤い斑点の目立つ鳥の多くが、血なまぐさい伝説のもとになってきました。オスのカザリキヌバネドリもその1つです。グァテマラには、スペイン人侵略者との戦いで重要な役割を演じたマヤ人の英雄、テクン・ウマン（写真左）の話が伝わっています。マヤのキチェ族の支配者だった彼は、勇猛果敢な戦士として重要な登場人物でした。言い伝えによれば、テクン・ウマンはケツァールを「ナフアル」（霊の導き手）としており、最後の戦いでコンキスタドール（スペインから来た征服者）のペドロ・デ・アルバラードに立ち向かったとき、生きているケツァールが頭上を飛んでいたそうです。彼の最初の一撃がデ・アルバラードの馬を打ち倒しましたが、逃れたデ・アルバラードは別の馬で戻って来て、今度はウマンを槍で突き、殺しました。これを見たケツァールは舞い降りてウマンの遺体の上にとまり、悲しみのあまり、その血で腹を赤く染めたということです。

この物語には後日談があります。侵略以前、ケツァールには美しい歌がありましたが、マヤ人が征服された悲しみで歌うのをやめたということです。実際にはカザリキヌバネドリは鳴かない鳥ではありません。ただし、彼らの上げるさまざまな金切り声やひいひい声は、とても「美しい歌」とはいえないことは確かです。

ESC.R.GALEOTTI TORRES

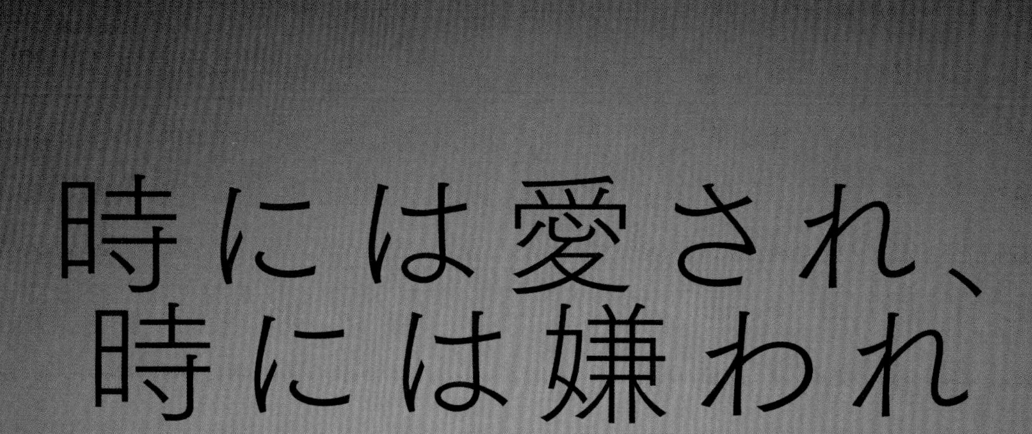

時には愛され、時には嫌われ

美しさと強さが鳥を賛美の対象にしたとすれば、
その他の特徴、たとえば色や夜行性であること、耳につく大きな鳴き声などは、
深い恐怖をかき立てました。ヨタカは魔女と信じられ、
カラスと鋭い声のフクロウはともに死と結びつけられています。
ハゲワシも、その姿と死肉を食べる習性から、たいていは嫌われました。
ヒバリが愛されるのはその陽気な夏の歌があればこそですが、
フルートを思わせるさえずりと黄金の羽は、コウライウグイスを
ある詩人の言葉を借りれば「神々しいもの」にしました。

ハゲワシ

タカ科（Accipitridae）、コンドル科（Cathartidae）

ハゲワシはパワフルな猛禽で種類も多く、南極とオーストラリアを除くすべての大陸に生息しています。とはいえ、感嘆の的となっているとはとうてい言い難く、恐怖と嫌悪の念をもって眺められることが多いようです。西洋の文学と文化が数千年にわたって、この鳥たちに対する人々の反応をそのように条件づけてきたのです。

16種の旧世界ハゲワシはワシと同じタカ科に属していますが、偏見のせいでワシとハゲワシには大きな隔たりがあります。19世紀イングランドの動物学者エドワード・ターナー・ベネットは次のように書いています。「人は、片方には勇敢と高潔という性格を固定し、他方には卑劣、臆病、卑猥という烙印を押すことを選んだ。ハゲワシはたぶん極めて役に立つ、そして間違いなく無害な生き物だが、こうして永遠の汚名を着せられている。それに対してワシは、人類の情熱にかくも大きな影響力を振るってきたあの軍記物語の陳腐な慣用句そのままに、賛美されてきた……」。

しかし、常にそうだったわけではありません。紀元前6500年のハゲワシの像がトルコのチャタルヒュユクの古代遺跡で見つかっていますが、それによってこの鳥が死（頭のない死体の上のほうに描かれたものがある）だけでなく多産ともつながりのあることが確認されたのです。初期の何かの女神の象徴だったのかもしれません。ハゲワシの模型や赤い顔料を塗った骨が別の古代遺跡で発見されたことで、新石器時代にこの鳥が精神的に重要な存在だったことがさらに裏づけられています。

古代エジプトでは、母の母と呼ばれることもある女神ネクベトがハゲワシとして描かれました。この場合はシロエリハゲワシ（*Gyps fulvus*）（写真右）またはミミヒダハゲワシ（*Torgos tracheliotos*）で、巫女はハゲワシの羽のローブをまとっていました。ツタンカーメンの墓からはハゲワシの形をした巨大な黄金の胸飾り（ペンダント）（写真下）が発見されています。当初ネクベトは王家の子供たちの守護者とされていましたが、後にはあらゆる子供と妊婦の守護者と考えられるようになりました。

左：ツタンカーメン王の墓から出土した黄金とエナメルのペンダント。ハゲワシの姿をしたエジプトの女神ネクベトをかたどっている

古代ローマの詩人、オウィディウスによると、ローマの町をつくるための場所を探していたロムルスとレムスは、ハゲワシに導きを委ねました。当時は占いに鳥が用いられていたことにならい、そう決めたのです。アヴェンティーノの丘に立ったレムスが6羽のハゲワシを見つけたのに対し、もう少し北東にあるパランティーノの丘に陣取ったロムルスは12羽見たと主張して、都市の建設に取り掛かりました。そして都市には彼の名前がつくことになりました。

「汚れた」鳥

最も広く行き渡っていたのは旧約聖書のハゲワシのイメージでした。フクロウやウ、ペリカン、ワシなどと同様「汚れたもの」であり、人が食べるのには適さないとされた鳥の1つだったのです。ハゲワシの場合は死肉を食べることが理由でした。その後、ほかの鳥たちの評判は回復したのに対して、ハゲワシは依然として、死肉をあさる罵倒すべき存在のままで、人間の強欲さを表すレッテルとされました。外見にも原因の一端はあるのでしょう。ほとんどのハゲワシは小さなはげ頭をしています。これなら死肉を食べるときに羽が汚れる心配はありません。また、長く鉤状の恐ろしげなくちばしを持ち、巨大な翼の先端は少々ほつれたようになっています。ベンジャミン・ジョエル・ウィルキンソンが著書の『Carrion Dreams 2.0: A Chronicle of the Human－Vulture Relationship（死肉夢想2.0　人とハゲワシの関係の年代記）』で述べていますが、新石器時代のヨーロッパの神話や民間伝承に出てくるハゲワシの姿が、その後、恐ろしい魔女の姿に変身した――くちばしは特徴的なわし鼻になり、ブラシのような翼は箒になった――のだろうということです。

新世界での栄光

英語で「新世界のハゲワシ」とも呼ばれるコンドル科には、コンドル（*Vultur gryphus*）、カリフォルニアコンドル（*Gymnogyps californianus*）（110ページ参照）など7種がいて、体つきは似たようなものですが、すべての種がはげ頭で、脚はもっと弱く、旧世界のハゲワシが持つ鳴管（発声器官）はありません。そして、ハゲワシよりもいくらか良い評判を享受しているようです。

黒白のトキイロコンドル（*Sarcoramphus papa*）はマヤの絵文書によく登場する鳥の1つですが、時には人間の体と鳥の頭をした神のような姿で現れ、また時には、哺乳類の特徴が混じることもあります。マヤ人にとってハゲワシは、神との交信を仲立ちする霊的な使者でした。

一部のアメリカ先住民の部族にとって、ヒメコンドル（*Cathartes aura*）は強力な呪医であると、ハミルトン・A・タイラーが『Pueblo Birds & Myths（プエブロの鳥と神話）』で述べています。ある物語によると、この鳥が頭の羽を失ったのは、灼熱の太陽を空に押し戻して世界を救ったからだそうです。また、浄化する鳥ともされているのは、死肉あさりを清掃ととらえているからでしょう。実際、学名にはそうした考え方が反映されているようで、「空気を浄化する」あるいは「黄金の浄化者」という意味になっています。死との密接な関わりがこの鳥に厄払いの力も与え、戦場での無残

優秀なガス検知器

ハゲワシはみな目がとてもいいのですが、南北両アメリカに広く分布するヒメコンドル（*Cathartes aura*）（写真右）とその近縁で南米の森にすむ2種、キガシラコンドル（*C.burrovianus*）およびオオキガシラコンドル（*C.melambrotus*）はさらに鋭敏な嗅覚も持っています。腐敗する肉から発生するエチルメルカプタンガスを嗅ぎつけることができるのです。ジョナサン・エルフィックが『The World of Birds（鳥類の世界）』で述べていますが、技術者たちがいま、この天賦の才を利用しようとしているそうです。エチルメルカプタンを天然ガスに添加し、ヒメコンドルがどこに集まるか見張っていれば、ガス会社はパイプラインの漏れ穴を発見できるからです。

な死の後に融和をもたらしたり、疫病の後に治癒をもたらしたりします。また、ヒメコンドルのカチナ（霊を表す彫像）は癒しの儀式に用いられ、ホピ族の浄化の儀式の1つでは、この鳥の羽に灰を振りかけて、「魔法を解く」ための詠唱の中で呼びかけます。

ゾロアスター教の死の儀式

チャタルヒュユク遺跡の最古のハゲワシ像を見れば、腐敗した死体や死骸を片づけるという、この鳥の重要な役割を人が察知していたことは明らかです。わざと死者を埋めずに鳥に食べさせる習わしがゾロアスター教の儀式に取り入れられ、仏教徒の鳥葬として現在まで残ることになったとも考えられます。たとえばインドでは、ダクマ（沈黙の塔）と呼ばれる石の塔が建てられ、死体運搬人が白い埋葬布で覆われた遺体を、むき出しの上層階に運びます。そして手をたたいてハゲワシの注意を引くと、あとは好きなように食べさせます。

昔は多くの遺体がそのようなやり方で処理されましたが、ハゲワシがいなくなってしまったため、いまはほとんど行われていません。ベンガルハゲワシ（*Gyps bengalensis*）、インドハゲワシ（*G.indicus*）、ハシボソハゲワシ（*G.tenuirostris*）といった、一時は豊富にいた種が、1990年代初頭以降、劇的に減少したのです。インドでは95パーセント前後減ったと報じられており、家畜用鎮痛剤ジクロフェンの広範な使用が原因だと考えられています。致命的な腎臓病にかかって薬剤を投与されていた動物の死骸を、鳥が食べたのです。薬剤の使用を禁ずるための方策がおおむね成功していますが、回復には時間がかかりそうです。

ヒバリ

ヒバリ科（Alaudidae）

ピーチクパーチクとリズミカルに高くなったり低くなったりして何分間も続くさえずりが、ヒバリ（ユーラシアン・スカイラーク）（*Alauda arvensis*）（写真下）のトレードマークです。花咲く野原や草原の上空高く羽ばたきながらさえずるその歌を耳にすると、ああ、夏が来たなと、心浮き立つ思いがします。ヒバリ科の92種の鳥の多くが、同じように快く流れるような調べを奏でますが、ヒバリにまつわる言い伝えや迷信のほとんどはユーラシアン・スカイラークがもとになっています。この鳥は多くの詩や音楽作品にひらめきを与えてきました。

昔、地上60メートルほどのちっぽけな点から発せられるその忘れがたい歌が、このヒバリに一種の神々しさを与えました。茶色い縞模様の羽と、強靭で幅広い翼、警戒しているときに立ち上がる冠羽を持つ小さな鳥で、英国ではしばしば「レイヴロック」の愛称で知られていますが、オークニー諸島では「マリア様の小鳥」と呼ばれ——ほかの地域ではミソサザイ（ユーラシアン・レン）（*Troglodytes troglodytes*）がそう呼ばれます——、聖母マリアと結びつけられました。

聖なる喜びの鳥

アイルランドでは、ヒバリは聖ブリギッドに捧げられた鳥で、毎朝彼女を起こしてお祈りをさせるといわれていました。神話や文学では夜明けと結びつけられることが多く、熱狂的なさえずりのおかげで、喜びのシンボルともされています。両方の考え方がシェイクスピアの『ソネット29番』にとらえら

れています。失意のどん底にある人物が愛する人のことを想う場面です。

……すると、ぼくの心は、
夜が明け染めるころの雲雀(ひばり)のように
暗い大地から飛び立って、天に向かい、讃歌を歌いだす……
(『シェイクスピア詩集』シェイクスピア著、柴田稔彦訳、岩波書店、2004年)

またパーシー・ビッシュ・シェリーの詩『ひばりに』にも、同じように、喜びに満ちた聖なる鳥という文学上のイメージが反映されています。

一方、音楽では、ジョージ・メレディスの同名の詩に触発されたレイフ・ヴォーン・ウィリアムズの「揚げひばり」があり、高音へと駆け上がるバイオリンを巧みに使って、歌いながら垂直に上空へ飛翔するさまを表現しています。

神に抗議する鳥

詩人のロバート・グレーヴスにとって、ヒバリは夏至の鳥でした。『The White Goddess(白い女神)』に次のように書いています。「この季節、太陽は最高点にあり、ひばりは歌いながら高く飛翔して彼をたたえる」。一方、日本の先住民族でアニミズムを信奉していたアイヌの興味深い昔話では、亜種ヒバリ(ジャパニーズ・スカイラーク)(*A.japonica*)は神に抗議しているとされています。

この小鳥はもともと天にすんでいましたが、あるとき知らせを届けるようにと、地上へ送り出されました。そして楽しく過ごすうちに遊びほうけて、とうとう地上で一晩過ごしてしまいます。翌日戻ろうとすると、神が空の高いところで出迎え、言うことを聞かなかった罰として、今後これ以上高く飛んで天に戻ってはならないと言い渡しました。どんなに懇願しても、神は罰を撤回しようとしませんでした。というわけで、夏が来るたびに、この小さな鳥は毎日できるだけ高く昇って、いまだに天に戻らせてくれない神に抗議しているのだそうです。

残酷な大虐殺

神々しいイメージを与えられ、歌声で人々を喜ばせてきたにもかかわらず、ヨーロッパのヒバリとその同類たちは有史以来、恐ろしい迫害も受けてきました。古代には、かごのヒバリを盲目にすると声がよくなると信じられ、赤く焼けた針で目を突くという残酷な行為が行われていたのです。また、紀元2世紀にはギリシャの医師ガレノスが、疝痛(せんつう)を治すためにカンムリヒバリ(*Galerida cristata*)を食べることを勧めました。ヨーロッパ、北アフリカ、アジア、中国に分布する、より小柄でふっくらした鳴禽類です。やはり医師であるトーマス・エラストゥスがその誤りを証明したのは、その1400年後のことだったと伝えられています。

世界各地のヒバリ

ヒバリは身体的には決して印象的な鳥ではありません。体の長さは10〜23センチしかなく、羽はくすんだ茶色か、生息地によっては灰色や黒白のこともあります。地面に巣をつくるため、そうした色合いはカモフラージュとして役立ちます。お椀型の巣は枯れ草や小枝でつくられ、時には卵やヒナを高温から保護するためか、さらに小石やふんを加えることもあります。数種類がヨーロッパ、アジア、アフリカで見つかっていますが、北米唯一のヒバリはハマヒバリ(*Eremophila alpestris*)で、これは北ヨーロッパとアジアにも生息し、少数ながら南米のコロンビアにも見られます。オーストラリアにはヤブヒバリ(*Mirafra javanica*)がいますが、いまは19世紀の入植者によってここニュージーランドに持ち込まれたヨーロッパヒバリもいくらか見られます。

紀元1世紀のローマで食通として知られたマルクス・ガビアス・アピシウスは、ヒバリの舌のパイを創作したとされています(ヒバリの舌には3つの斑点があって、それぞれが1つずつ、食べた者に災いをもたらすという言い伝えを知らなかったのでしょう)。当時のレシピの1つから、ちっぽけな舌がどれくらい必要だったかがわかります。4人前としてソテーされた舌1皿分に1000羽のヒバリ(ヒバリ自体は廃棄されました)を要したと明記されているのです。

そうしたことは英国ではいまは違法ですが、ヒバリもほかの歌鳥同様にかつては英国でも広く狩猟の対象とされ、ヨーロッパの一部ではいまだに猟が行われています。イングランドのケンブリッジシャーのメルドレス村は、1249年から何世紀にもわたって「ラークシルバー」税なるものを納めていました。毎年のクリスマス、クレア伯爵にヒバリ100羽を献上する代わりに税金を払っていたのです。この税について1858年に不服申し立てをしたところ、もともとは、わざわざケンブリッジまで出向かなくても地元のクレア判事法廷で争いを解決できるという特典に対して課されたものだったことが明らかになりました。

ヨーロッパでは食用として3種のヒバリが好まれました。ヨーロッパヒバリとやや小型のモリヒバリ(*Lullula arborea*)と大型のクロエリコウテンシ(*Melanocorypha calandra*)です。クロエリコウテンシは、「ヒバリのように歌う」というイタリア語の褒め言葉からわかるように、かつてはかごで飼う愛らしい声の鳥として人気がありました。ヒバリはしばしば、地面から飛び立つところに大きな網を投げて捕えました。16世紀から、英国では19世紀、ほかのヨーロッパの国々ではもっと最近まで、特殊な「ラークミラー」でおびき寄せる猟も行われました。低い柱に水平のアームを何本も取りつけ、そのアームに、光を捕えるようにさまざまな角度にした光沢のある金属や鏡の小片をちりばめます。紐を引いてアームを回転させると、まるで催眠術に掛かったかのように何百羽ものヒバリが舞い降り、待ち構えていたハンターがそれを撃つのです。ラークミラーになぜこのような恐ろしい誘因効果があるのかは、いまでもわかっていません。

右:地上の巣の上空で歌いだすヨーロッパヒバリ。スコットランド人鳥類学者アーサー・ランズボロー・トムソンによる『Britain's Birds and Their Nests(英国の鳥とその巣)』(1910年)に掲載された画家のジョージ・ジェイムズ・ランキンによる挿絵

ツノメドリ

ウミスズメ科（Alcidae）

かっぷくのよい体形に小粋なぶち模様の羽、悲しげな表情と大きすぎる多色のくちばしの持ち主であるニシツノメドリ（*Fratercula arctica*）（写真左）は、滑稽な顔つきをした、とてもよく目立つ海鳥です。2005年、ニューカッスル大学で学童を対象に英国のさまざまな鳥を見分ける力を調査したところ、217人の被験者のほとんどが、実物を見たことがなくてもツノメドリを容易に見分けられることがわかりました。イエスズメ（*Passer domesticus*）やゴシキヒワ（*Carduelis carduelis*）のような庭によく来る鳥のほうが、かえって認知度が低かったのです。

小さな修道士

ラテン語の「frater（フラテル）」は「兄弟」のほか、「修道士」を意味する言葉としても使われます。ですから、ツノメドリの属名「*Fratercula*」は「小さな兄弟」または「小さな修道士」と訳せます。ツノメドリの黒と白の衣装としかつめらしい態度、特に地上では頭を垂れてゆっくり歩く様子からすると、後者のほうが筋が通っているようです。アイルランドの言い伝えではツノメドリは修道士の生まれ変わりですし、豊富に見られるフェロー諸島では、「プレストゥル（司祭）」と呼ばれています。

ツノメドリは海鳥としては小さな部類に入りますが、繁殖期のあとは沖合遠くを転々とし、海上で厳しい冬の嵐に耐えます。そこから、民間信仰では天候と結びつけられるようになりました。アイスランドでは天気予報の達人と見なされており、イヌイットやアラスカ先住民はそれをさらに推し進めて、実際に天候パターンを変えたり、嵐を追い払ったりする力を持っていると考えていたようです。ツノメドリやその近縁のウミバトのような種は、生活資源をもっぱら海に頼っている地域の人々にとって、しばしば非常に重要な意味を持っていました。アリューシャン列島のウナンガン族は、ツノメドリ（*F. corniculata*）やエトピリカ（*F. cirrhata*）のくちばしの一部を、装飾であると同時に宗教的な意味を持つ顔や体のピアスに使用。防水性のある高密度の羽に覆われた皮は防寒衣をつくるのに使われました。

アラスカのトリンギット族には、ツノメドリを愛し、その間で暮らしたいと願った女性の話が伝わっています。ある日、女性は仲間とカヌーで貝を採りに出ますが、カヌーが転覆して、仲間はみな溺れてしまいます。そこへツノメドリがやって来て女性を助け、すみかに連れ帰って一緒に暮らしはじめました。父親が女性を迎えにやって来ますが、新しい友達を失いたくないツノメドリたちは彼女を隠してしまいます。その後、頭につける白い髪をめいめいに与えて、父親はようやく娘を返してもらうことができました。いまでもエトピリカは、カールした長くて白い髪のような羽の房を両目の上につけています。

アマツバメ

アマツバメ科(Apodidae)

ヨーロッパアマツバメ(*Apus apus*)(写真下)は、耳をつんざくような甲高い声と二股に分かれた尾、黒っぽい羽をしているという、ただそれだけで、「デヴィリング」とか「スイング・デヴィル」などと呼ばれてののしられています。人々から愛されているツバメと見た目は似ているのに、英国やアイルランドでは、しばしば悪魔の鳥と見なされているのです。ところが、ヘレフォードシャーの古い詩には、そうした不当な評判とは真っ向から対立する対句が見られます。

ツバメとアマツバメは
全能の神の贈り物。

日本の先住民族であるアイヌの人々は、彼らのアマツバメ(恐らくはハリオアマツバメ(*Hirundapus caudacutus*))あるいはアマツバメ(*A. pacificus*)が天にすんでいると信じていました。夏になると降りて来て遊んでは、天上の家に毎晩帰るというのです。そうした幻のような鳥だったため、その皮や頭は珍重され、幸運をもたらすと考えられました。

非凡な能力

アマツバメ科に属する94種は北極と南極を除いて世界中に分布していますが、そのうちのいくつかは、間違いなく非凡な能力を持っています。たとえばヨーロッパアマツバメほど長く空中にとどまっていられる鳥はいません。飛びながら食べ、飲み、眠るだけでなく、交尾さえします。また、若鳥は空中で数年過ごしてから巣づくりをすると考えられています。

アマツバメはその英語名（swift）が意味するとおりに常に敏速というわけではなく、空中でひらりと身をかわしながら虫を食べているときは時速23キロメートルほどです。けれども、流線型の体と鎌状の翼のおかげで、長い滑空や渡りの最中は時速40キロメートルで安定した飛行ができますし、短い急激な加速もお手のもの。ヨーロッパアマツバメの中には時速113キロメートル近いスピードを記録した鳥もいるほどで、しばしば猛禽類の追跡も振り切ります。

アマツバメはめったに地上に降りません。短い脚と小さな足のせいで、再び飛び立つことが困難だからです（学名の「*apus*」は「足がない」という意味のギリシャ語から来ています）。ただし、強力で鋭い鉤爪を持っているため、ヒナを育てる巣穴のそばの壁や岩の表面をしっかりつかむことができます。季節外れの悪天候で親鳥の給餌が妨げられると、ヨーロッパアマツバメのヒナは休眠状態に入って呼吸と心拍を低下させ、エネルギー損失を減らします。こうして、部分的な飢餓が何日かあるいは何週間か続いても、生き延びることができます。

栄養たっぷりの巣

アマツバメおよび近縁の小型アマツバメの種の一部はさらに驚くべき特徴を共有しています。巣をまとめ、それを垂直な面にくっつけられるほど濃厚で粘着性のある唾液を出すのです。アジアヤシアマツバメ類（*Cypsiurus*属）の場合はヤシの葉の下側にくっつけます。

東洋の2種、ジャワアマツバメ（*Aerodramus fuciphagus*）とオオアマツバメ（*A. maximus*）の高価な巣（写真下）は完全に唾液だけでできています。健康増進効果のある栄養素を含むとして有名で、伝統的な鳥の巣スープには欠かせない材料です。

ヨタカ

ヨタカ科(Caprimulgidae)

夜に聞くヨーロッパヨタカ(*Caprimulgus europaeus*)の声ほど、耳について離れない音はめったにありません。そのいつまでも続くひそやかなチーチーという鳴き声は、まるであの世からの無線混信のようです。見かけも鳴き声同様に現実離れしていて、驚くほど手の込んだ迷彩色をまとい、枝に横向きにではなく縦に止まり、ガのように軽やかに音もなく飛翔します。イングランドでは魔女と見なされ、家畜にとっても脅威とされました。ヤギやウシの乳房から乳を吸い、その際に動物を盲目にして病気にしてしまうというのです。このような迷信のせいで迫害を受けましたが、実際には昆虫しか食べないため、農民にとっては敵というより味方であったといえます。

邪悪な歌

ヨタカがすべて、催眠術にかけるようなチーチーという鳴き声を出すわけではありません。ヨタカ科には100種ほどが含まれ、ほぼ地球全体に分布していて外見はみなよく似ていますが、鳴き方はさまざまです。いくつかは、3つの音からなる歌を繰り返すプアーウィルヨタカ(176ページ参照)のように、短くて単純な声を出します。セレベスヒゲナシヨタカ(*Eurostopodus diabolicus*)の声はポンポンと音が2つ重なったように聞こえるといわれており、そこから、このヨタカが寝ている人の目を一晩中つつき出す悪魔のような生き物だという迷信が生まれました。ところが、最近この鳥の鳴き声を録音してみたところ、ポンポンという二重音声が典型的な鳴き方だとはいえないことがわかっています。1926年に出版された『The Civilization of the South American Indians(南米先住民の文明)』の著者であるラファエル・カーステン博士によれば、南米大陸北東部のギアナ地方で見られるヨタカの種の多くは奇妙な声の夜間合唱隊を結成し、「その声で夜を恐ろしいものにする」そうです。

ヨタカは夜行性なので、その習性を調べるのは容易ではありません。日中は、敵から身を護ってくれる精密な迷彩色の羽を頼りに、木の枝や地面にじっとうずくまっています。巣も地上につくり、卵やヒナも完璧な保護色になっています。動揺させると、卵やヒナを口にくわえて安全な場所に運ぶという行動が何十年にもわたり繰り返し報告されていますが、明確な証拠はまだありません。

右:卵を護りながら飛んだりうずくまったりしているアメリカヨタカ(*Chordeiles minor*)の色鮮やかな版画。スコットランド系米国人鳥類学者アレキサンダー・ウィルキンソン(1766〜1813年)の著書『American Ornithology(アメリカ大陸の鳥類学)』より

チドリ

チドリ科(Charadriidae)

チドリは大きな目の愛らしい渉禽類で、南極を除いて世界中に68種が分布しており、甲高いさえずりに因んだニックネームや物語がたくさんあります。英国では、冠羽を持ち、緑と紫の光沢のある背と真っ白な胸をしたタゲリ(*Vanellus vanellus*)(写真右)が、「ピーウィット」の名で広く知られています。以前は「ピースウィープ」とか「ティーウック」とも呼ばれていました。生息地はユーラシア全土から南は北アフリカに及びます。

呪われた鳥?　祝福された鳥?

スウェーデンではタゲリの鳴き声は「シュヴィー」ですが、これは泥棒を意味するスウェーデン語の「シュヴ」から来ています。伝説によると、座って縫物をしている聖母マリアからハサミを盗んだ罪を白状しているのだそうです。この鳥、あるいはひょっとするとヨーロッパムナグロ(*Pluvialis apricaria*)またはダイゼン(*P. squatarola*)は、キリストの磔を手伝い、十字架にかけられたキリストをあざ笑ったともいわれています。その罪によって、地上をさ迷うべく運命づけられたのだそうです——これは長距離の渡りのことかもしれません。

チョーサーは14世紀に書いた詩『鳥の議会』で、タゲリを「欺瞞に満ちた者」と呼んでいます。タゲリが相手の気をそらすような行動をすることを指したものですが、これはオーストラリアからアメリカにかけて生息する多くのチドリの種の特徴です。地上の巣から敵の注意をそらすために、翼が折れたふりをしながら逃げるのです。朝、チドリの声を聞くと、家に死人が出る予兆とされ、チドリを7羽見ることも不幸をもたらすといわれました。

一方、アイスランドではチドリの鳴き声は「ディルジン」と解釈されていますが、これは「栄光」を意味します。言い伝えによると、あるパリサイ人が安息日に鳥の像をつくった子供をしかり、その粘土の像を粉々に壊してしまいました。ところがその子供はイエスで、両手を像の破片にかざすとたちまち破片がチドリに変わり、特徴のある鳴き声を上げながら飛んで行ったそうです。

アメリカ大陸にすむ種の1つで、茶色がかった黄褐色のフタオビチドリ(*Charadrius vociferus*)は、見張りの兵としてプエブロ族たちから一目置かれています。敵が近づくとチドリが警戒の声を上げることを知っていたズーニー族は、チドリの羽をつけた杖を祈祷に用いて、戦に赴く前にチドリをなだめました。

南米で唯一、冠羽を持つ渉禽はナンベイタゲリ(*Vanellus chilensis*)です。茶色がかった灰色とブロンズと白という印象的な色は草原や牧草地では目立ちますが、敵を撃退するのに役立つ赤い骨質の「突起」が翼の下についています。ウルグアイでは「テロ」と呼ばれ、大胆で好戦的な性質を買われて、ウルグアイのラグビーチーム、ロス・テロスのマスコットになっています。

詩と鳥たち

天翔ける自由と、人のどんな感情にもなぞらえることのできる多様な鳴き声から、いつの時代も鳥は詩的な比喩の題材に使われてきました。最古の文明の時代から、鳥は空と結びつけられ、さらには天国やあらゆる霊的なものと結びつけられています。古代エジプト人にとって、霊鳥ベンヌは原初の水域の上を飛んで世界の性質を決めた存在でした。紀元前1000年のパピルス（古代エジプトの筆記媒体）には、「自ら生まれた者」と記されています。一方、ヒンドゥー教や道教、ポリネシア人やフィン族その他の信仰や文学においては、鳥を象徴するまた別のもの——宇宙の卵——が万物を生み出したとされています。サンスクリット語で書かれた讃歌、リグ・ヴェーダの寓話では、鳥たちは魂やこの世の存在の暗喩であり、そこには死者が鳥として戻って来るという考え方が反映されています。

詩も、古い文化に由来する伝統的なイメージを下敷きにしています。古代の神話にインスピレーションを与えたいくつかの鳥は、その夢と冒険の雰囲気を決して失ってはいません。アルフレッド・テニスン卿の描いたワシは「太陽に近い」山に巣をかけ、「雷のように」獲物に襲いかかりますが、これは古代ギリシャ人がワシに感じた強さと無慈悲さそのものです。詩人であり政治家でもあったムハンマド・イクバールにとって、ワシは強力なシンボルでした。パキスタン独立運動の火つけ役といわれる彼は同胞のムスリムたちに、自分たちも「山のワシのように」飛び立つ力を持っていることを思い出させたのです。同じように、不吉なカラス、無垢なハト、立派なクジャク、美しい調べを奏でるナイチンゲールといったイメージが、何世代にもわたる詩人の語るストーリーに合わせて、繰り返し登場します。

不滅の声

アリストファネスによる紀元前4世紀の喜劇『鳥』では、サヨナキドリ（ナイチンゲール）の比類のない声が世界中の鳥を呼び集めました。また、古くから伝わるペルシャの詩では、「ボルボル（サヨナキドリ）」は求愛者で、愛するバラのために、その甘く切ない歌をさえずります。そして、ジョン・キーツの詩『夜鶯によせるオード』では、サヨナキドリの神々しい声が一種の不死性をこの鳥に与えています。

多くの詩人にとって、鳥のさえずりは幸福と楽観主義の表明です。トマス・ハーディーの『暗闇のツグミ』は、荒涼とした冬に陽気な気分を、エドワード・トーマスの『アデルストロップ』では、鳥の歌声が、静謐の中に思いがけない喜びの一瞬をもたらします。

ちょうどそのとき、1羽のクロウタドリがすぐ近くで鳴いた。するとその周りで、
もっと遠いどこかで、さらに遠くで、あらゆる鳥が鳴き出した。
オックスフォードシャーの鳥も、グロースターシャーの鳥も。

感情の担い手

鳥にはどこか空想の世界を思わせるところがあるため、詩人のさまざまな感情を呼び起こします。イギリスの詩人ワーズワースはカッコウの声に耳を傾けながら若いころを懐かしみます。フランスの作家ボードレールは詩人の運命を象徴するものとして、アホウドリを用いました。霊感を得た芸術家のように、アホウドリは「雲の貴公子」として威風堂々と高みに舞い上がりますが、巨大な翼を力なく羽ばたかせながら地面に引きずりおろされるのです。

詩や文学では、無力な犠牲者がしばしば「かごの鳥」になぞらえられます。アフリカ系アメリカ人作家のマヤ・アンジェロウは、米国での人種差別と抑圧に苦しんだ自らの体験を紹介しながら、次のように書いています。「狭いかごの中を大股で歩き回る鳥は、自らの憤怒のかごに捕らわれ、その鉄格子の外を見通すことがめったにできない」。同じような流れで、別の米国の詩人ラングストン・ヒューズは「夢をしっかりつかめ。夢が死ねば人生は翼の折れた鳥。もう飛ぶことはできない」と語ります。

一方、飛ぶ力を持たない人間にとって、鳥は自由と力のシンボルです。「空翔けるタカ」というのはチョウゲンボウ(*Falco tinnunculus*)の古いあだ名ですが、ジェラード・マンリ・ホプキンスは同名のソネットで、「夜明けに引き寄せられる斑のタカ」が、「凶暴な美と勇気」の生き物、空の統治者として、「歓喜のうちに……空の高みを悠々と舞う」さまを描写しています。アメリカの詩人ヘンリー・ワーズワース・ロングフェローの『渡り鳥』では、渡り鳥の飛行と鳴き声がそのまま、詩人の心情を表していました。

それらは詩人の歌の大群
喜びと苦悩と過ちのつぶやき
翼のある言葉の立てる音

カラス

カラス科（Corvidae）

へんぴな村から都市の中心部まで、世界中どこでも、人の住むところにはしわがれ声をした黒い羽のカラスがいます。利口で適応力が高くタフなカラスは、どんなチャンスも見逃しません。人のそばで生きるすべをすばやく学んで、人が自分たちの都合に合わせて環境を変えると、それをすかさず利用して栄えます。カラスのことを話すとき、わたしたちはその抜け目のなさと大胆さに一目置くものですが、伝説がカラスに好意を示すことはまれです。

実は危険なカラスたち

カラスとその仲間はフクロウや猛禽類と違って、もっぱら肉を食べているわけではありませんが、ほかの動物を襲って殺すこともあります。特に、幼かったり、病気やけががあったりして弱い立場にあるものが狙われます。18世紀のスコットランドでは、牧夫がワシなどの肉食鳥だけでなくズキンガラス（*Corvus cornix*）にもいけにえを捧げる風習がありました。病弱なヒツジや生まれたばかりの子羊を襲わないようにしてもらおうというのです。北東部のマリシャーには、「ギルとゴードンとズキンガラスはマリーがこれまでに出会った最悪のものだ」という格言がありました。「ギル」は毒のある

平均的な鳥より頭がいいカラス

大プリニウスは、カラスが岩のてっぺんから硬い食べ物を落として砕くのに気づいていました。近代になってカラスの行動に関する研究が行われ、実際に素晴らしい知性を備え、学習したり技術革新したりする能力が非常に発達していることが判明。ニシコクマルガラス（*Corvus moneduloides*）（写真右）は特に頭がよく、小枝を道具として使って、くちばしでは探れないような小さな木の穴から虫の幼虫を取り出します。同じ群れのカラスが互いに学習し合う結果、道具の形の改良が世代を越えて受け継がれます。これは「累積的文化的進化」と呼ばれます。これまでのところ、こうした行動を見せる鳥はほかには見つかっていませんし、ある種の霊長類を除き、哺乳類にも存在しません。人に飼われていたニシコクマルガラスのベティは、長い針金を曲げてフックをつくり、それを使ってケージの中のほかの物を巧みに操り、隠された食べ物を手に入れて、研究者を仰天させました。フックをつくる同じような行動は野生のニシコクマルガラスでも目撃されています。

日本では、ハシボソガラス（*Corvus corone*）がもっと大きな道具を使って食べ物を手に入れることが知られています。交通量の多い交差点で待っていて、信号が赤になると道路にクルミを置いて車にひかせ、再び信号が赤になると舞い降りて砕かれた殻の中の実を食べるのです。

3本脚カラスの伝説

中国の神話はカラスを太陽と結びつけています。カラスは太陽にすみ、その霊とされていたのです。カラスたちは、太陽を引いて天空を渡らせる責任を負っていました。そのころは太陽が10個あって、それぞれに担当のカラスがいたのですが、いちどきにすべての太陽が昇るので世界はその熱に苦しみ、草地や森に火がついてしまいました。そこで9つは空から撃ち落とされ、担当のカラスたちも一緒に死んだとされています。これら太陽のカラスたちは時には3本脚の姿で描かれました。太陽は陰陽の陽、つまり光の権化であり、3という数は陽を表すからです。日本にも3本脚のカラスの伝説があり、このカラス（八咫烏）は初代天皇である神武天皇が東征する際、助言し、道案内を務めたとされています。

雑草で、「ゴードン」は無礼なうえに盗みをする近くの氏族のことでした。カラスを最も嫌な野生動物と見ていたことがわかります。アイルランドとスコットランド西部の言い伝えでは、かつて「ロイストンカラス」と呼ばれていたズキンガラスは鳥の形をした妖精なので、十分気をつけて扱わなければならないとされています。家の屋根に羽を休めるようなことがあれば、その家の誰かが死ぬか、何らかの不幸が家族を襲うのだそうです。

カラスの宿敵

バードウォッチャーなら知っているでしょうが、カラスと猛禽がすんでいるところならどこでも、前者が後者を追いかけ、騒々しく襲う様子が目撃されます。こうして敵対するのには生物学上の理由があります。猛禽はカラスを殺すこともできますが、カラスのほうは猛禽の巣から卵やヒナをさらうのです。オーストラリアのアボリジニの伝説に、この確執の発端をオナガイヌワシ（*Aquila audax*）とカラスの物語で説明しているものがあります。ある日、オナガイヌワシがヒナの世話を隣人のカラスに頼んで狩りに出掛けました。ヒナ鳥はひっきりなしに泣きわめき、おとなしくしていません。どっちみちベビーシッターなどしたかったわけではないカラスは、かっとなってヒナを殺してしまいます。オナガイヌワシが戻ると、ヒナはぐっすり寝ているだけだとカラスは言い張りましたが、真相を見抜いて激怒したオオイヌワシは、密生したユーカリの林にカラスを追いつめます。そして、カラスをいぶり出そうと林に火をつけたため、カラスは煙に包まれ、炎にあぶられて羽が真っ黒になってしまいました。ヒナを殺されたオナガイヌワシにいわせれば当然の報いですが、いまでも2羽は敵同士のままです。

ドリームタイムの伝説には、世界で初めて魚を捕るわなをこしらえたカラスのクローと、フクロネコ(有袋類)のキャットの話もあります。最初にわなに掛かったのはバラマンディ(スズキ科の魚)のバリンでしたが、バリンは彼らの友人で、クローにとっては親戚でした。クローとキャットは急いで駆けつけましたが、時すでに遅く、ほかのみんながバリンを殺して食べてしまっていたのです。意気消沈したクローとキャットはバリンの骨を空に運んで、ミリングヤ(銀河)に埋葬し、自分たちもそこにとどまることにします。彼らのキャンプファイアとキャットの毛皮のぶちが銀河の新しい星になりました。そして、銀河の中の暗いまだらは、広げたクローの翼なのです。

ヨーロッパでは、カラスとコウノトリには特別なつながりがあって、コウノトリが渡りをするときにはカラスも一緒に飛ぶと信じられています。カラスがコウノトリを支配しますが、優しい独裁者で、コウノトリの邪魔をする鳥がいれば激しく闘って追い払うといわれています。

カラスの家族愛

カラスはいたずら好きと形容されることが多いのですが、称賛すべき性質も持っています。特に、家族を大事にすることにかけてはピカイチです。つがいの相手に忠実で、連れ合いを亡くしたメスのカラスは二度と交尾しないといわれています。ヒナ鳥の面倒見もよく、12世紀の『Aberdeen Bestiary(アバディーン動物寓話集)』にもそうした言及があります。

「人間にカラスを見習わせよ。その責任感や子供への愛情を……それに引き換え、我々人間の女は、たとえ我が子を愛していても、できるだけ早く乳離れさせる……もし貧しければ、赤子を遺棄する……裕福な連中も、多くの相続人に財産を分割するのを避けるため、子宮の中の我が子を殺す……子供を捨てるなどと考える生き物が、人間以外にいるだろうか？　そのような野蛮な権利を親に与えた生き物が、人間以外にいるだろうか？　あらゆる生きものは自然によって創造された仲間なのに、人間以外のどんな生き物が、その間に不平等をもたらすだろうか？」

上:羽根冠を着けたクロー族。エドワード・シェリフ・カーティスが20巻からなる自著の『The North American Indian(北米先住民)』(1907〜1930年)のために撮影したもの

白から黒へ

北米の古い伝説では、同じカラス科でも大型のワタリガラス(*Corvus corax*)のほうが脚光を浴びているようですが、カラス——主にアメリカガラス(*Corvus brachyrhynchos*)——が出てくる物語もあり、その名を採用している文化的な集団もあります。たとえばアルゴンキン族はカラスをあがめ、作物を食い荒らされても我慢します。最初の穀物や野菜がカラスによってもたらされたと信じているからです。また、北部平原にはクロー(カラス)族と呼ばれる人々がいます。一方、南西部のナバホ族は部族に伝道にやってきた黒衣の宣教師を「カラス」というあだ名で呼んでいました。

カリフォルニアには、この世の始まりにそれぞれ山脈をつくったタカとカラスの話が伝わっています。タカが目を離した隙にカラスが土を盗んだので、カラスの山脈のほうが大きくなりました。ところが、タカは仕返しに2つの山脈を円を描くように回転させ、自分の山脈とカラスの山脈を入れ替えてしまったということです。カナダ東部のチペワイアン族もカラスをペテン師として描いていますが、グレートプレーンズのカイオウ族には、かつては白かったカラスが、ヘビの目をつつき出して食べた後に黒い羽になったという話が伝わっています。ヘビは「汚れたもの」と見なされ、餓死しそうなときでもなければ部族の人々が食べることはないため、そうした話が生まれたのかもしれません。

ギリシャにも、もとは白かったカラスの話があります。カラスは、太陽の神アポロにカップ1杯の水を持ってくるようにと、使いに出されました。ところがぐずぐずして神を待たせたあげく、遅れたわけについて嘘をつきます。怒ったアポロが罰としてそのカラスを空にはめ込んだので、からす座という星座ができました。そして地上の兄弟姉妹たちはみな、白から黒に変えられたのです。

オーストラリアのアボリジニにも、カラスが黒くなったいきさつについての話が伝わっています。こちらの話では、カラスがカナトゥグルクと呼ばれる5人の女性からたき火の炭を盗みます。火のおこし方を知っているのは彼女たちだけだったので、部族の人々はカラスに火をおこす秘訣を教えてくれるように頼みました。ところがカラスは彼らを追い払おうと熱い炭を投げつけ、仕返しに赤く燃える炭を投げ返されたため、それからずっと羽が黒くなったままなのだそうです。

上:『ウラニアの鏡』(1824年)より、32枚の「星座カード」の1枚。カラスに因んだからす座をはじめ、物や生き物に因んで名づけられた星座が、その形に描かれている

カラス・ウォッチング

ヒンドゥー教には、カラスを航海に伴って航海士を努めさせるという古い習わしがあります。放たれると、真っ直ぐ陸地のほうへ飛んで行くからです。ケルト人は、カラスに好かれる土地は新しい街をつくるのにいい場所だと考え、また、争いを収めるのにもカラスを使いました。カラスの餌を盛って2つの山をつくり、カラスが派手にまき散らしたほうの山の持ち主を、訴訟の勝者としたのです。

東アジアでは、カラスが巣をつくるために選ぶ場所が重要でした。選ばれる場所によって、豊作や軍事的な成功から病気の君主の回復まで、ありとあらゆることを占ったのです。カラスの声が聞こえた方角に基づく手の込んだ方法で予言を行う文化もありました。

カササギ

カラス科(Corvidae)

英国には、尾が長く、くっきりした模様のあるカササギ（ユーラシアン・マグパイ）（*Pica pica*）（写真左）が幸運と悪運両方を運ぶという言い伝えがあります。どちらになるかは、目撃する数によって決まることが多いようです。地域によって多少の違いはありますが、次のような古い押韻詩があります。

1羽は悲しみ、2羽は喜び、3羽は良縁、
4羽は子宝、5羽は銀、6羽は黄金、
7羽は誰にも言えない秘密、8羽は天国、9羽は地獄、
そして10羽は悪魔本人。

不吉な数のカササギを見た場合の対策には、いろいろな方法がありました。帽子を脱いでカササギに3回おじぎをする、カササギに敬礼する、十字を切る、唾を吐いて「悪魔、悪魔、お前なんかへっちゃらだ」と叫ぶ、といった具合です。

魔法の鳥

カササギはヨーロッパおよびスカンジナビアの至る所に見られ、北アフリカ、アジアには亜種がいます。古代ローマでは魔術と結びつけられ、カラス科のほかの鳥同様に鳥占いに広く用いられました。18世紀の詩人チャールズ・チャーチルが次のように書いています。

帝国の運不運はしばしば
魔術師カササギの舌次第だった……

そしてやはり、ほかのカラス科の鳥同様に、悪魔と結びつけられることから逃れられませんでした。現実に鳴き鳥の卵やヒナを盗むのだから当然だと考える人もいますが、そうした略奪は鳴き鳥の生息数にはほとんど影響しないと考えられています。スウェーデンでは、ワルプルギスの夜（夏が始まる聖ワルプルガの祝日の前日、4月30日）に、ブレカラに集まった魔術師はカササギに変えられると信じられていました。ブレカラは悪魔が謁見を行う草地です。夏の終わりの換羽の時期には、干し草を集める悪魔の手伝いをするので、羽がこすれて落ちるのだといわれました。

スカンジナビアの別の地域には、魔女がカササギにまたがったり、カササギに変身したりする話が残っています。また、ドイツではカササギはあの世の鳥と見なされ、ブルターニュ人は、悪魔の髪の毛が7本、カササギの頭に生えると信じていました。一方、スコットランドでは、カササギの舌には悪魔の血が1滴垂れているとされ、かと思えば、カササギの舌をこすって人の血を1滴垂らせば、人間の言葉を話すようになるという説もあります。

上:オペラで有名な鳥——フランスのベルサイユに近いパレゾーの泥棒カササギ——がスプーンとフォークを持ち去るところ

おしゃべりカラス

カササギには実際に言葉を教えることができます。ただし、大プリニウスが『博物誌』にカササギは教えられた言葉をオウムより「もっとはっきりとしゃべる」とか、カササギは言葉を話すことをとても楽しみ、「習うばかりでなく愛する」とか書いているのには、ずいぶん誇張があるようです。カササギがカラス科のほかの鳥と同じように頭のいい鳥であることは、いろいろな実験で証明されています。たとえば、鏡に映った姿を自分だと認識できます。

野生ではギャーギャーと騒がしく鳴き交わすことがあり、そのことも、いろいろな言い伝えや伝説を生むもとになりました。通説では、カササギはノアの方舟に入ることを拒否して呪われたことになっています。高いところに止まっておしゃべりしながら、世界が水浸しになるところを見物するほうがいいと言ったのです。英語名は「マグパイ」ですが、「チャッターパイ(おしゃべり屋)」と呼ぶ地方もあります。うわさ話をすることと結びつけられることも多く、フランス語には「バヴァルデ・コム・ユヌ・ピ(カササギのようにペチャクチャしゃべる)」という有名な言い回しがあるほどです。アイルランドでは、意地の悪い陰口屋の女性が死ぬと、カササギがその魂を持ち去るといわれています。

半分だけ喪に服す

カササギは、死の商人とそしられるほかのカラス科の鳥と違い、黒一色ではありません。しかし、カササギの白黒2色の羽の色に文句をつけるような言い伝えもあります。実際は白と黒だけではなく、日光にきらめく青や緑を帯びているのですが、ともかく黒一色でないことで、キリストの磔の際、完全に喪に服さなかったと非難されました。その罰として、卵を産む前に枝から9回ぶらさがるように運命づけられたといわれています。そのような行動はまったくの空想にすぎませんが、カササギのつがいが多大な時間をかけて、ヒナのために立派なすまいを準備することは事実です。彼らの大きなドーム型の巣はつくるのに40日ほどかかります。通説では(誤りですが)、カササギは光る物を集めて巣を飾るとされていて、ロッシーニのオペラ『泥棒かささぎ』ではそうした行動が騒動を巻き起こします。

幸福のシンボル

世界にはカササギがもっといいイメージを持たれている地域もあります。北米にはカササギと似たような姿をしていて同じように見事な長い尾を持つアメリカカササギ(*Pica Hudsonia*)がいますが、アメリカ先住民の言い伝えでは、この鳥は人間の友人で、人間がするように狩猟と採集をすると考えられていました。シャイアン族の言い伝えでは、アメリカカササギが、人間がバファローを食べるか、バファローが人間を食べるかを決める大事なレースに勝ったことになっています。ほかの数種類の鳥とともに人間の代表として選ばれ、動物の最速のスプリンターであるランニング・スリム・バファロー・ウーマンと対決した際に、誰よりも速く走ったのだそうです。それ以来、シャイアン族の保護鳥となっています。

朝鮮半島ではカササギがよい知らせを持ってくると考えられ、中国では幸福のシンボルで、幸運が訪れる前兆とされます。中国北東部の満州族の間では神聖な鳥でさえあります。言い伝えによると、カササギが落とした実を天の女神である仏庫倫(フェクレン)が食べ、布庫里雍順(ブクリヨンション)と呼ばれる男の子を産み、その子が満州族の始祖となったそうです。

サラ・ダス・ペガス

ポルトガルのシントラ宮殿には、うわさ話に興じるカササギを描いた珍しい部屋があります。このサラ・ダス・ペガス(カササギの間)では136羽のカササギが天井とその下の壁に描かれ、それぞれがバラと「Por bem(善意で)」と書かれた巻紙を持っています。15世紀初めの作ですが、どうやらこの部屋は、ポルトガル王のジョアン1世が女官にキスをしているところ、もしくはバラを与えているところを見つかって、妃のフィリッパ・オブ・ランカスターを怒らせた後につくられたもののようです。宮廷の全女官を表すだけの鳥を描き、できれば彼女たちのうわさ好きにも触れるようにと、妃のフィリッパが依頼したのでしょう。ただし王が命じた可能性もあります。ポルトガル語でカササギを意味する「pega」には「売春婦」という意味もあるのです。

ワタリガラス

カラス科（Corvidae）

多くの英国人にとって、初めてワタリガラス（コモンレイヴン）（*Corvus corax*）（写真左）と遭遇するのはロンドン塔で、またこれが唯一の機会でもあります。野生のワタリガラスは普通、街の中心部よりもずっと荒涼とした場所を好むからです。もしロンドン塔からワタリガラスが飛んで行ってしまうようなことがあれば、英国の王権は失墜するといわれているため、観光客には知られていませんが、そんなことが起こらないよう、ワタリガラスたちの翼は切り詰めてあります。言い伝えによれば、本物の野生のワタリガラスが以前からロンドン塔に住みついていて、国王の敵として処刑された人の死体を食べていたのだそうです。捕獲されたワタリガラスがどうしてロンドン塔で飼われるようになったのかについてはさまざまな説がありますが、どれも真偽のほどは確かめようがありません。少なくとも19世紀末以降、いまのような状態になったことは確かです。第二次大戦ではたった1羽しか生き残らなかったので、チャーチルの命を受けて新たな群れが連れて来られました。

世界の建設者と発見者

「レイヴン」も「クロー」も鳥類学的に正確な意味のある名称ではありません。カラス（*Corvus*）属の大きな黒い鳥のほとんどの英語名には「クロー」か「レイヴン」がついていて、大きな種を「レイ

オーディンの使いたち

北欧神話のオーディンは、一対のオオカミ（ゲリとフレキ）と一対のワタリガラス（フギンとムニン）を伴っていました。「思考」と「記憶」を表すワタリガラスたちは毎朝世界中を巡り、戻るとオーディンの両肩に止まって、見てきたことを耳打ちします。その報告のおかげでオーディンは最も賢い神として知られるようになり、「ラフナグド」すなわち「レイヴン・ゴッド」とも呼ばれるようになりました。ワタリガラスの姿はデーン人戦士の盾や戦旗を飾り、デーン人の王カヌートが1015年に南部の海岸を襲撃するに及んで、そのしるしはイングランド人戦士にも馴染み深いものとなりました。また、北方の海を探検した古代スカンジナビアの船乗りはワタリガラスを水先案内人として使い、船から遣わして陸地を探させたそうです。

ヴン(ワタリガラス)」としているものの、すべてとてもよく似た外見と性質を持ち、1つのグループにまとめることができます。多くの伝説や民話では両者を区別していませんが、ワタリガラスを特に取り上げた物語としては、聖書のノアの方舟の話があります。ノアは乾いた土地を探すためにワタリガラスを送り出しますが(右図)、二度と姿を現しませんでした。そして、次に送り出したハトがオリーブの枝を持ち帰り、洪水が引きつつあることを教えました。この聖書の記述をもう少し発展させたものが、19世紀のムスリム学者であるイブン・ジャリール・アル・タバリの編纂した予言者と王たちの詳しい年代記にあります。

「方舟を後にしたノアは、水がすべて海におさまるまで、山の上で40日過ごした……ノアはワタリガラスに、『行って地面に足を下ろし、水の深さがどれくらいか見るように』と言った。ワタリガラスは飛び立ったが、動物の死骸を見つけたため、とどまってむさぼり、戻らなかった。ノアは腹を立て、こう言って呪いをかけた。『神がお前を、人の間でさげすまれるものとなさるように、そして腐肉をお前の食べ物となさるように!』」。

アメリカ先住民の言い伝えの多くでは、ワタリガラスは貪欲で(「raven」と「ravenous(強欲な)」の語源は同じ)道徳観念のないいたずら者です。創世神話ではしばしば中心的な役を演じますが、特に高潔でも野心的でもなく、むしろ近視眼的で利己的な生き物として描かれるのが普通です。地上の生命にとって不可欠な水や光は、狡猾な策略によって別の世界から盗まれたものであることがしばしばです。そして多くの物語で、ワタリガラスは白い鳥として生まれますが、火にまつわる不運な出来事に巻き込まれて、黒い羽に変わります。

イヌイットはワタリガラスをもう少し高く評価しています。彼らの言い伝えでは、最初のワタリガラスが暗く空虚な世界に生まれ、寂しさのあまり、生き物を創造しはじめました。やがてこの世界に人が生まれると、ワタリガラスが彼らに生き残り栄えるすべと、ほかのあらゆる生き物を尊重することを教えたということです。死肉を食べる性癖は多くの民族の嘲笑を招きました(旧約聖書でも「汚れた」鳥の1つとされています)が、ゾロアスター教徒はこうした行動の価値を認め、ワタリガラスを清浄な鳥と見なしました。地表から穢(けが)れを取り除いてくれるからです。

いまだ残る不吉なイメージ

ワタリガラスは現代のバードウォッチャーからは掛け値なしの称賛を浴びています。なかでも空中での敏捷な動きは見て楽しく、特に(通常生涯連れ添うとされる)オスとメスが絆を新たにする春には、見事な急降下や宙返りなど、素晴らしい軽業飛行を披露します。けれども、人の一生がもっと短くつらいものだった厳しい時代には、多くの文化で、ワタリガラスが死や不運、殺人と結びつけられ、悪魔の使いと見なされました。フィクションの世界ではそうした考え方がいまだに残っていて、たとえば、テレビのSFドラマ『ドクター・フー』の2015年放送のある回では、凄惨な死という罰がワタリガラスによって与えられています。

上:大洪水がどれだけ引いたか確認させるためにノアがワタリガラスを送り出したところ。E・ボイド・スミスによる子供向け絵本『ノアの箱舟のお話』(1905年)に掲載された挿絵

コーランの第5章では、殺したばかりの弟アベルの死体をどこに隠せばいいか、1羽のワタリガラスがカインに示します。カインはこれに愕然とし、「ああ、なんということだ!　わたしはこのワタリガラスのようになってしまうのか?」と言って、ワタリガラスの提案に従わずに、自分の罪を大いに悔いるのです。英国では、ワタリガラスが病人や瀕死の人を嗅ぎ分けるといわれています。そうした匂いのする家の上にたまたま来た場合、その人が死ねば食事にありつけるのではないかと期待して近くをうろつくのだそうです。吊るし首になった死体にたかるワタリガラスはまず目をつつき出すことが知られていたため、そこから「自分の父をあざけり、母への従順をさげすむ目は、谷のカラスにえぐりとられ……」という聖書(箴言(しんげん))の不吉な警告が生まれました(『聖書 新改訳』新改訳聖書刊行会訳、いのちのことば社、1981年)。

アホウドリ

アホウドリ科（Diomedeidae）

現時点で確認されている野生動物の中で最高齢の鳥はメスのコアホウドリ（*Phoebastria immutabilis*）で、「ウィズダム（知恵）」という呼び名で知られています。尊敬にも値するこの鳥は1951年頃に孵化し、1956年に研究のための足環がつけられました。それ以来40羽ほどの子孫を残し、足環は6度交換され、繁殖期以外の時期に外洋を飛び回った距離は推定300万マイル（約482万キロメートル）におよびます。並外れた長命はアホウドリの特別な性質の1つに過ぎません。この大型の海鳥は信じられないほど長い翼幅でも有名で、一番大型のワタリアホウドリ（*Diomedea exulans*）では3.7メートルにも達します。また、長期間献身的にヒナの世話をすることと、つがいの絆がきわめて強く、長続きすることでも知られています。

罪のくびき

たいていの人は、アホウドリといえばサミュエル・テイラー・コウルリッジの詩『老水夫行』を思い浮かべることでしょう。はるか南で船が極氷に閉じ込められますが、1羽のアホウドリが来てからすぐ、脱出します。

とこうするうち一羽のアホウドリ、
霧を突っ切って飛んで来おった。
キリスト信者の霊魂かと、わしらは
神の御名を唱えて歓迎した。

食べたこともない餌をもらい
鳥はぐるぐる輪を描いて舞った。
氷が雷のような音を立てて裂け
舵手は際どく急場を乗り切った。
(『コウルリッジ詩集』コウルリッジ著、上島健吉訳、岩波書店、2002年)

しかし物語はここで終わりではありません。残念なことに(そして不可解にも)、その後語り手は石弓でアホウドリを射てしまうのです。これはもちろん悪運を招く行為で、たちまち風が凪いで、船は進まなくなります。乗組員は死んだアホウドリを下手人の首の周りに掛けますが、こうして罰する意志を示してみても、役には立ちませんでした。飢えと渇きで1人また1人と命を落とし、助けが到着したときに生き残っていたのは、語り手だけでした。

この詩から、「首の周りのアホウドリ」といえば、一種の呪いあるいは大きな重荷を意味するようになりました。船乗りは一般に(生きている)アホウドリを幸運のしるしと見なし、その知恵や天候を知る能力に敬意を表しますが、アホウドリが船の近くにあまりにも長くぐずぐずしていると、長引く悪天候がやってくるかもしれません。

アホウドリは真水を飲まなくても海上で長時間過ごすことができます。多くの海鳥と同じく、濃縮された塩水を鼻孔から排出するので、海水を飲んでも悪影響を受けないからです。マオリ族の言い伝えによれば、(恐らく捕らわれの)アホウドリのくちばしを流れ下る塩水は、海の我が家を恋しがって流す涙だそうです。アホウドリの涙はマオリの歌や物語、さらには室内装飾にまで、さまざまな形で取り上げられています。

ウミツバメ

ウミツバメ科（Hydrobatidae）

水の上を歩いたことで有名なのはイエス・キリストですが、マタイ伝によれば弟子のペテロも少しの間だけ同じ偉業をやり遂げたそうです。もとは漁師でいまは聖人としてあがめられているこの人物の名から、海の上を歩く海鳥のグループに「ストーム・ペトレル」という名がつけられました。ただしこの鳥たちが沈まないのは翼を羽ばたかせているからであって、神の啓示を受けたからではありません。ウミツバメは小さな海鳥で、おもに水面から餌を捕るのですが、このとき長い脚をブラブラさせながらゆっくり飛んで、足で波の山に触れながら餌を探すのです（写真左）。

嵐の乗り手、嵐の運び手

ヒメウミツバメ（*Hydrobates pelagicus*）が嵐の海で波の頂に向かって急降下するのを見ると、ぎょっとせずにはいられません。スズメとほとんど同じ大きさで同じようにほっそりしているため、そんな荒々しい天候を生き延びるにはあまりにも華奢なように見えます。ところがこの小さな鳥は巨大なアホウドリのいとこで、アホウドリと同じく、しぶといたちなのです。陸地から何千マイルも離れていても、完璧にくつろいでいます。また、同じ大きさの陸鳥よりはるかに長生きで、30年以上生きることも珍しくありません。船乗りはウミツバメを称賛し、敬い、時には恐れます。嵐を乗りこなすウミツバメは、その到来の予兆となるだけでなく、もたらすこともあると信じている人もいるのです。

ヒメウミツバメの古い名前に、「マザー・カレイズ・チキン」というのがあります。これは恐らく、聖母マリアを意味する「マーテル・カーラ（mater cara）（親愛なる母）」という言葉から来ているのでしょう。嵐に遭遇した船乗りは聖母マリアの名を唱えて、加護を祈ります。「ウミツバメ」は、マクシム・ゴーリキーの1901年の詩『海燕の歌』以来、革命家やアナーキストの同義語となりました。ロシアの革命家であったゴーリキーは、ウミツバメを自由と勇気の象徴として描いています。ほかの鳥たちがひるみ、隠れても、革命の雷雨を歓迎し挑戦するのです。そうした使い方がロシア以外にも広まり、いまでも英国とアイルランドのアナーキスト連盟は「ストーミー・ペトレル」の名称で出版物を発行しています。

ウミツバメは、日中は何マイルも沖合に出ていて夜だけ陸地に戻り、遠く離れた島に巣をつくることもしばしばです。そのため、集団としてほとんど知られておらず、研究もされていません。いまでも、新しい個体群はもちろん、新しい種さえ発見されています。2009年にチリ沖で初めて観察され、2013年にようやく新種と認められたピンコヤ・ストーム・ペトレル（*Oceanites pincoyae*）は、チロテ神話の海の守護霊であるピンコヤに因んで名づけられました。ピンコヤは漁師と難破船の犠牲者を支援するといわれています。

カモメ

カモメ科（Laridae）

頭がよくて大胆、適応力があってタフなカモメは、いわばカラスの海辺版といったところでしょう。住環境を共有する人間からも、同じような好悪相半ばする目で見られています。海辺の町にコロニーをつくるカモメたちはとりわけ強烈な印象を与え、現代の神話を生み出してきました。そのなかには、古代の言い伝えや物語に負けず劣らず、驚くようなエピソードもあります。

亡き船乗りの魂

船乗りたちは、カモメは海に消えたさまよえる魂の化身かもしれないと考えていました。カモメに見つめられたら、目をそらさなくてはなりません。じろじろ見られると、相手が誰であれ、その目を躊躇なくつつき出すからです。3羽がグループをつくって一緒に飛ぶのは特に縁起が悪いといわれ、セグロカモメ（*Larus argentatus*）が内陸で一団となって飛んでいると、海が荒れているしるしだと見なされました。ただし、カモメ（コモン・ガルまたはミュー・ガル）（*L. canus*）の場合は、よく牧草地あるいは共有地（コモンランド）に集まって餌を食べることが名前の由来となっています。少なくともカモメによっては、海から離れて長時間過ごすことを大いに楽しんでいることが昔から知られていたわけです。

「シーガル」は間違い？

カモメは極地も含め世界のほとんどの地域に見られます。優美なヒメカモメ（*Hydrocoloeus minutus*）から、ノスリの倍も重さのあるオオカモメ（*Larus marinus*）まで多岐にわたり、この両極端の間に50以上もの異なる種がいます。完全な成鳥の羽になるまで5年かかり、羽がさまざまな段階にある多くの種を見分けることは、バードウォッチャーにとって楽しい挑戦となります。といっても、ほとんどの人はカモメ科の鳥をすべてひっくるめて単に「シーガル」と呼びます。これは少々間違った呼び名です。実際にそういう名の種はいませんし（ただし、オオカモメの学名は実は「シー・ガル（海のカモメ）」と訳せます）、海とは密接なつながりのない種もいるからです。

ほとんどのカモメは白と灰色で、しばしば翼の先が黒くなっています。アラスカには、そうなった理由を説明するワタリガラスとカモメの物語が伝わっています。あるときワタリガラスが魚を捕え、たき火で焼いて、一緒に食べようとカモメを招待しました。すると、カモメの大群が押し寄せて夢中でむさぼり、ワタリガラスには何も残しませんでした。その貪欲さの罰としてワタリガラスに火の中へ投げ込まれたため、翼の先が焦げたのだそうです。実際のところ翼の先端に色がついているのは、黒い部分の羽枝のほうが、白い部分の羽枝より強いからです。翼の先端に着色をもたらしているメラニンは、最も摩耗に弱い翼先端の羽の物理的構造も強化します。またアメリカ先住民のチヌーク族に、カモメとワタリガラスの衝突に関する別の話が伝わっています。ワタリガラスが陸の鳥の軍隊を率いて、カモメとその他の海鳥に立ち向かいました。カモメはからくもワタリガラスを殺しましたが、ワタリガラスの妹のカラスが陸鳥の指揮を引き継ぎ、ついに海鳥の軍隊を倒しました。勝利の褒賞として、カラスは夜明けに波打ち際で餌を漁る権利を要求しました。実際に、さまざまな種のカモメとカラスが波打ち際で一緒に餌をついばんでいるのを、世界の多くの地域で見ることができます。

カモメと聖人

ウェールズの王子、聖セニドには、カモメにまつわる不思議な話が伝わっています。紀元550年ころ、幼い王子は海に流されました。柳のかごに入って漂っていた赤ん坊を1羽のカモメ——たぶんユリカモメ（*Chroicocephalus ridibundus*）——が見つけ、ほかの多くのカモメの助けを借りて、ガウアー半島の岸辺にあるコロニーに運びました。カモメたちは自分の羽を引き抜いて赤ん坊に柔らかな寝床をつくってやり、親切な雌ヤギを連れて来て乳を与えさせました。カモメに育てられた赤ん坊は成長して幸福で信心深い男になり、半島の人々に聖人としてあがめられました。

カモメとつながりのあるもう1人の聖人、聖バルトロマイはノーサンバーランド沖のファーン諸島に住んでいました。聖セニドがカモメに囲まれてウェールズに住んでいたのと同じころです。聖バルトロマイは隠遁生活を送っていましたが、地元の野鳥と友達になり、特に1羽のカモメを根気強く馴らして、手から餌を食べるまでにしました。ある日、タカがそのカモメを殺したので、怒った聖人はタカを捕えて閉じ込めました。けれども、すぐにその不当さを悟り、タカを放してやりました。

空中で虫をキャッチ

昆虫の大群が収穫間近の農作物に壊滅的な被害をもたらすことがあります。ユタ州の言い伝えによると、ある年、コオロギが大発生して、収穫を台無しにされそうになりました。そのときカモメの群れがやって来てコオロギを平らげ、人々を救ったそうです。感謝したユタの人々は、そのカリフォルニアカモメ（*Larus californicus*）を州の鳥に指定しました。カモメを見落としたカリフォルニア州のほうは、代わりにカリフォルニアクウェイル（カンムリウズラ）（*Callipepla californica*）を州鳥に選びました。

カモメというと魚を食べるものと思いがちですが、食べる物や採餌戦略は実に融通無碍で、飛びながら昆虫を食べることなど、ほんの序の口です。夏に羽アリが屋根の上に群がると、虫を食べるムクドリやツバメなど当然予想される小型の鳥はもちろん、数種類のカモメも、しばしばこのごちそうに群がります。

現代の厄介者？

リチャード・バックによる『かもめのジョナサン』は1970年に出版され、大ベストセラーとなりました。平易な言葉で書かれ、印象派の絵画を思わせる美しい写真が添えられたこの本は、自分自身と人生について学ぶことの意味を、飛行技術の鍛錬に没頭する若いカモメを通して語った寓話です。飛行と自由への同じような称賛が、ロバート・ウィリアム・サービスの詩『Grey Gull（灰色のカモメ）』のなかの素晴らしい数行に見られます。

僕は海と空の子、
それらの要素が僕の中で溶け合う。
波間に漂い、飛翔する盗賊鳥たちの中で
僕は最高に自由だ。

ところが、これらの作品が出版されてわずか数十年後のいま、カモメは多くの地域で深刻な不人気をかこっています。都市部のカモメは、公共の場所を汚したり、観光客の手から食べ物をさらったり、巣に近づきすぎた人を急降下して襲ったりして、頭痛の種になりがちです。とはいえ、海洋環境の乱開発や汚染のせいで、ほかの大部分の海鳥とともにカモメの多くの種も急速に生息数を減らしています。海辺の町のカモメが厄介者になるのを防ぐには、衛生対策を講じたり、建物や地所の手入れをしたりといった簡単な手段で十分です。それと同時に、都会でしたたかに生きるこの鳥に対して、もう少し寛大な心を持つことが求められます。

コウライウグイス

コウライウグイス科（Oriolidae）

上：光を発しているかのように鮮やかな黄色のニシコウライウグイス（ユーラシアン・ゴールデン・オリオール）。ジョン・グールド著『イギリス鳥類図譜』（1873年）に掲載された挿絵

輝くような黄色の羽が、このエキゾチックな鳥の名前の由来です。英語名のオリオールはラテン語で「黄金の」または「素晴らしい」を意味する「アウレオルス（aureolus）」から来ており、陽光のようなこの鳥のイメージもよく表しています。ヨーロッパ、アフリカ、アジアに分布する29種のコウライウグイスのオスはおおむね黄金のような黄色で、翼と尾は黒く、時には頭も黒かったり黒いアイマスクをしていたりします。メスはやや小さめで、もっと緑がかった黄色です。

英国ではニシコウライウグイス（*Oriolus oriolus*）（左図）がかつて、「金色のツグミ」とか「ウィトウォル」、あるいはチョーサーによれば「ウォドウェイル」と呼ばれました。姿は見えないのに、高い木の梢から、忘れがたいフルートのような鳴き声を聞かせるからです（ウォドンはアングロ・サクソン神話の主神（北欧神話のオーディン）、ウェイルはスコットランド方言で最上等品を意味します）。

黄金色のコウライウグイスは、一時は英国でもいくらか繁殖していました。マッチ棒業界に提供するために、イーストアングリアの沼沢地などに生長の早いポプラの木が植えられましたが、その木にお椀型の巣をかけていたのです。その後マッチ棒産業の衰退に伴い、土地をもっと利益の上がる耕作地に戻すためポプラが伐採されると、1980年代には生息数が急速に減っていきました。その後、保護活動によってポプラが再び植えられるようになり、サフォーク州にある王立鳥類保護協会のレイクンヒース・フェン保護区では最近、繁殖が確認されています。

和合と音楽

フランスではポプラ並木にこの鳥が巣をかけ、オスもメスも餌を運んでヒナの世話をするという細やかな子育てが称賛されて、家族の和合の象徴とされています。

コウライウグイス（*Oriolus chinensis*）は中国美術にも広く描かれ、昔から喜びと音楽と幸福な結婚の鳥と考えられています。明王朝の時代（1368～1644年）にはある種の文官がコウライウグイスのモチーフを身につけましたが、これはのちにあらゆる宮廷音楽家の記章となりました。

北米ではメリーランドの州鳥であるボルチモア・オリオール（ボルチモアムクドリモドキ）（*Icterus galbula*）の姿の美しさと声が称賛されています。この鳥をはじめとする新世界のオリオールは、橙黄色に黒い模様を持つところは似ているものの旧世界のオリオールとは関係がなく、ムクドリモドキ科に属しています。プエブロ族にとってオリオールは太陽を象徴するものでした。オリオールの名前が出てくる詩が少なくとも10はあります。エミリ・ディキンスンも2つ書いていて、「ミダス王の触れたものの1つ」という句を含んでいますが、これは新世界あるいは旧世界どちらの種にもあてはまるでしょう。もう1つの詩の次のくだりもそうです。

> オリオールの歌を聞くのはごく普通のこと
> それともちょっと神聖なこと
> （『エミリ・ディキンスン詩集　自然と愛と孤独と　第4集』E・ディキンスン著、中島完訳、国文社、1994年）

スズメ

スズメ科（Passeridae）

聖書は実にさまざまな鳥について言及しています。人の住むところならどこでも見ることができる地味なスズメも例外ではありません。聖ルカはその福音書に、「5羽のスズメは2アサリオンで売っているでしょう。そんなスズメの1羽でも、神の御前には忘れられてはいません」と書いています。聖マタイによる福音書にもこの節に似た記述がありますが、いずれも神がスズメに特に目をかけていたことを表しているわけではありません。全能の神がごくありふれたつまらない生き物のことさえどれほど気にかけているかを示す例として、スズメが持ち出されているのです。

控えめで月並み

世界中の多くの地域では、都市でも田舎でも、何らかの種類のスズメがいつもわたしたちの周囲にいます。そのため、わたしたちはスズメをごくありふれた鳥と考えがちです。実際、木に止まるのに適した足を持つ鳥、鳴禽類の目（もく）全体が、スズメ目と名づけられています。そのうち、スズメ（スズメ属）はハタオリドリとごく近い関係にあって、群れをつくる性質が同様に強く、大部分の種は集団で営巣するだけでなく騒がしい大きな群れで一緒に餌をついばみます。穀物貯蔵庫はスズメの群れにとって格好の餌場ですし、にぎやかな町もそうです。捨てられた食べ物が道端に必ず落ちているからです。

スズメは一般に、いくらか好意的な目で見られています。アイルランドではスズメが死者の魂を運ぶと信じられていて、スズメを殺すことはタブーとなりました。時には、予言する力や天候を予知する能力があるとされることもあります。もしスズメが道路で跳ねながらやかましくチュンチュン鳴いていたら、天気が崩れると思ったほうがいいでしょう。とはいえ、聖書に関連した2つの物語では、イエスを裏切り、そのために呪いを受けた鳥ということになっています。イエスがゲッセマネの園でまさに拘束されようとしていたときには、おしゃべりなスズメが隠れ場所をばらしてしまいました。そして、イエスが十字架の上で死に瀕していたときには、まだ生きているからもっと苦しめることができると、スズメたちが大声を上げたのです。

愛と欲望

古代ギリシャ人は、イエススズメ（*Passer domesticus*）（写真右）の繁殖力が旺盛で、毎年3回ヒナをかえすことに気づいて、愛の女神アフロディテに捧げられた鳥だと考えるようになりました。スズメは近く誰かが結婚することを予言できるとされ、その肉から媚薬が作られたりもしたようです。一方、中国人によれば、卵はインポテンスの治療に効果があるのだとか。ローマの詩人カトゥルスは、好色な感情のこもった願いを、「スズメよ、僕の恋人の喜びよ」と始まる詩で表現。女友達に懐いてその膝に乗っている鳥に、自分と場所を代わってくれるように呼びかけています。

褒美と報い

日本には不当な扱いを受けたスズメの昔話があります。日本にはイエスズメがいないので、これは日本で普通に見られる「町スズメ」であるスズメ(*P. montanus*)の話でしょう。この話の登場人物は、やさしい性格の夫と、いじわるな妻の老夫婦です。夫は偶然見つけた迷子のスズメに餌を与え、世話をしていました。するとスズメはそのお礼に、家に居ついて毎朝歌を聞かせてくれるようになりました。ところがある日、スズメはいじわるな妻が作っておいた洗濯用の糊を食べてしまいます。怒った妻はスズメをつかまえ、ハサミでスズメの舌を切り落としてしまいました。スズメはもう歌えず、単調にチュンチュン鳴くことしかできなくなりました。深く傷つき、恥じたスズメは、村から姿を消してしまいました。

心のやさしい夫はかわいがっていたスズメを忘れられず、ついに、スズメが隠れてすんでいる山を尋ね当てました。スズメとその家族は恩人であるこの老人にごちそうを出し、世にも珍しいスズメ踊りを披露してもてなしました。そしておみやげとして、封をした大小2つのつづらから1つ選ぶように言います。夫が小さいほうを持ち帰って開けてみると、高価な絹や金がいっぱいに詰まっていました。

スズメの舌を切った妻はそれを見て妬ましさに矢も楯もたまらず、自分もその山へ出かけました。スズメとその家族を見つけると、どうやら恨みは抱いていないようで、同じように温かくもてなし、同じように大きいつづらか小さいつづらを選ばせてくれました。欲張りな妻は躊躇なく大きいほうを選びましたが、あいにくなことに、入っていたのは毒ヘビや虫、妖怪など恐ろしいものばかり。妻はこうした教訓話にお決まりの報いを受けたのでした。

上・右:スズメとハサミ。日本の昔話『舌切り雀』より。

移入されたスズメ

イエスズメに足環をつけて行った研究から、彼らが根っからのマイホーム主義者であることがわかりました。若鳥は生まれたコロニーからめったによそへ行かないのです。こうした性質にもかかわらず、イエスズメは南極を除く地球上のどの大陸にもいます。原産地はユーラシアおよびアフリカ北部ですが、移入された個体群が各地で繁殖し、広がっています。一部の移入は計画的なものでした。北米の個体群は、シェイクスピア作品に言及のある鳥をすべて米国に持ち込もうという、アメリカ順化協会の軽率な企てから生じたものです。外来の個体群は、穀物を食い荒らし、土着の鳥の営巣地を奪うという厄介な問題を引き起こします。

こうした理由から、多くの国はアメリカ英語で「英国のスズメ」と呼ばれるこの鳥を追い払うことができれば、さぞうれしいことでしょう。ところが、イエスズメの原産地であるヨーロッパでは、心配なことに数が減っています。特に英国では、かつては至る所で見られたロンドンをはじめ多くの地域でイエスズメが姿を消し、大いに懸念されています。一部の地域で繁栄をもたらした主な原因は、人家の近くに大きくて極めて繁殖力の高いコロニーをつくるという性質にあります。ところが、コロニーを離れたがらないことが、環境が突然変化し、すむのに適さなくなった場合は不利に働きます。都市部における生息数の減少をもたらした原因は定かではありませんが、恐らく古いビルを修理したり、雑木林やツタを伐採したり、庭を舗装したりする最近の風潮に関係があるのでしょう。鳥から食べ物や巣をつくる場所を取り上げてしまっているのです。うまく繁殖するには、周りに同じ種の鳥がたくさんいるという刺激が必要なようで、コロニーが小さくなりすぎると、つがい当たりの繁殖率が急激に下がります。

ウ

ウ科（Phalacrocoracidae）

死の商人

1860年9月8日の日曜日、英国リンカーンシャーのボストンに住む人々を恐怖のどん底にたたき落とす出来事が起こりました。1羽のウが彼らの教会の尖塔に舞い降り、動こうとしなかったのです。英国でもアイルランドでも、ウが教会の尖塔にとまるのは不吉だと考えられていました。そして月曜の朝、ついにウは撃ち落されました。

当時の記録によれば、その後恐ろしい海難事故の知らせが届いて、「恐れがまさに的中」しました。外輪船のレディ・エルギン号が北米のミシガン湖で沈没し、ボストンの自由党議員であるハーバート・イングラムも含む300人が命を落としたのです。

外輪船が沈んだのは日曜日で、ウが撃ち落された月曜日ではなかったため、殺すのが遅すぎたのだ、災難はウのせいだと責められたのでした。この不運な鳥はカワウ（*Phalacrocorax carbo*）あるいはもっと小型のヨーロッパヒメウ（*P. aristotelis*）だったのでしょう。英国にはこの2種しかいないのです。

ウは世界中の浅瀬や河川で見事な潜水技術や漁の腕前を披露していますが、ウにまつわる迷信や言い伝えの多くはそうした点には目もくれず、大半の種に共通するたった1つの特徴、つまり黒い羽に注目しています。ウの英語名である「cormorant」は、ラテン語でワタリガラスを意味する「corvus」と「海の」を意味する「marinus」から来ています。広く見られるカワウ（*Phalacrocorax carbo*）（写真左）およびよく似た種は、近縁ではないワタリガラスと同じく、しばしば邪悪さや死と結びつけられました。ヘビのような長い首は爬虫類を思わせ、岩や桟橋にとまって翼をケープのように広げて乾かしている姿はどこか不気味で、不吉なイメージを追い払うのにはほとんど役に立たなかったのです。

ジョン・ミルトンの『失楽園』では、エデンの園に達した悪魔がウに姿を変えて生命の樹にとまり、「……生ける者たちに死をもたらそうと考え」ます。ノルウェー北部では昔から、ウが死者からの伝言を運ぶと信じられていました。また、海で死んで遺体が上がらなかった者はユトレストと呼ばれる島で永遠に過ごすことになるのですが、ウの姿で家に飛んでくることができるともいわれています。

古代からウは嵐と結びつけられ、岩の上にいるのを見た場合は船が難破する前兆だといわれました。けれどもホメロスはウをオデュッセウスの救い主と見なしました。ウに変身した海のニンフが魔法の腰帯を与えて、溺れるオデュッセウスを救ったと記しているのです。

黒一色ではないウ

さらに、ウの色を説明する言い伝えもあります。南米のアラワク族によれば、ほかの鳥たちはウが殺した巨大な多色の水ヘビのさまざまな部分を選んで、鮮やかな羽を手に入れました。ところが、ウ自身は非常に控えめなたちだったので、ヘビの黒っぽい頭だけを選んだのだそうです。ちなみに、このウはキノドウ（*P. brasilianus*）と思われます。

バンクーバー島および本土のブリティッシュコロンビア州に住むクワキウトル族は、自分たちの祖先の1人があらゆる鳥に色を塗っていたところ、ウ——恐らくミミウ（*P. auritus*）——の番になったときには色がなくなり、濃い灰色しか残っていなかったのだといいます。

どちらの説明もウには大迷惑です。たとえば「2本の冠羽を持つウ」という意味の英語名が示唆するように、ミミウはただの濃灰色ではなく、オスもメスも繁殖期になると眉毛のような華麗な白い冠羽が生えてきて、それを誇示します。この冠羽は毛状羽——長い毛髪のような羽——で、抱卵が始まるとすぐに抜け落ちます。同じように英語名「亜熱帯のウ」ことキノドウは、繁殖期に頭の両側に毛状羽の小さな房を生やし、喉には黄褐色の斑点もできます。この科を構成する35種のウの多くと同じく、たとえ黒でもその黒は実は緑や青や紫に輝く玉虫色で、時にはブロンズの光沢を帯びます。また、いくつかの種は体の下面が白かったり、翼や首、あるいは頭に少し白いところがあったりしますし、繁殖期に目や顔、くちばしの周りなどの皮膚が鮮やかな色になるものもいるのです。

漁の腕前

ブリティッシュコロンビア沖のハイダ・グアイにはもっと風変わりな話が伝わっています。ワタリガラスと漁に出たあとで、ウが声を失ったというのです。ワタリガラスが魚を1匹も捕らないでいる間に、当然のことながら、ウはたくさん捕りました。そこで、ワタリガラスがウの舌を引き抜いたのだそうです。ウは1羽でいるときはたいてい沈黙していますが、繁殖コロニーではギャアギャアと大きなしわがれ声を上げます。

ほぼ完全に魚だけで生きているウは魚捕りの達人です。ほっそりした流線型の体を水に沈めて4分間も潜水することができ、水かきのついた幅の広い足ですばやく水をかいて獲物を捕えます。種によっては30メートルも潜れるといわれていますが、得意なのは浅瀬での漁です。潜水する鳥の多くとは違い、ウの羽は水をはじかないので、浅瀬では浮力をほとんど気にする必要がなく、あまりエネルギーを使わずに活発に動き回ることができます。そうした水の浸み込みやすい羽をしていることが、潜水後に乾かすために翼を広げた姿勢を取らなければならない理由でもあります。

歴史的に、ウは漁業資源にとって脅威と見なされてきました。いまでもそのために間引きされることがあります。とはいえ、人はこの鳥の卓越した能力をなんとか利用しようと試みてもきました。アジア東部では紀元前300年頃から、ひょっとするともっと前から、捕まえたウを訓練して、捕えた魚を人に持って来させていました。輪縄またはリングを首につけて、魚を呑みこまないようにしたのです。ヨーロッパでは16世紀のヴェネツィアで行われたという記録があり、英国ではジェイムズ1世が奨励したため、17世紀初頭に広く行われるようになりました。彼は王室直属の鵜匠まで抱えていたそうです。

貴重なふん

ペルーでは、いまは準絶滅危惧種となっているグアナイムナジロヒメウ(*P. bougainvillio-rum*)が、人間をただで裕福にしてくれました。インカ帝国の時代から、鳥のコロニーは大量のグアノを排出してきましたが、これはミネラル分の豊富な肥料で、近代的な化学肥料が開発される前の19世紀には広く輸出されていたからです。ペルーの人々はフアマンタンタクと呼ばれる農業の恵みをもたらす神をあがめていましたが、これは「ウを群れ集わせる者」という意味だといわれています。

ヨーロッパでは20世紀までに鵜飼はほぼ姿を消しましたが、中国や日本ではまだ続いています。1300年にわたって昔ながらの技術が受け継がれてきた長良川では、鵜飼は観光の目玉の1つになっています。夕闇が迫るころ、岸や船の観光客が見守るなか、1890年に授与された肩書を父から息子へと代々受け継いできた宮内庁式部職鵜匠が、綱をつけたウミウ(*P. capillatus*)を乗せた船を出します。魚を集めるため、かごに入れたかがり火がそれぞれの船の前方に光を投げかけていて、その明りで、訓練されたウが繰り返し水に潜って魚を捕える様子を見ることができます。

下:中国南部の広西地区の陽朔を流れる漓江で、訓練したウが潜って魚を捕るのを辛抱強く待つ漁師

アリスイ

キツツキ科(Picidae)

古い時代にはキツツキ科の数種類の鳥が恋のまじないに用いられ、確かに効果があると信じられていました。それをうかがわせる痕跡が、アリスイ(*Jynx torquilla*)(写真右)の学名にも隠されています。この鳥の学名のジンクス(*Jynx*)から、「不運をもたらす」という意味の現代の言葉、ジンクス(jinx)が生まれたと考えられます。

ギリシャ神話のある物語では、自然神パンと森のニンフ、エコーの娘であるインクスが魔法の円盤を回してゼウスに魔法をかけ、処女イオと恋に落ちるように仕向け、これに怒ったゼウスの妻ヘーラーがインクスをアリスイに変えました。別の物語では、インクスとその8人の姉妹がある試合でミューズに挑戦します。敗れた姉妹は鳥に変えられ、インクスはアリスイになりました。

愛と美の女神アフロディテは、ロマンティックな情熱のシンボルであるアリスイをアルゴ船隊員のリーダーである英雄イアソンに与えました。イアソンはそれを回転させて呪文を唱え、女魔法使いメディアの心を勝ち取ります。

これらの神話から、性愛をかき立てる呪文の最中に回す円盤またはコマをインクスと呼ぶようになりました。そのほか、魔法をかけた鳥を使者にして、呪文が確実に標的に届くようにしたという記述もあります。

不思議な振る舞い

こうした言い伝えや風習は、かつて奇妙で気味が悪いと見なされた、この鳥のある習性から生まれたに違いありません。「ねじれた首」という意味の英語名や学名の「*torquilla*」(「ねじる」を意味するラテン語*torquere*から派生)から推測されるように、まだらの灰褐色をしたアリスイは驚くと冠羽を逆立て、ヘビのようにシュウシュウ音をたてながら、しなやかな首を振ったりねじったりするのです。危険を感じると、グンニャリして死んだふりをする場合もあります。

アリスイも、その近縁種で渡りをせずサハラ以南のアフリカにすむムネアカアリスイ(*J. ruficollis*)も、体の大きさに似合わず、鳥の中で一番長い舌を持っています。アリスイは木をつついて穴を開けることはしませんが、ほかのキツツキと同じようにねばねばする長い舌を伸ばして、樹皮や地面からアリを素早くすくい取ります。

不思議なことに、もうそれほどアリスイがやって来なくなった英国では、地域独特のアリスイの呼び名の多くは昔の暗い神話を反映してはいません。むしろ、カッコウの友達、小間使い、下男、使い走りとして知られています。初夏に渡ってくるアリスイは、いまは同じようにまれになってしまったカッコウにわずかに先んじて飛来するからです。

ダイシャクシギ

シギ科(Scolopacidae)

ダイシャクシギ(*Numenius arquata*)(写真右)の震えを帯びた溢れんばかりの歌声には忘れ難い美しさがありますが、鳥の歌としては、あまり意気を高めてくれるものとはいえません。ケルト語の呼び名の1つは、「ギルブロン」ですが、これは「悲しみの叫び」という意味です。「邪悪な愚か者」であり、わたしたちの人間性の暗い面を表すとされる妖精王の「ダルア」とつながりがあるとされていました。アイルランドの言い伝えはダイシャクシギとその近縁のチュウシャクシギ(*N. phaeopus*)を、悪運をもたらす者として描いていて、特に夜鳴く場合は不吉だといわれています。

ダイシャクシギ属にはとてもよく似た8種が含まれ、いずれも下にカーブした長いくちばしを持つ褐色の渉禽です。8種のうち2つ——シロハラチュウシャクシギ(*N. tenuirostris*)およびエスキモーコシャクシギ(*N. borealis*)——が過去2世紀の間に生息数の壊滅的な低下にみまわれ、恐らくすでに絶滅してしまったことを考えると、この鳥たちが悲しみと結びつけられるのはふさわしいことかもしれません。残り6種のうち、ダイシャクシギを含む3種が危険な状態またはそれに近いと考えられていて、国際自然保護連合(ICUN)はダイシャクシギを準絶滅危惧種に指定しています。

鳴き声と伝説

チュウシャクシギは田舎では「セブン・ホイスラー」と呼ばれます。7つの音からなる鳴き声を上げるからで、夜、よく聞こえてきます。英国では、6羽のチュウシャクシギが一緒に飛んで、迷子になった7羽目の仲間に絶えず呼びかけているのだといわれます。レスターシャーでは、夜間のその鳴き声が炭鉱夫を震え上がらせていました。地下で恐ろしい事故が起こる前触れだと信じられていたからです。スコットランドの一部ではダイシャクシギを「フウォープ」というあだ名で呼びますが、これは夜間によく悪さをする鼻の長いゴブリンの名前でもあります。

アイルランドの言い伝えでは、ダイシャクシギの巣が見つからないわけを聖パトリックのマン島訪問の話で説明しています。ある日出かけた聖パトリックは、1羽のダイシャクシギの鳴き声を耳にします。鳥について行くと、小ヤギが崖から落ちて、出っ張りのところから動けなくなっていました。聖パトリックは子ヤギを助け出し、ダイシャクシギには、その巣がいつも人間の目から隠されていますようにと、祝福を与えました。ダイシャクシギの巣は、生息地であるどこまでも同じような景色が続く開けた荒地では見つけにくいようにできているのです。

イシチドリ（イシチドリ科）は主に砂漠にすむ夜行性の鳥のグループで、ダイシャクシギに似た忘れ難い声を持っています。オーストラリアのオーストラリアイシチドリ（*Burhinus grallarius*）は死と密接なつながりがあるとされ、暑い日向に置きっぱなしにして子供を死なせてしまったアボリジニ女性の嘆き悲しむ魂が宿っているといわれています。このドリームタイムの悲惨な伝説への関心がよみがえったのは、2005年から2006年にかけてティウィ諸島で若者の自殺が相次いだことと関係がありました。一部の犠牲者が、この鳥にとりつかれていると報告していたのです。

フクロウ

フクロウ科(Strigidae)、メンフクロウ科(Tytonidae)

世界中で、フクロウほど相反する多くの象徴を持たされている鳥はいません。シェイクスピアの悲劇『マクベス』では、夫がスコットランド王ダンカンを殺そうとしているとき、マクベス夫人が「いま鳴いたのはフクロウ、最後のおやすみを告げる不吉な夜番」と言います(『シェイクスピア全集4』ウィリアム・シェイクスピア著、小田島雄志訳、白水社、1986年)。この神秘的な夜の捕食者は昔から不吉な前兆と考えられてきました。フクロウを見かけたり声を聞いたりすることは、古代エジプトでは死と、聖書では荒廃と結びつけられました。古代ローマでは、アウグストゥスをはじめ幾人かの死をフクロウが予言したといわれました。大プリニウスはフクロウを「徹頭徹尾、忌まわしきもの」と書いています。フクロウへの不安と恐怖の念は、アメリカ先住民やアフリカおよびアジアの文化に深く根を下ろしています。

多くの顔を持つ鳥

それでも古代ギリシャではこうした陰険な風潮を覆すように、コキンメフクロウ(*Athene noctua*)が、敬愛される知恵の女神アテナの象徴あるいはお供とされました。紀元前500年頃のアテネの4ドラクマ硬貨は片面にアテナ、もう片面にフクロウとオリーブの枝が刻印されていました(写真下)。いまはギリシャの1ユーロ硬貨にこの図案が用いられています。サラミスの海戦では、テミストクレス提督の旗艦のマストにフクロウがとまって、劣勢なギリシャ軍に女神アテナがついていることを確信させ、ペルシャ軍に対する有名な大勝利をもたらしました。

「年老いた賢いフクロウ」という言い回しがありますが、これは子供向けのお話のお馴染みのキャラクターでもあります。一番有名なのはA・A・ミルンの『クマのプーさん』に出てくる「オウル」でしょう。やや真面目すぎるきらいはあるものの善意に満ちたキャラクターとして描かれ、何か知恵が必要な場合はあらゆる動物に頼りにされますが、彼ら(あるいはオウル自身)が思っているほど賢くはありません。ディズニー・アニメの『キツネと猟犬』や『バンビ』の舞台となる北米の森林地帯には、優しく親切で抱きしめたくなるようなアメリカワシミミズク(*Bubo virginianus*)がすんでいます。こうした描写と、死の予兆というイメージとには、何光年もの隔たりがあります。

両目が明らかに前向きについた平たい顔は実に印象的で、どこか人間を思わせるところがありますが、その表情は種によってさまざまです。目の色と形、顔盤(顔を縁どる羽)やその周りの模様次第で、フクロウの顔は優しく考え深げに見えたり、激怒や驚愕を表しているように見えたりします。また、いかめしい顔に見えることもあれば、心底退屈しているように見えること

もあります。間近で見ると、フクロウはとても魅力的です。小型の種類は特に、つぶらな目をした子ネコに負けないくらい、心に訴えるものがあります。けれども、フクロウとの遭遇はたいていほんの一瞬でしかも夜間なので、もっと謎めいた、あるいは不安をかき立てるような印象を与えるのです。ユーラシアのフクロウ(*Strix uralensis*)は、巣に近づく人間を激しく攻撃することが知られています。また共に北米に生息するヒガシアメリカオオコノハズク(*Megascops asio*)およびニシアメリカオオコノハズク(*M.kennicottii*)はとりわけ耳障りな、あるいはギョッとさせるような声で鳴きます。こうした大型でパワフルな種類が、フクロウに対する用心深い見方をもたらしたのでしょう。

恐ろしげな印象とフクロウに関する知識のギャップを埋めるかのように、フクロウには不思議な力があるという説が生まれました。フクロウは音を立てずに飛ぶことができ、ほぼ完全な闇の中で獲物を見つけることができます。そして何より驚いたことに、頭をほとんど一回転させることもできます。この世の法則に縛られない生き物と見なされることが多いのも無理はなく、その不思議な力利用しようとする試みが世界中に見られます。日本では、フクロウの像や絵が飢饉や疫病から身を護るために用いられました。中央アジアではフクロウの羽のお守りを身につけて悪霊を撃退。アメリカ先住民のいくつかの部族では、フクロウの羽を身につけることは勇気の証であり、幸運をもたらしました。ヨーロッパのフクロウは伝統的に魔女の使い魔でしたが、アーサー王伝説では魔法使いマーリンのお供でした。良い魔法を表すこのイメージがいまも子供向けのフィクションに残っており、そのいい例がJ・K・ローリングの少年魔法使いハリー・ポッターの物語に見られます。

ホー、なるほど

フクロウの声は、不気味な叫び声から、フルートのような柔らかいホーホーという声、バリトンの太い声、金切り声やしわがれ声までさまざまです。アマガエルの鳴き声とよく間違われる、甲高い笛のような音を出すこともあります。ほかの動物が寝静まった夜に聞こえるフクロウの声は、たちまち注意を引きつけ、しばしばある種の前兆ととらえられます。英国の言い伝えでは、モリフクロウ(*Strix aluco*)がホーホーと鳴くのは、どこかで若い女性が処女を失おうとしていることを知らせているのだそうです。一方、妊婦がそういう声を聞くのは、女の子が生まれるしるしです。ただし、生まれる瞬間にホーホーと聞こえたら、その子が不運な人生を送ることを意味します。

アメリカキンメフクロウ(*Aegolius acadicus*)は小型でむっつり顔の北米のフクロウで、甲高い声を立てます。けれどもケベックのイヌー族によれば、かつては一番大きなフクロウで、力強い太い声をとても自慢にしていました。もちろん、昔話では高慢は罰を受けます。このフクロウは滝の轟音をまねようとして部族の主神を怒らせ、キーキー声のちっぽけなフクロウに変えられてしまいました。

回転する頭、驚異的な感覚

大半のフクロウにとって、聴覚は視覚より重要な感覚です。「ひだ襟」に囲まれた平らな顔は、耳の開口部に音を最大限に集めるのに役立ちます。耳は左右非対称についていて、音源の位置を正確に突き止められるようになっています。そのため、ほぼ完全な闇の中でも獲物を見つけることができるのです。自分の羽ばたきの音も、特殊な微細構造を持つ主翼羽によって、ほぼ完全な無音にすることができます。

大きな両目が前向きについていることで、遠近関係の知覚が最大限に高まります。網膜には桿体（かんたい）細胞が詰まっていて、極めて弱い光のもとでも鮮明な解像度が得られます。また眼球は円形より管状に近く、限られたスペースにできるだけ大きな網膜が収まるようになっています。このような形のため、眼窩内での目の動きが制限されることになりますが、ほぼ完全に頭を一回転させて背後を見ることができるほど柔軟な首を持つことでそれを補っています。垂直面でもほぼ半回転させることができるので、まるで頭が上下逆さまになったように見えるほどです。フクロウがどこか不気味に思えるのは、夜間に狩りをするというライフスタイルへの適応の結果と言えるかもしれません。

ニュージーランドアオバズク（*Ninox novaeseelandiae*）はニュージーランド固有のフクロウですが、英語名の「モアポーク」もマオリ名の「ルールー」も擬音語で、2音からなる鳴き声を表現しています。この声はかってはあの世からの呼び声と考えられていましたが、いまはもっと前向きな連想が働き、よい知らせが届く前触れと考えられています。ただし、警報のような1音だけのけたたましい鳴き声の場合、届くのはそれほどよい知らせではありません。もし家の中にフクロウが入ってくるような

上:エドワード・リアの詩『ふくろうくんとこねこちゃん』につけたリア自身による挿絵。「……美しい青豆色のボートに乗って」、ロマンチストのフクロウがギターを弾きながらネコにセレナーデを歌っている

ことがあれば、家族の死が迫っているしるしです。マオリ族はルールーを家族の守護霊が具現化したものと見なし、助言や時宜を得た警告を与える力を持つと考えています。

インド南部では、(種を問わず)1羽のフクロウが上げる金切り声の数に、はっきりした意味があてられました。1つは死を予告し、2つは計画や事業の成功を意味し、3つはお嫁さんを迎えること、そして4つはやや曖昧ですが、「混乱」を示しました。5つ聞こえれば旅行に出かけることになるという意味で、6つはお客が来るところだという意味です。そこからは下り坂で、7つは精神的な苦痛を体験すること、8つは突然の死を示します。けれども9つはとてもいいことが起こる前兆とされました。

迫害

地球上には、フクロウのいない国も、フクロウにまつわる神話のない国もほとんどありません。ですが、一部の文化では、フクロウにまつわる迷信がこの鳥自体に深刻な影響をもたらしています。たとえばジャマイカではフクロウ不吉な鳥と信じられていて、法律によって保護されているにもかかわらず、島にすむ2種——メンフクロウ(*Tyto alba*)およびジャマイカズク(*Pseudoscops grammicus*)——が、石を投げつけられて日常的に殺されたり傷つけられたりしています。また、ナンベイトラフズク(*Asio stygius*)も、「悪魔の鳥」という迷信のせいで、原産地のブラジルで激しい迫害を受けています。インドのモリコキンメフクロウ(*Heteroglaux blewitti*)は絶滅寸前種に分類されていますが、地域の風習や儀式でフクロウの体のいろいろな部分を使うため、いまだに標的となっています。昔話にはいつまでも色あせない魅力と輝きがあるものですが、フクロウの直面する現実をもっとよく理解することも大事です。これらの傷つきやすい鳥たちをそうしたまったく不必要な殺傷から守るには、その暮らしや生態系における役割をよく知ることが欠かせません。

現実世界のヘドウィグ

ハリー・ポッターのペットのヘドウィグはシロフクロウ(*Bubo scandiacus*)(写真上)でした。大きくて驚くほど美しい北極圏原産のフクロウで、ほぼ全身が白い羽で覆われています。樹木がなく、しばしば雪で覆われる地形に適応しており、身をひそめて音もなく突然襲う森林地帯の種類より、もっと積極的なハンターです。隠れるところがない開けたツンドラに巣があるため、人間を含め、卵やヒナを盗みそうな者を先回りして見つけ、激しく攻撃します。シロフクロウと居住地を共有するカナダやスカンジナビア、シベリア一帯の人々はこの強力な白い鳥に大きな敬意を払い、勇気の偉大な象徴であり真実を暴く者(闇の中で獲物を見つけることができるため)であると考えています。地元の呼び名には「北の白い恐怖」というのもあります。イヌイットには、この鳥をはじめとするフクロウがどうして生まれたかを説明する物語が伝わっています。あるとき少女が魔法でくちばしの長い鳥に変えられてしまいました。パニックになった少女はバタバタ飛び回って家の側面に激突し、顔が平らになりました。くちばしもつぶれて下向きになり、こうして少女は最初のフクロウになったのでした。

ミソサザイ

ミソサザイ科(Troglodytidae)

ミソサザイ(*Troglodytes troglodytes*)(写真右)は騒々しく好戦的で、なわばりを巡って激しく闘いますが、それ以外はあまり目立たず、森林地帯をこっそり歩き回っています。民間信仰や神話でも、同じように相反するイメージが見られます。時には「鳥の王」と呼ばれ、キリスト教の世界では伝統的に「マリア様のメンドリ」としてあがめられましたが、「ミソサザイ狩り」と呼ばれる残酷な冬の儀式で、何世紀にもわたって情け容赦なく追い立てられてもきました。

総勢79種からなる科の唯一のヨーロッパ種であるこの小さな鳥は、冬の数カ月間、とても見つけにくくなります。北米の近縁種の多くと同じく、好みの生息地である森林地帯やアシ原のまだらになった褐色や灰色に紛れ込める色合いになるからです。しかし春になると、存在がはっきり感じられるようになります。特にオスは、2月から7月にかけて1キロメートル先にも届くような鋭く甲高い歌を響かせるのです。わずか6〜12グラムほどしかありませんが、体重で比較すれば若いオンドリの10倍もの声量になると推定されます。

鳥違い?

ここまではいかにも軽快な小鳥のイメージですが、古代史のどこかで、このちっぽけな鳥に最高の権力が与えられました。王者のイメージは、近縁関係にはないキクイタダキ(*Regulus regulus*)との混同から生じたのだろうといわれています。キクイタダキはかつて、「黄金の冠羽を持つミソサザイ」と呼ばれていたのです。アリストテレスや大プリニウスのような著述家もミソサザイに似た鳥を「トロチロス」または「トロチルス」と呼んでいます。これは「走ること」を意味するギリシャ語から派生したといわれ、昆虫や時にはオタマジャクシや若いカエルを追いかけて長いきゃしゃな脚で跳び回る活発なミソサザイに無理なく一致します。

古代の「トロチロス」については注目すべき記述が2つあります。1つはナイルワニの歯を掃除するというもので、恐らくナイルチドリ(*Pluvianus aegyptius*)と間違われたものと思われます。もう1つは能力比べでワシを負かしたという話です。プルタルコスも、小論集の『モラリア』でワシとミソサザイの話に言及し、アイソポス(イソップ)によるものとしています。その寓話によれば、どの鳥が一番優れているか競ったとき、間違いなく最強の鳥であるワシがほかの鳥たちよりはるかに高くまで飛び、勝ったと思われました。ところがそのとき、ワシの羽の下に隠れていたミソサザイが飛び出してさらに高く上がり、自分が鳥の王だと宣言しました。

この話は少しずつ姿を変えて、何世紀にもわたってヨーロッパ中で語り継がれています。その1つによれば、怒ったワシがミソサザイを地面にたたきつけたので、いまのような短いずんぐりした尾になったということです。

上:ロビン・レッドブレスト(コマドリ)とジェニー・レン(ミソサザイ)の結婚。20世紀初頭の童謡の本に掲載されたF・M・B・ブレーキーによる挿絵

科名の「*Troglodytidae*」は、体の小さなミソサザイが穴や割れ目や下生えの下に潜り込むのが得意なことを示唆しています(「troglo」には「洞窟の」という意味があります)。そうした場所にオスがコケや植物片、羽、毛などでドームのような巣をつくります。いくつかつくってメスに選ばせることも少なくありません。特に寒いときには狭い場所に何羽も身を寄せ合っていることがありますが、その場所は支配的立場にあるオスが選びます。

神聖な鳥？　それとも罪深い鳥？

イングランドの言い伝えではミソサザイはよくジェニー・レンと呼ばれ、オスのコマドリと結婚します。古い童謡も同じようにこの鳥たちを結びつけ、共に祝福を与えます

コマドリとミソサザイは
神様のオンドリとメンドリ

ノルマンディー地方ではミソサザイを「神の小さなメンドリ」と呼び、キリストの誕生に立ち会って、上掛けにするためのコケと羽を持って来たといわれていました。フランスでも英国でも、ミソサザイは神聖な鳥とされて保護されていたのです。もしこの鳥を殺したり巣を壊したりすれば、恐ろしい結果が待っていました。ウシは乳の代わりに血を出し、巣に悪さをした者は雷に打たれたり、指が委縮したり、体中に発疹や腫れ物ができるかもしれませんでした。

ところが年に一度、恒例のミソサザイ狩りの期間中は、英国でもどこでも、この小さな鳥は追い詰められて殺され、パレードで見せびらかされました。地域によって少し違いはあるものの、この行事が開催されるのは12月で、時には数日続き、12月26日の仮装行列で終わるのが普通でした。行進の際にはある歌が歌われました。さまざまな形がありますが、たいてい出だしは次のようになっています。

ミソサザイよ、ミソサザイ、あらゆる鳥の王、
聖ステパノの祝日にハリエニシダの中で捕まった。

非難されるミソサザイ

ミソサザイがさまざまな罪を背負っていると考える人々もいました。ある話では、この鳥の裏切りがなければ聖ステパノは処刑をまぬがれたかもしれないことになっています。聖ステパノがこっそり逃げようとしたとき、眠っている看守の顔にミソサザイがぶつかって、目を覚まさせてしまったのだそうです。同じように、ゲッセマネの園にイエスがいることを密告したといわれていました。ただし、殺されたミソサザイの羽は幸運をもたらすと考えられていました。マン島でのミソサザイ狩りの後、船乗りはその羽を取っておいて、難破したときのお守りにしました。

アイルランドでは、ミソサザイが立てた音のせいで、戦いの際にアイルランド兵の居場所がばれたのだと責められました。どちらの場合もアイリッシュドラムをつついたり足で踏んだりして、敵を警戒させてしまったのです。ここでも何世紀にもわたってミソサザイ狩りが続けられました。一部の町では、いまだにボクシング・デー（12月26日）に独特な衣装に身を包み（つくり物のミソサザイをぶら下げた）レン・ボーイがパレードをします。

フランスのカルカソンヌでは、12月いっぱい続くこともある「ミソサザイ祭り」中にミソサザイを殺した者が、「王」として歓呼の声で迎えられました。棒に突き刺した小さな鳥を携え、豪華な衣装に身を包んで、王冠を戴くのです。ある記述によれば、1785年に1人の老婆が儀式を遮って、8年以内に王は首を切られて君主制が終わるだろうと宣言しました。1789年のフランス革命の後、ルイ16世がギロチンで斬首されたのは1793年のことでした。

戦うミソサザイ

ミソサザイ科のあらゆる鳥が見られる新世界では、ミソサザイは時には戦いの鳥としてあがめられました。たとえばプエブロ族の間では、ミソサザイを見かけると勇気が湧くといわれていたそうです。勝利を祝う「スカルプ・セレモニー」では、剥製にしたムナジロミソサザイ（*Catherpes mexicanus*）（写真右）が祭壇に置かれ、戦士はこの鳥を首の周りに掛けたといいます。また、ほかの部族はイワミソサザイ（*Salpinctes obsoletus*）を危険な魔法と結びつけていたようです。

クロウタドリ

ツグミ科(Turdidae)

クロウタドリ(*Turdus merula*)(写真右)のフルートのような軽快な歌は最高のモーニングコールです。「その歌は生きる喜びに満ち溢れている」と、後期ビクトリア朝詩人のウィリアム・アーネスト・ヘンリーも書いています。春から夏にかけていよいよ盛んにさえずるようになりますが、冬でも、下生えの中で低く歌っているのが聞かれます。

そうした甘い声はツグミ科の近縁種に共通する特徴で、同じように称賛され、時にはほかの鳴き鳥のように、奇妙な料理の材料にされることもありました。「6ペンスの歌」という、英国を中心によく知られた童謡がありますが、24羽のクロウタドリが、歌詞のように「パイに詰められて焼かれた」のでないことはほぼ確かです。生きたままパイの中に隠されて、ナイフが入れられたときに飛び立つしかけになっていたのです。貴族の宴会を盛り上げるこれ見よがしの一皿というわけで、そうしたレシピが、1598年に初めてイングランドで翻訳出版されたジョバンニ・ド・ロッセリの『Epulario or The Italian Banquet(エピュラリオあるいはイタリア式宴会)』)に載っています。

祝福された鳥

ケルト神話で女神リアノンにつき従う3羽のクロウタドリは、歌で死人を生き返らせ、生ける者を死の眠りに送り込むことができました。また、クロウタドリはこの世とあの世との間で神秘的なメッセージを運ぶともいわれていました。アイルランドにはさらに不吉な迷信があり、クロウタドリが審判の日まで魂を煉獄にとどめておくといいます。クロウタドリの歌がけたたましく聞こえるときは、あぶられた魂が雨を求めているのだそうです。

キリスト教と共に、7世紀アイルランドの聖人ケヴィンの伝説がやって来ました。彼が林の中で祈っていると、伸ばした手の上にクロウタドリが舞い降り、巣をつくって卵を産みました。

左:童謡の24羽のクロウタドリがパイから姿を現すところ

敬虔な聖人は、卵がかえってヒナ鳥が飛び立つまで、辛抱強く待ったといわれています。もちろん、クロウタドリのメスはもっと伝統的な場所を選ぶのが普通です。垣根ややぶの中に、小枝や草を泥でこねて、お椀型の巣をつくります。

かつて白かったクロウタドリがどうしていまのような黒い羽になったのかを説明するよく知られた話もあります。ただ、オスはほとんどが、黄色いくちばしとアイリングのある黒ですが、なかには部分的に白かったり斑点があったりするのもいます。この種にはアルビノ（色素欠乏種）や白変種がごく普通に見られるのです。一方、メスは黒褐色です。

フランスの言い伝えによると、カササギが自分の富をひけらかしながら、「富のプリンス」を探そうと言って、まだ白かったクロウタドリを暗い洞窟に誘い込みました。そこで見つけた黄金の山に触ってはいけないと警告されたにもかかわらず、クロウタドリは誘惑に抵抗できませんでした。するとたちまち煙の悪魔が襲い掛かってクロウタドリを黒く変え、洞窟から追い出したということです。

イタリアにはまた別の話が伝わっています。ある冬のこと、白いクロウタドリはあまりの寒さに煙突に上って暖をとり、ススのように黒くなって出てきたのだそうです。いまでも、1月の最後の3日——一年中で一番暗く寒い日——のことを「クロウタドリの日々」といいます。

空へのあこがれ

ギリシャの劇作家アイスキュロスのものとされる名言に、「羨望の的とならない人間は高い評価も受けない」という言葉があります。わたしたちは鳥類が多くの点で極めて高い評価に値することに気づいています。その証拠に、彼らの美しさや甘い声、巣づくりの技術、深く長続きする社会的な絆や家族の絆を称賛する言い伝えは枚挙にいとまがありません。とはいえ、わたしたちが何よりも高く評価し羨むのは、体のつくりからしてわたしたちには到底まねのできないもの——つまり空高く舞い上がり、飛行する能力です。

大地の束縛から逃れて

翼を持たない人間は、夢の中でしか空を飛ぶことはできません。それでも私たちは、その夢を現実のものにするために、2000年以上にわたってさまざまな人工の翼を試してきました。

ダイダロスとその息子イカロスの伝説では、2人は鳥の羽で入念にこしらえた翼でうまく（短い間ではあったけれども）空を飛び、クレタ島を脱出しました。悲劇が起こったのは、イカロスが太陽に近づきすぎたときでした。羽を固定していたロウが太陽の熱で溶け、少年は地面に墜落して死んでしまったのです。鳥人の物語は世界中にありますが、確かなことは、誰であれ現実の世界で飛行を試みた者は、イカロスのようにたちまち痛ましい結末を迎えたということです。

たぶん、最初に発明された飛行装置は凧でしょう。人間を空中に上げられるような大きな凧の記述が、古代中国の時代（紀元前250年という早い時代）からあります。これは安全性の低い初期のハンググライダーのようなものでした。人間を運べるくらい大きな凧にくくりつけることが刑罰として用いられたのは、たぶんそのためでしょう。9世紀にはスペイン人のアッバース・イブン・フィルナスが手づくりのグライダーに体を固定して崖から飛び下り、10分ほど滑空してから着地したということですが、この着地は大きな衝撃と痛みを伴うものだったようです。

揚力と荷重、推力と抗力

鳥の体のつくりと飛行方法の研究は、持続的な滑空、そして最終的には空の旅を可能にする機械をつくるのに役立ちました。レオナルド・ダ・ヴィンチは人力飛行というアイディアに魅せられ、おびただしい数の羽ばたき飛行機を考案しました。手で操作するレバーと足で動かすペダルで翼を羽ばたかせるもので、のちに『鳥の飛翔に関する手稿』（1505年）にまとめています。ただし、彼の羽ばたき飛行機のデザインはあくまでも紙上のものでした。人体の構造上の制約から、そうした飛行機は決して飛ぶはずがなかったのです。とはいえ、羽ばたき飛行機に魅せられた人々はいまでも、ゴムバンドを動力とした小さな手づくりの羽ばたき飛行機を飛ばしています。

わたしたちが何よりも高く評価し羨むのは……
空高く舞い上がり、飛行する能力です。

鳥はその後も、発明家にとっての手本でありつづけました。翼だけでなく主翼の個々の羽の形(上が曲線、下が直線)が揚力を生むカギであり、現代の航空機の翼もそれに習ったデザインになっています。飛翔するコウノトリの動きを撮影したオットマール・アンシュッツによる1884年の画期的な写真からヒントを得て、オットー・リリエンタールが19世紀末に試験的なグライダー(写真上)を考案しています。

こうして揚力(翼によって生じる、体を持ち上げるように働く上向きの力)の問題がほぼ解決されると、次の仕事は人間の腕より強力な動力源を見つけて、推力(物体をその運動方向へ向けて押しやる力)を得ることでした。蒸気機関の助けを得て、最初の真の飛行機が登場しました。そのなかの1つ、ハイラム・マキシム卿の無名の装置は、対になった蒸気機関でプロペラを回し、地面から飛びあがるのに十分な推力を発生させました。1903年にはライト兄弟が、ガソリンを燃料とする複葉機「ライトフライヤー号」を製作。彼らの飛行が、空気より重い機械での最初の制御された有人飛行であるとされています。

それ以来、航空機の設計技術は急速に進歩しました。いまや、数百人の乗客を時速800キロメートル以上で運べる飛行機が毎日世界を飛び回っています。エンジンの小型化によって、1人乗りの超軽量飛行機も登場しました。見かけはハンググライダーにそっくりですが、真の動力飛行ができます。これは恐らく、鳥の飛行がどのようなものかを体験できる地点にいまのところ一番近いものですが、あと200年もすれば、間違いなく、飛行技術はさらなる高みに到達していることでしょう。

信じる力

エナジードリンク「レッド・ブル」——謳い文句は「レッド・ブル、翼を授ける」——の製造会社は1991年以来、毎年恒例の「フルークターク」(飛行の日)というイベントを開催しています。出場者は手づくりの人力飛行機で、通常は水面から9メートル上にある桟橋から飛び立ち、どれだけ遠くまで飛べるか競います。最高記録は2013年に航空宇宙と機械工学の技師からなる「チキン・ウィスパラーズ」と名乗るチームによって達成されたもので、黄色いフワフワのニワトリの衣装を着たローラ・シェインの操縦する小さくて優雅なハンググライダーは、78.64メートル飛びました。

索引

参考文献

Anderson, Glynn. Birds of Ireland. Wilton, Cork: The Collins Press, 2008

『アリストテレス全集』アリストテレス著、金子善彦、伊藤雅巳、金澤修、濱岡剛訳、岩波書店、2015年。英語版は次のサイトで閲覧可能。http://archive.org/stream/aristotleshistor00arisrich/aristotleshistor00arisrich_djvu.txt

Batchelor, John. The Ainu and Their Folk-lore. London: Religious Tract Society, 1901. Available from: http://archive.org/stream/ainutheirfolklor00batcrich/ainutheirfolklor00batcrich_djvu.txt

Cocker, Mark. Birds & People. London: Jonathan Cape, 2013 Elphick, Jonathan. The World of Birds. London:

Natural History Museum, 2014

Field Guide to the Birds of Britain. 2nd ed. London: Reader's Digest, 2001

Hare, CE. Bird Lore, London: Country Life Limited, 1952

Ingersoll, Ernest. Birds in Legend, Fable and Folklore. New York: Longmans, Green and Co., 1923.

Available from: https://archive.org/stream/birdsinlegendfab00inge/birdsinlegendfab00inge_djvu.txt

Leach, Maria, ed. Funk & Wagnalls Standard Dictionary of Folklore, Mythology, and Legend. New York: Funk & Wagnalls Company, 1949, two vols.

Murphy-Hiscock, Arin. Birds: a spiritual field guide. Avon, Massachusetts: F+W Media Inc., 2012

『プリニウスの博物誌』プリニウス著、中野定雄、中野里美、中野美代訳、雄山閣、1986年。英語版は次のサイトで閲覧可能。http://archive.org/stream/plinysnaturalhis00plinrich/plinysnaturalhis00plinrich_djvu.txt

Tate, Peter. Flights of Fancy. London: Random House, 2007

Tyler, Hamilton A. Pueblo Birds & Myths. 2nd ed.

Flagstaff, Arizona: Northland Publishing, 1991

オンライン情報源

Animal Diversity Web, Museum of Zoology, University of Michigan: http://animaldiversity.org/accounts/Aves/

Australia Aboriginal Dreamtime: http://www.janesoceania.com/australia_aboriginal_dreamtime/index1.htm

Avibase – the world bird database: http://avibase.bsc-eoc.org/avibase.jsp?lang=EN

Birdlife International: http://www.birdlife.org

Birds in Backyards (Australia): http://www.birdsinbackyards.net

Internet Sacred Texts Archive: http://www.sacred-texts.com

Native Languages of the Americas: http://www.native-languages.org

New Zealand Birds Online: http://nzbirdsonline.org.nz

Oiseaux-Birds: http://www.oiseaux-birds.com

RSPB: http://www.rspb.org.uk

Te Ara: The Encyclopedia of New Zealand: http://www.teara.govt.nz/en

The Cornell Lab of Ornithology: https://www.allaboutbirds.org

本書はルース・ビニーのアイディアから生まれたものです。
ルースは「寓話の中の賢い鳥、愚かな鳥」「鳥の天気予報」「羽を身につける」も執筆してくれました。
著者の二人から感謝の言葉を贈ります。

写真提供

1 © V&A Images/Alamy Stock Photo; 2-3 Tom Winstead/Moment/Getty Images; 5 makar/Shutterstock.com; 6-7 pio3/Shutterstock.com; 8-9 Kite-Kit/Shutterstock.com; 10-11 © David Pattyn/naturepl.com; 12 trevorwhite/RooM/Getty Images; 13 Agustin Esmoris/Shutterstock.com; 14 De Agostini Picture Library/Getty Images; 17 PWernicke/Picture Press/Getty Images; 18 Erlend Haarberg/National Geographic/Getty Images; 19 Hulton Archive/Getty Images; 21 Mary Evans Picture Library; 22-3 Arie v.d. Wolde/Shutterstock.com; 24 Popperfoto/Getty Images; 26-7 wiki commons; 29 Mary Evans/Natural History Museum; 30 © blickwinkel/Alamy Stock Photo; 32 © blickwinkel/Alamy Stock Photo; 34-5 AndreAnita/Shutterstock.com; 37 Sylvain Cordier/Photographer's Choice/Getty Images; 39 Time Life Pictures/Mansell/Time Life Pictures/Getty Images; 40 Ton Nagtegaal/Minden Pictures/FLPA; 43 Florilegius/Hulton Archive/Getty Images; 44 © Ross Hoddinott/naturepl.com; 45 De Agostini Picture Library/De Agostini/Getty Images; 47 Friedhelm Adam/Getty Images; 48-9 Kristian Bell/Moment/Getty Images; 51 Buyenlarge/Getty Images; 53 tratong/Shutterstock.com; 55 b SantiPhotoSS/Shutterstock.com; 55 t DEA / A. DAGLI ORTI/De Agostini/Getty Images; 57 Margus Muts/Oxford Scientific/Getty Images; 58 b CM Dixon/Print Collector/Getty Images; 58 t Osipovfoto/Shutterstock.com; 59 GGRIGOROV/Shutterstock.com; 60 Tim Flach/Stone/Getty Images; 61 Alex Wilson/Dorling Kindersley/Getty Images; 63 Mary Evans Picture Library/Interfoto Agentur; 65 Jukka Palm/Shutterstock.com; 66 Mary Evans/Natural History Museum; 68-9 Cyndi Monaghan/Moment/Getty Images; 71 Mike Powles/Oxford Scientific/Getty Images; 72 Katherine Pocklington/Moment/Getty Images; 75 David Tipling/Lonely Planet Images/Getty Images; 77 Bart Breet/Nature in Stock/FLPA; 79 Mary Evans/Natural History Museum; 80 © Duncan Usher/Alamy Stock Photo; 82 BSIP/UIG via Getty Images; 85 Saranga Deva De Alwis/Moment Open/Getty Images; 86-7 Tim Flach/Stone/Getty Images; 88 Andrew B. Graham/Getty Images; 89 Riccardo Savi/The Image Bank/Getty Images; 90 Mary Evans Picture Library; 93 Michelle Gilders/age fotostock/Getty Images; 94 Andrew_Howe/Vetta/Getty Images; 95 Mark Smith/Moment/Getty Images; 96 Mary Evans/Natural History Museum; 99 © David Kjaer/naturepl.com; 100 © Sergey Gorshkov/naturepl.com; 103 Mary Evans Picture Library; 104-5 Mary Evans Picture Library; 106 yan gong/Moment/Getty Images; 108 Mary Evans Picture Library/ARTHUR RACKHAM; 109 Roine Magnusson/Stone/Getty Images; 110 Ammit Jack/Shutterstock.com; 111 © Claudio Contreras Koob/naturepl.com; 112 © Jeremy Horner/Alamy Stock Photo; 115 © Markus Varesvuo/naturepl.com; 116 © Lebrecht Music and Arts Photo Library/Alamy Stock Photo; 117 © Tony Lilley/Alamy Stock Photo; 119 GABRIEL BOUYS/AFP/Getty Images; 120 © BERNARD CASTELEIN/naturepl.com; 121 Culture Club/Getty Images; 122 Mary Evans/Natural History Museum; 123 Jared Hobbs/All Canada Photos/Getty Images; 124 BODY Philippe/hemis.fr/Getty Images; 126 © Markus Varesvuo/naturepl.com; 129 Mary Evans/Natural History Museum; 130 © Danny Green/naturepl.com; 132 Roberta Olenick/All Canada Photos/Getty Images; 133 Mary Evans / Natural History Museum; 135 Daniele Occhiato/Minden Pictures/FLPA; 136 Mark Hamblin/Oxford Scientific/Getty Images; 139 Mary Evans Picture Library; 141 Buyenlarge/Getty Images; 143 Fred de NoyelleMore/Getty Images; 144 © Natural Visions/Alamy Stock Photo; 145 iStock.com/GlobalP; 146 Mary Evans Picture Library; 148-9 Piotr Krzeslak/Shutterstock.com; 151 iStock.com/alistaircotton; 152 DEA PICTURE LIBRARY/Getty Images; 154-5 Mary Evans Picture Library; 157 Ming Thein/mingthein.com/Moment/Getty Images; 158 Dorling Kindersley/Getty Images; 159 Mary Evans/Natural History Museum; 161 © KEVIN ELSBY/Alamy Stock Photo; 162 Universal Education/Universal Images Group via Getty Images; 164-5 Tim Platt/Stone/Getty Images; 166 Joel Sartore/National Geographic/Getty Images; 167 © Bill Bachman/Alamy Stock Photo; 168-9 Wolfgang Kaehler/LightRocket via Getty Images; 170 Joel Sartore/National Geographic/Getty Images; 171 © Florilegius/Mary Evans; 172 wiki commons; 175 © The Natural History Museum/Alamy Stock Photo; 177 Sheridan Libraries/Levy/Gado/Getty Images; 178 Larry Keller, Lititz Pa./ Moment/Getty Images; 180 b © liszt collection/Alamy Stock Photo; 180 t © The Natural History Museum/Alamy Stock Photo; 183 Sergey Uryadnikov/Shutterstock.com; 184-5 INTERFOTO/Sammlung Rauch / Mary Evans; 186 Alan Murphy, BIA/Minden Pictures/FLPA; 187 De Agostini Picture Library/De Agostini/Getty Images; 188 t © Motoring Picture Library/Alamy Stock Photo; 188-9 Birds and Dragons/Shutterstock.com; 190 tc © John Cancalosi/naturepl.com; 190 tl © John Cancalosi/naturepl.com; 191 tr © John Cancalosi/naturepl.com; 192 The Print Collector/Print Collector/Getty Images; 193 Matteo Colombo/Moment/Getty Images; 194 Jerry Young/Dorling Kindersley/Getty Images; 195 iStock.com/dovate; 196 Wolfgang Kaehler/LightRocket via Getty Images; 199 Walter A. Weber/National Geographic/Getty Images; 200 © Florilegius/Alamy Stock Photo; 202 iStock.com/FlaviaMorlachetti; 203 Australian Scenics/Photolibrary/Getty Images; 204 Silver Screen Collection/Getty Images; 205 © David Tipling/naturepl.com; 207 © The Natural History Museum/Alamy Stock Photo; 209 Mary Evans/Natural History Museum; 210 Mary Evans/Natural History Museum; 211 Mary Evans Picture Library/BRENDA HARTILL; 212-13 © jackie ellis/Alamy Stock Photo; 214-15 © Marie Read/naturepl.com; 217 aaltair/Shutterstock.com; 218 © blickwinkel/Alamy Stock Photo; 219 © Dave Watts/naturepl.com; 220 iStock.com/vividpixels; 221 © Jane Burton/naturepl.com; 222 © Klein & Hubert/naturepl.com; 224-5 INTERFOTO/Sammlung Rauch/Mary Evans; 227 © Konard Wothe/naturepl.com; 228 ©Photo Researchers/Mary Evans Picture Library; 229 © J.Enrique Molina/Alamy Stock Photo; 230-1 Tim Flach/Stone/Getty Images; 232 Robert Harding/robertharding/Getty Images; 233 Dorling Kindersley/Getty Images; 235 iStock.com/LarryKnupp; 236 © Fergus Gill/2020VISION/naturepl.com; 239 Print Collector/Getty Images; 240 © Markus Varesvuo/naturepl.com; 242 © david tipling/Alamy Stock Photo; 243 © David Tipling/naturepl.com; 245 Mary Evans/Natural History Museum; 246-7 iStock.com/Andrew_Howe; 248 © Kevin Schafer/Alamy Stock Photo; 251 Auscape;/ Universal Images Group/Getty Images; 252 Mary Evans Picture Library/ROBERT GILLMOR; 254 GraphicaArtis/Getty Images; 255 © RGB Ventures/SuperStock/Alamy Stock Photo; 256 Do Van Dijck/Minden Pictures/FLPA; 258 Mary Evans Picture Library; 259 Martin Moos/Lonely Planet Images/Getty Images; 260 John Gay/Historic England / Mary Evans; 261 INTERFOTO/Sammlung Rauch / Mary Evans; 263 Mary Evans Picture Library; 264-5 Frank Krahmer/Photographer's Choice/Getty Images; 266 © Tui De Roy/naturepl.com; 268-9 iStock.com/RyanJLane; 271 © Markus Varesvuo/naturepl.com; 272 Mary Evans/Natural History Museum; 275 Deepak Rathod/EyeEm/Getty Images; 276 wiki commons; 277 Jose B. Ruiz/naturepl.com; 278-9 iStock.com/musicinside; 281 iStock.com/konstantin32; 283 Butterfly Hunter/Shutterstock.com; 284-5 Jan Baks/Nature in Stock/FLPA; 286-7 Digital Zoo/ DigitalVision/Getty Images; 286 b De Agostini/G.Cigolini/Getty Images; 289 Yves Adams/Stone/Getty Images; 290 Mary Evans Picture Library; 291 Ben Cranke/The Image Bank/Getty Images; 293 Mark Hamblin/Oxford Scientific/Getty Images; 294 Mary Evans Picture Library/John Maclellan; 295 Glenn Bartley/All Canada Photos/Getty Images; 296 Time Life Pictures/Mansell/The LIFE Picture Collection/Getty Images; 297 © Ross Hoddinott/naturepl.com; 298-9 Keystone-France/Gamma-Keystone via Getty Images

監修

上田恵介

立教大学名誉教授。（公財）日本野鳥の会副会長。研究誌『Strix』編集長。

1950年大阪府牧方市生まれ。府立寝屋川高校卒業後、大阪府立大学農学部で昆虫学を学ぶ。

1984年、大阪市大より理学博士号取得。三重大学教育学部非常勤講師を経て、1989年、

立教大学一般教育部に助教授として就職。2000年より理学部教授（2016年3月退職）。

訳者

プレシ南日子

日向やよい

（翻訳協力：株式会社トランネット）

ブックデザイン　セキネシンイチ制作室

世界の美しい鳥の神話と伝説

2018年1月20日　初版第1刷発行

著　者　レイチェル・ウォーレン・チャド
　　　　メリアン・テイラー
発行者　澤井聖一
発行所　株式会社エクスナレッジ
　　　　〒106-0032 東京都港区六本木7-2-26
　　　　http://www.xknowledge.co.jp

編　集　Tel：03-3403-5898／FAX：03-3403-0582
　　　　mail:info@xknowledge.co.jp
販　売　Tel：03-3403-1321／FAX：03-3403-1829